中等职业学校
建筑工程施工专业核心课程教材

ZHONGDENG Z
JIANZHU GONG
KECHENG JIAC

U0670649

BIM建模基础

主　编■谭　伟　彭茂辉

副主编■邓正俐　沈久方　陈方俊　宋佳俐　谭华明
　　　　高林华　袁梦颖

参　编■胡庭婷　蒲　伟　王　杰　吴明樾　程道熠
　　　　贺叶发　彭明云　杨　洋　蒋冬梅　田林平
　　　　张增全　钱　磊　庞澄纲　魏雪梅　杨先华
　　　　江本高　陈　洁　秦明洪　程　曦

主　审■李红立

重庆大学出版社

内容提要

本书遵循国家现行相关标准和技术规范,结合职业技能等级证书考试及职业技能竞赛相关内容,以工程实例为线索,以工作手册的形式编写而成。本书通过任务描述、任务目标、任务实施、任务评价、任务巩固等板块,系统地阐述了 BIM 建模技术的主要内容,包括 BIM 建模及软件的认识、标高与轴网的创建、墙的创建、门和窗的创建等,力求反映建筑业的新技术、新材料、新工艺、新成就。通过本书的学习,读者可以掌握建筑工程 BIM 建模的基本理论和操作技能,培养独立完成建筑工程 BIM 建模的能力。

本书可作为中等职业学校土建施工类专业的教材和指导书,也可为备考 BIM 技能等级考试的人员提供参考。

图书在版编目(CIP)数据

BIM 建模基础 / 谭伟,彭茂辉主编. -- 重庆:重庆
大学出版社,2024.4
中等职业学校建筑工程施工专业核心课程教材
ISBN 978-7-5689-4405-2

Ⅰ.①B… Ⅱ.①谭… ②彭… Ⅲ.①建筑设计—计算
机辅助设计—应用软件—中等专业学校—教材 Ⅳ.①TU201.4

中国国家版本馆 CIP 数据核字(2024)第 051314 号

中等职业学校建筑工程施工专业核心课程教材
BIM 建模基础

主　编　谭　伟　彭茂辉
副主编　邓正俐　沈久方　陈方俊　宋佳俐
　　　　谭华明　高林华　袁梦颖
主　审　李红立
策划编辑:刘颖果

责任编辑:张红梅　　版式设计:刘颖果
责任校对:刘志刚　　责任印制:赵　晟

*

重庆大学出版社出版发行
出版人:陈晓阳
社址:重庆市沙坪坝区大学城西路 21 号
邮编:401331
电话:(023) 88617190　88617185(中小学)
传真:(023) 88617186　88617166
网址:http://www.cqup.com.cn
邮箱:fxk@ cqup.com.cn(营销中心)
全国新华书店经销
重庆紫石东南印务有限公司印刷

*

开本:787mm×1092mm　1/16　印张:16.5　字数:413 千
2024 年 4 月第 1 版　　2024 年 4 月第 1 次印刷
印数:1—2 000
ISBN 978-7-5689-4405-2　定价:49.00 元

编委会名单

前　言

BIM（Building Information Modeling）即建筑信息模型，是指通过数字信息仿真模拟建筑物所具有的真实信息，这里的信息不仅是几何形状描述的视觉信息，还包含大量的非几何形状信息，如建筑构件的材料、质量、价格和进度等。

随着我国城市化建设的逐渐深入，结合党的二十大报告"推动绿色发展，促进人与自然和谐共生""加快构建新发展格局，着力推动高质量发展"等相关论述，传统建筑工程 CAD 设计流程已经难以满足建筑行业的发展需求，设计周期长、协同性差、合理性不足等方面的问题也逐渐暴露出来，而 BIM 技术则为这些问题的解决提供了全新的途径。近些年，BIM 技术在建筑行业的不断深入发展和建筑业数字化转型的不断推进，给建筑工程设计带来了巨大帮助，对建筑行业的整体发展起到了极大的促进作用。2021 年 6 月，中华人民共和国人力资源和社会保障部发布《建筑信息模型技术员国家职业技能标准（征求意见稿）》，极大地促进了 BIM 人才评定的规范化，为 BIM 的发展奠定了人才基础。BIM 模型作为一个贯穿项目始终的数据库，可为信息管理系统提供信息支撑，实现全生命周期数据的集成、分析与整合，并有效支撑管理信息的运行，实现企业项目管理与信息化的有效结合。因此，BIM 技术的应用与推广必将为传统建筑业向数字建筑业转型提供动能。

在此背景下，我们编写了本书。本书以职业能力培养为核心，以职业岗位（建筑信息模型技术员等）、中等职业学校建筑工程类专业培养目标和要求为依据，在明确具体能力培养任务、确定知识结构的基础上，结合调研结果以及与高等院校、企业专家的论证分析，提炼出相关专业的核心能力、基本能力、专项能力及综合应用能力，并以此为依托确定本书的学科逻辑和编写定位。

在本书的编写设计中，我们积极与企业商榷，将岗、课、赛、证相关内容进行有机整合，以便学生能够快速有效地适应工程实践岗位。本书内容与职业资格考证和职业标准相衔接，由浅入深，既有职业岗位要求必须掌握的知识点，又有满足学生学历提升等多元需求的拓展内容。本书还设置有相关练习题，方便学生检查理论知识掌握情况。

本书是施工员及相关岗位群职业技能培训的重要参考教材，也是实现专业技能型人才培养目标的重要支撑，同时还可作为 BIM 职业技能等级和相关岗位职业资格考试的参考用书。学习该课程可形成 BIM 技术运用综合职业能力，最终实现知识目标、能力目标、素质目标三位一体的教学目标。

本书内容包括大量知识点和操作练习，可按照 64～96 学时安排。本书共 12 个项目，主要包括标高、轴网、柱、梁、墙体、门、窗、幕墙、楼梯、栏杆扶手、楼板、屋顶、坡道、场地与建筑表现、房间、明细表、图纸创建、模型导出以及族和概念体量等内容。

本书由重庆市工业学校谭伟、重庆市教育科学研究院彭茂辉担任主编，重庆市育才职业教育中心、重庆市渝北职业教育中心、重庆市丰都县职业教育中心、重庆市涪陵区职业教育中心、重庆市大足职业教育中心、重庆建筑高级技工学校、重庆市轻工业学校、重庆市石柱土家族自治县职业教育中心、重庆市城市建设高级技工学校、重庆市巴南职业教育中心、重庆市南川隆化职业中学校、筑智建科技(重庆)有限公司等单位相关人员参与编写。

本书在编写过程中，参考和引用了国内外大量文献资料，在此谨向相关作者表示衷心感谢。由于编者水平有限，本书难免有错误和缺陷，希望各位读者批评指正。

编　者

2023 年 12 月

目　录

项目 1　建筑信息模型(BIM)及软件的认识

任务 1.1　建筑信息模型(BIM)的认识

任务描述

××工程项目在某建设单位通过可行性研究之后,在编制计划任务书的过程中提出大力推广建筑信息模型(BIM)技术。为响应国家政策,推进 BIM 技术在新型建筑工业化全生命周期的一体化集成应用,充分利用社会资源,共同建立、维护基于 BIM 技术的标准化部品部件库,实现设计、采购、生产、建造、交付、运行维护等阶段的信息互联互通和交互共享,某单位就此开展了研究。

任务目标

知识目标	了解 BIM 的特点,以及与其相关的政策与标准
能力目标	能够根据 BIM 标准进行模型的绘制
素养目标	养成关注和了解国家发布的 BIM 政策与标准的习惯

任务实施

任务分工

根据学生座位,将学生分成 5～8 人一组,由小组成员讨论设置组号,并推选小组组长,完成分组表格。

班级			组号			指导教师		
成员	学号			姓名		学号		姓名
				（组长）				
任务分工								

任务导航1

引导问题1:什么是建筑信息模型?

引导问题2:建筑信息模型的主要特点是 _____,_____,
_____,_____,_____。

知识链接1

1.1.1 BIM 的概念

BIM 的概念由美国佐治亚理工学院的查尔斯·伊斯曼教授于 1975 年提出,他认为应将整个建筑项目中的全部几何模型信息、功能要求及构件性能等组成一个建筑信息模型,即将一个工程项目中包含建造工程、施工进度以及维护管理等在内的所有整个生命期内的相关信息全部集中到一个独立的建筑模型中。对于 BIM 的定义,中华人民共和国住房和城乡建设部工程质量安全监管司解释道:BIM 技术是一种对工程设计、建造以及管理过程中营业的数据信息化工具,该技术将项目中所有的数据信息存储到参数模型中,从项目的开始到建筑消失的全生命周期过程中,利用它可以使整个项目的数据信息实现交换与共用。BIM 的英文全称是 Building Information Modeling,翻译过来就是建筑信息模型,是以三维数字技术为基础,集成了建筑工程项目中各种相关信息的工程数据模型,可以为设计和施工提供相协调的、内部保持一致的并可进行运算的信息。简单地说,BIM 是通过计算机建立三维模型,并在模型中存储设计师需要的所有信息,如平面、立面和剖面图纸,统计表格,文字说明和工程清单等,并且这些信息全部根据模型自动生成,并与模型实时关联。

1.1.2 BIM 的特点

BIM 技术的特点可以总结为以下 5 个方面:

1)信息的集成性和联动性

BIM 技术运用的是一个三维数字化制图工具,是通过相关数据构建起来的立体模型。它并不是提供简单几何对象的绘图工具,在操作应用上不需要编辑点、线、面等简单元素,它所构建的是整个建筑的门窗、柱子、墙壁等对象之间的关系,在遇到需要调整时,对需要调整的构件进行操作就可以实现对整个建筑的调整。

BIM 技术还有一个特别的地方就是所有的建筑工程项目信息、数据都存放在一个数据库中,它就像存储器一样,不受软件、格式的限制。虽然不受限制,但是其自身构建的数据也是有分类的,主要分为基本数据和附属数据两类。基本数据包括几何数据、物理数据、构造数据三种。几何数据主要是指相关的几何尺寸,如门窗的尺寸、所在位置的坐标等;物理数据就是其自身的性能,包括材料的密度、传导系数等;构造数据是指材料的材质、功能的需求等。附属数据包括经济数据、技术数据、其他数据等。经济数据包含一些材料的费用、构件的费用等;技术数据主要包含的是技术标准、规范标准;其他数据包括的范围较广,如采购材料的时间、联系的厂商等。

BIM 技术的模型结构是一个综合的、复杂的数据结构,包括数据模型和行为模型两种。数据模型是数据的集合图形等;行为模型是体现管理行为与图元间关系的模型。这两种模型共同构成三维模型。

2)协调性和一致性

BIM 技术是一种多维模型信息集成技术,当三维立体模型建立后,各个工程项目之间的联系也就建立起来了,从而可以实现多种信息和数据格式的传送,实现共享信息的目的。通过这样的方式,工程项目的负责人就不用担心由于时间或者空间的差异而产生不必要误差的问题,工作人员就可以更加安心地完成自己的任务,保持整个建筑工程项目可以同步进行,提高效率。

3)实现参数化设计

所谓"参数化"是指模型之间、所有图元之间的联系,这些联系可以人为设置,也可以通过系统自动创建。参数化可以给 BIM 技术提供最基本的工作平台,有了这样一个平台,项目中一些需要修改的地方就可以及时方便地进行修改,而且修改的地方也能在建筑的项目数据库中体现出来。

4)遵守统一的标准,实现信息共享

BIM 技术采用的数据格式遵循的是国际标准,因此所有使用 BIM 技术的软件都会支持国际标准格式 IFC,当一些工程数据采用 IFC 格式时,所有这些支持国际标准的 BIM 软件都可以对此进行解读,这样就可以更加方便地处理软件间模型交互问题。像 Revit Structure 软件可以对 Revit Architecture 中的信息数据加以处理,因为它们支持的格式都是 IFC。

5)实现多方协作的信息标准化

保证建筑信息可以实时交换与共享是建筑工程项目的一项重要工作。而目前建筑软件的功能涵盖得并不全面,只能满足建筑生命周期中某一个生命阶段或者某一个专业的要求,如建筑制图用的 CAD 软件、3ds MAX 软件、天正等都不能涵盖整个建筑的生命系统。而一个建筑需要表达的内容,也不是通过操作一个软件就可以实现的,而是由多个软件产品辅助完成的。不同的软件应用可能会造成某一部分的建筑信息材料丢失,或者两个阶段的信息资料不衔接等情况。这是因为信息的共享是通过人工操作来完成的。由人来完成软件的衔接及信息交换难免会出现问题,远没有用计算机软件来实现的效率高、质量好。

为了解决信息的交流与共享不出现差错,需要制定一套统一的信息标准。只有在统一的信息标准下,才可以保证工作顺利且高质量地完成,也才可以产生系统之间共同交流的语言。

有了共同的语言,数据才能够在不同的系统中流转、交流。BIM 技术的出现很好地解决了这些问题。

引导问题 3:通过查阅资料,你知道我国哪些大型项目采用了 BIM 技术吗? 你所在省市的哪些项目采用了 BIM 技术?

引导问题 4:BIM 的优势有哪些?

引导问题 5:分布式模型一般是指_____,_____,_____,_____,_____,_____。

知识链接 2

1.1.3 BIM 的价值优势

BIM 是一个全新的设计方法,它包含的资料众多,包括整个建筑的施工过程、施工方法、管理方法,还有整个阶段的规划、建造过程、运营情况、发生的问题等全部数据信息资料。这些资料全部储存在一个 3D 模型中,只要整个建筑还在运行,该模型中的数据就可供相关人员使用。这个 3D 模型可以帮助有关部门制订出正确的决策和方案,提高工作效率。对所有的工作人员来说,理想的 BIM 应该包含全部的信息条件,包括从相关勘察部门已有的 CIS 模型中获得的地理环境情况;从建筑师、设计师那里获得的建筑设计图纸、体量形态信息;从结构构造师那里获得的建筑内部结构、各个部位的受力情况;从暖通专业那里得到的暖气、排气管等位置坐标信息;等等。所有与此建筑有关的信息都包含在这个 3D 数据模型之中,无论今后哪一方面遇到问题都可以有"迹"可循,在数据库中找到相关的资料。

BIM 的优势有很多,其中可视化操作、易协调模拟、优化出图流程等都是其重要的优势,其协调能力可以在各种软件与项目各方参与工作人员之间体现得淋漓尽致,从而使生产效率得以提升,项目参与方沟通更加便捷,项目质量可以更好地得到控制。

1)利用数据库替代传统的绘图,使设计从二维向三维转化

传统的 CAD 设计是在二维平台上进行绘图分析,是利用平面图、立面图、剖面图、详图、说明、材料等设计图纸来交换信息。这种工作模式经常会在图纸的传递过程中产生一些问题,如各专业在空间布置上就经常发生冲突。而且随着建筑造型与建筑空间的设计越来越复杂,传统的 CAD 二维设计已经不能在表达和协同方面满足建筑需求了。

CAD 设计方式会产生大量的设计图纸,一个工程不下几百张图,而且图纸之间的关联性较差,每一张图纸都较为独立。这样一来,每一个项目就都没有一个完整的方式来保留工程项目全部的数据信息,这就使得每一阶段的资料只能由该专业的团队进行处理,导致项目整体在协调沟通方面存在缺陷。所以,如何实现建筑设计与其他相关专业的协同合作,使设计过程中的沟通联系方便快捷,是建筑业面临的一个难题。加之目前的建设项目在协调及整合方面有着很高的要求,所以传统的二维设计模式已经逐渐落后。

将相对独立的图纸变成整体的数字化信息存储到统一的数据库中,就可以顺应当下的设计趋势,BIM就是这样做的。BIM就是建筑项目中各个环节所有的数据信息存储起来的中央数据库,与该项目相关的所有数据信息都存储在这个数据库中,这样一个数据库为项目参与各方的交流与协作提供了便利,使项目在整合与协作方面得以提升。

BIM具有动态可视化设计的功能,和3D设计一样,它也是三维操作环境,可以提供三维的实体形象。如建筑设备水、暖专业的设备布线、管道布置等情况均可通过直观的三维图形确认,使建筑空间得到更好的处理,防止不同专业管线发生冲突,使不同专业间的配合和协调程度得以提升。运用BIM技术可以快速准确地发现并解决问题,使图纸传递过程中出现的问题显著减少。

2)分布式模型

只通过单个的BIM软件来完成项目复杂的工作是很困难的,因此需要不同类型的BIM软件工具协同工作。目前,BIM软件工具的类型主要分为创作与分析两种类型。将这两种类型的BIM软件工具结合起来使用是目前BIM用户较为常用的方法,也就是"分布式"方法。这种方法需设计或施工单位使用较为独立的模型来完成。

一般这些模型包括:

设计模型——涵盖建筑、结构、给排水、暖通、电气以及室外管网等一些基础设施;

施工模型——按照设计模型的内容需要设计合理的施工步骤;

施工进度(四维)模型——把工程中划分的每一阶段与每一阶段项目要素统一处理;

成本(五维)模型——将工程项目的成本与设计模型同施工模型联系起来;

制作模型——作用与传统的图纸相同,作为表达的工具;

操作模型——为业主模拟运营。

前文提到的BIM数据库,其实就是指这些模型。这些模型可以被看作一个整体,将建筑工程相关的所有数据信息储存到模型中,再利用模型检测、进度安排、概算、人流量控制等分析工具加以处理,便于设计人员开展协同设计、施工组织等工作。

1.1.4　BIM技术的国家政策与标准

1)国家BIM技术政策发展

近年来,BIM技术无论是在软件平台、工程示范、管理模式等方面,还是在标准、政策等方面都取得了长足发展。自2011年住房和城乡建设部发布《2011—2015年建筑业信息化发展纲要》起,中央及各地方政府、部门先后发布了大量相关政策。

第一阶段以住房和城乡建设部发布《2011—2015年建筑业信息化发展纲要》为标志,以直辖市和长三角、珠三角发达省市为主,率先发布BIM技术有关的标准政策。

第二阶段以住房和城乡建设部2015年6月发布的《关于推进建筑信息模型应用的指导意见》(简称《指导意见》)和2016年8月发布的《2016—2020年建筑业信息化发展纲要》(简称《纲要》)为标志,明确推进BIM技术应用。《指导意见》强调了BIM技术应用于建筑领域的重要意义,指出BIM技术是实现全生命周期、多参与方数据共享、产业链贯通、工业化建造的重要技术保障,为项目全过程优化与科学决策提供依据,支持各专业协同工作、项目虚拟建造和精细化管理,为建筑业的提质增效、节能环保创造条件。

第三阶段以《国务院办公厅关于促进建筑业持续健康发展的意见》(简称《意见》)(国办

发〔2017〕19 号）为契机，从行业发展的角度明确 BIM 的意义。《意见》在"推进建筑产业现代化"部分明确要求"加快推进建筑信息模型（BIM）技术在规划、勘察、设计、施工和运营维护全过程的集成应用，实现工程建设项目全生命周期数据共享和信息化管理，为项目方案优化和科学决策提供依据，促进建筑业提质增效"，该部分的表述与住房和城乡建设部 2015 年 6 月发布的《指导意见》非常相似。2021 年住房和城乡建设部宣布《中国建筑业信息化发展报告（2021）》编写工作正式启动，主题为聚焦智能建造，旨在展现当前建筑业智能化实践，探索建筑业高质量发展路径，大力发展数字设计、智能生产、智能施工和智慧运维，加快建筑信息模型（BIM）技术研发和应用（图 1.1.1）。

图 1.1.1

重庆市在落实智能建造目标中推行全过程 BIM 技术应用，在《重庆市住房和城乡建设委员会关于推进智能建造的实施意见》中提出以下要求：推广自主可控的 BIM 技术，建立部品部件 BIM 模型入库制度，在重庆使用的建筑部品部件应在 BIM 项目管理平台提交 BIM 模型，强化应用 BIM 设计协同能力和虚拟化施工水平，推进 BIM+5G、VR、AR、无人机等技术在施工现场、工业化装修等场景的应用（图 1.1.2）。

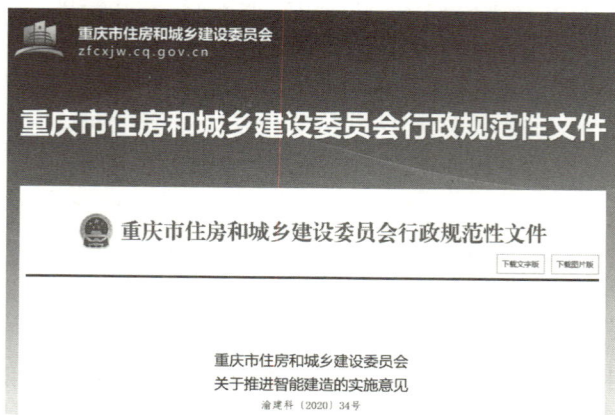

图 1.1.2

2）国家 BIM 标准

随着 BIM 相关政策的接连出台，BIM 技术成为建筑行业的新宠儿，但不同于其他行业，建筑行业要想发展新技术，除市场的需求之外，还需要为行业制定一个统一的标准。

①《建筑信息模型分类和编码标准》（GB/T 51269—2017），自 2018 年 5 月 1 日起实施。

该标准与 IFD 关联,基于 Omniclass,面向建筑工程领域,规定了各类信息的分类方式和编码办法。这些信息包括建设资源、建设行为和建设成果,对信息的整理、关系的建立、信息的使用都起到了关键性作用。

②《建筑信息模型应用统一标准》（GB/T 51212—2016）,自 2017 年 7 月 1 日起实施。该标准对建筑信息模型在工程项目全生命周期的各个阶段建立、共享和应用进行统一规定,包括模型的数据要求、模型的交换及共享要求、模型的应用要求、项目或企业具体实施的其他要求等,其他标准应遵循统一标准的要求和原则。

③《建筑信息模型施工应用标准》（GB/T 51235—2017）,自 2018 年 1 月 1 日起实施。该标准规定在施工过程中该如何应用 BIM,以及如何向他人交付施工模型信息,包括深化设计、施工模拟、预加工、进度管理、成本管理等方面。

上述标准是我国建筑工程施工领域的 BIM 应用标准,填补了我国 BIM 技术应用标准的空白,与行业 BIM 技术政策（《关于推进建筑信息模型应用的指导意见》和《2016—2020 年建筑业信息化发展纲要》等）相呼应。

④《建筑信息模型设计交付标准》（GB/T 51301—2018）,自 2019 年 6 月 1 日起实施。该标准含有 IDM 的部分概念,也包括设计应用方法,规定了交付准备、交付物、交付协同三方面内容,包括建筑信息模型的基本架构、模型精细度、几何表达精度、信息深度、交付物、表达方法、协同要求等。另外,该标准指明了"设计 BIM"的本质,就是建筑物自身的数字化描述,从而在 BIM 数据流转方面发挥了标准引领作用。

⑤《建筑工程设计信息模型制图标准》（JGJ/T 448—2018）,自 2019 年 6 月 1 日起实施。该标准提供了一个具有可操作性的、兼容性强的统一基准,以指导基于建筑信息模型的建筑工程设计过程中各阶段数据的建立、传递和解读,特别是各专业之间的协同,工程设计参与各方的协作,以及质量管理体系中的管控等过程。本标准是《建筑信息模型设计交付标准》的细化和延伸。

任务评价

教师详细记录各组学生的学习表现（纪律情况、讨论情况、展示情况、工作成果）,指导学生进行组间评价。教师给出各组平均分,学生组内互评给出每个成员本次任务的成绩,肯定优点的同时,指出问题并给出改进建议等（相关表格参见附录 1）。

任务巩固

一、选择题

1. BIM 的中文全称是（　　　）。

A. 建设信息模型
B. 建筑信息模型

C. 建筑数据信息
D. 建设数据信息

2. 应用 BIM 支持和完成工程项目全生命周期过程中的各种专业任务的专业人员指的是（　　　）。

A. BIM 标准研究类人员
B. BIM 工具开发类人员

C. BIM 工程应用类人员
D. BIM 教育类人员

3. 下列选项体现了 BIM 在施工中的应用的是(　　)。

A. 通过创建模型,更好地表达设计意图,突出设计效果,满足业主需求

B. 基于 BIM 三维模型对建筑运维阶段进行直观、可视化的管理

C. 反映管理决策与模拟,提供实时数据访问,在没有获取足够信息的情况下,做出应急响应决策

D. 利用模型进行直观的"预施工",预知施工难点,更大程度地消除施工的不确定性和不可预见性,降低施工风险

4. 下列不属于 BIM 特点的是(　　)。(2020 年某省技能竞赛样题)

A. 可视化　　　　　　B. 优化性　　　　　　C. 可塑性　　　　　　D. 可分析性

二、简答题

1. BIM 在施工中的应用有哪些?

2. 与传统施工相比,BIM 技术有哪些显著特点?

任务 1.2　BIM 软件的认识

任务描述

××建设单位在对 BIM 技术进行了解和研究之后,决定在××工程项目中采用 BIM 技术,实现设计、采购、生产等阶段的信息互联互通。建设单位对负责××工程项目的技术人员提出要求:熟悉 BIM 技术的相关软件,并能使用软件进行模型的绘制。

任务目标

知识目标	了解 BIM 系列软件及在各阶段的应用、Revit 软件的界面操作知识
能力目标	能够利用 Revit 软件进行模型绘制
素养目标	养成了解其他 BIM 软件的习惯

任务实施

任务分工

根据学生座位,将学生分成 5~8 人一组,由小组成员讨论设置组号,并推选小组组长,完成分组表格(也可按照前面任务的分组延续进行)。

班级		组号		指导教师	
成员	学号	姓名		学号	姓名
		（组长）			
任务分工					

任务导航 1

引导问题 1：BIM 核心软件有哪些？

引导问题 2：我国研发的 BIM 软件有哪些？

知识链接 1

1.2.1　BIM 系列软件介绍

BIM 涉及的常用软件有十几个之多，现将国内市场上应用的 BIM 软件进行梳理和分类。

1)BIM 核心软件

常用 BIM 核心软件如图 1.2.1 所示。

	公司	Autodesk					Nemetschek Grapfisoft	广联达		Bently				trimble		鲁班	RIB	建研科技
软件工具	软件	Revit	Navisworks	Civil 3D	3ds MAX	Stingry	ArchiCAD	MagiCAD	BIM5D	AECOsim Building Designer	ProSteel	Navigator	ConstructSim	Tekla Structures	Vico	鲁班 BIM系统	iTWO	PKPM
	专业功能	建筑结构机电	协调管理	地形场地道路	效果表现	VR	建筑	机电	协调管理造价	建筑结构机电	钢结构	协调管理	建造	钢结构	协调进度造价	造价	进度造价	结构
施工阶段	投标	★	★				★	★	★		★	★	★			★	☆	★
	深化设计	★	★	★			★	★	★		★	★	★	★	★	★	☆	★
	施工管理	★	★				★	★	★		★	★		★	★	★		★
	竣工交付		★								★						☆	
效果表现			★		★	★					★							

图 1.2.1

2）BIM 核心软件在不同阶段的应用

（1）规划设计、建筑设计建模阶段

该阶段常用的软件主要有 Revit、Rhino（犀牛）、Bentley、Tekla、ArchiCAD。本任务主要介绍 Revit。

Revit 是我国建筑业 BIM 体系中使用最广泛的软件之一。Revit 软件可以按照建筑师和设计师的思考方式进行设计，因此可以提供更高质量、更加精确的建筑设计。通过使用支持建筑信息模型工作流而构建的工具，可以获取并分析概念，保持从设计到建筑的各个阶段的一致性（图1.2.2）。

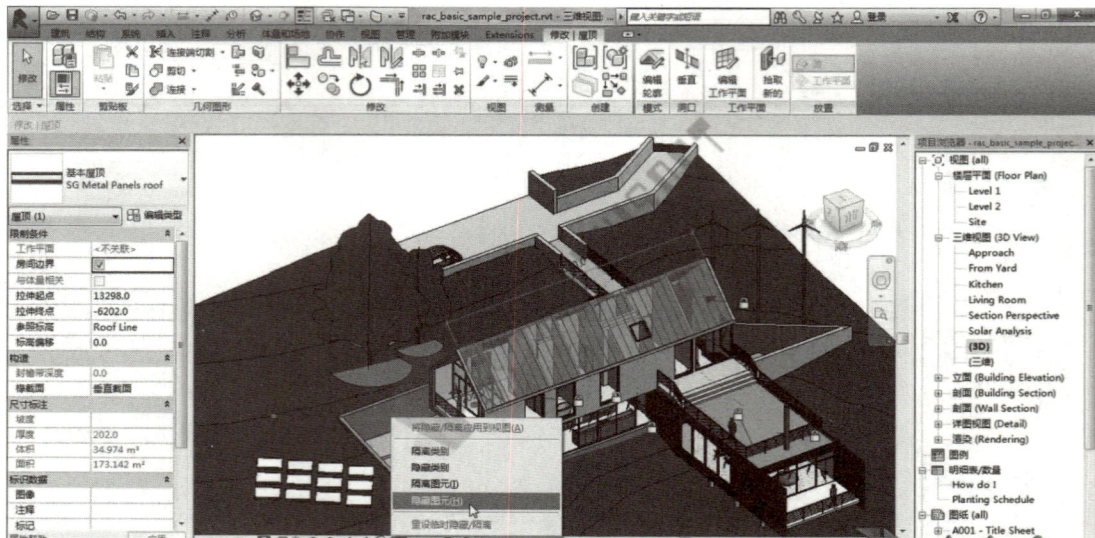

图 1.2.2

采用"Revit+国内插件"的方式，既可以绘制模型，又可以输出符合国际标准的施工图。直接把 CAD 图纸导入 Revit 软件，通过快速识别、转化，把二维图纸转化成三维模型。该阶段使用的插件主要有建模大师、族库大师（基于 Revit）、Grasshopper（基于 Rhino）（图1.2.3）。本任务主要介绍建模大师。建模大师可以避免大量的重复建模，节省时间，效率几十、几百倍地提升。同时，建模大师对工程项目做了本土化管理，更加符合国内建模习惯。Revit 强大的体量创建、自适应族的建筑复杂造型功能是它的优势。Revit 主要用于建筑信息建模，Revit 平台是一个设计和记录系统，支持建筑项目所需的设计、图纸和明细表。BIM 可提供需要使用的有关项目设计、范围、数量和阶段等信息。

（2）规划设计、建筑设计分析阶段

该阶段常用的软件主要有 PKPM（结构设计、节能设计、绿建设计）、清华日照等。本任务主要介绍 PKPM（图1.2.4）。

PKPM 是中国建筑科学研究院建筑工程软件研究所研发的工程管理软件。中国建筑科学研究院建筑工程软件研究所是我国建筑行业计算机技术开发应用最早的单位之一。它以国家级行业研发中心、规范主编单位、工程质检中心为依托，技术力量雄厚。软件研究所的主要研发领域集中在建筑设计 CAD 软件、绿色建筑和节能设计软件、工程造价分析软件、施工技术和施工项目管理系统、图形支撑平台、企业和项目信息化管理系统等方面，并创造了 PK-PM、ABD 等知名软件品牌。

　　PKPM 没有明确的中文名称，一般直接读其英文字母。命名由来：最早这个软件只有两个模块，PK（排架框架设计）、PMCAD（平面辅助设计），因此合称 PKPM。

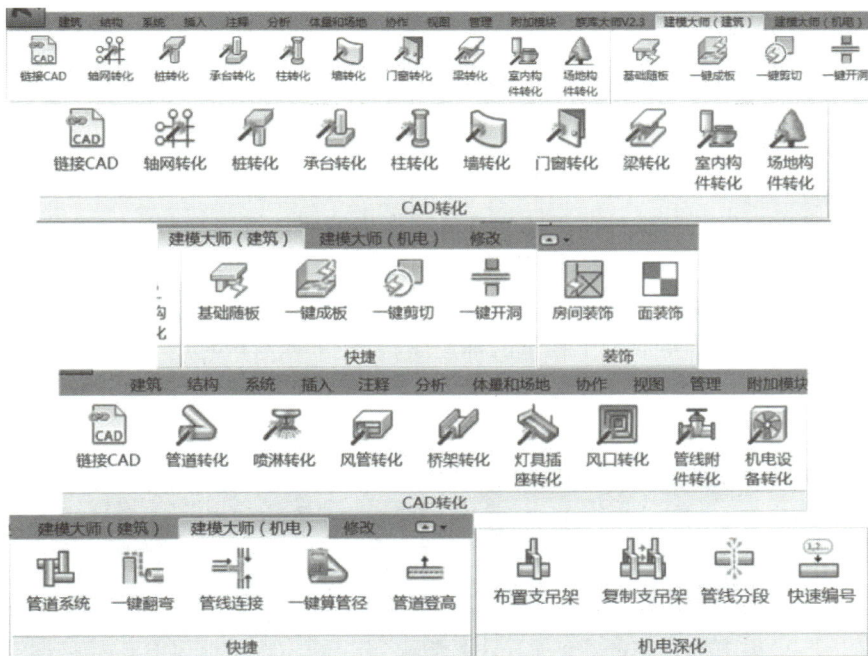

图 1.2.3

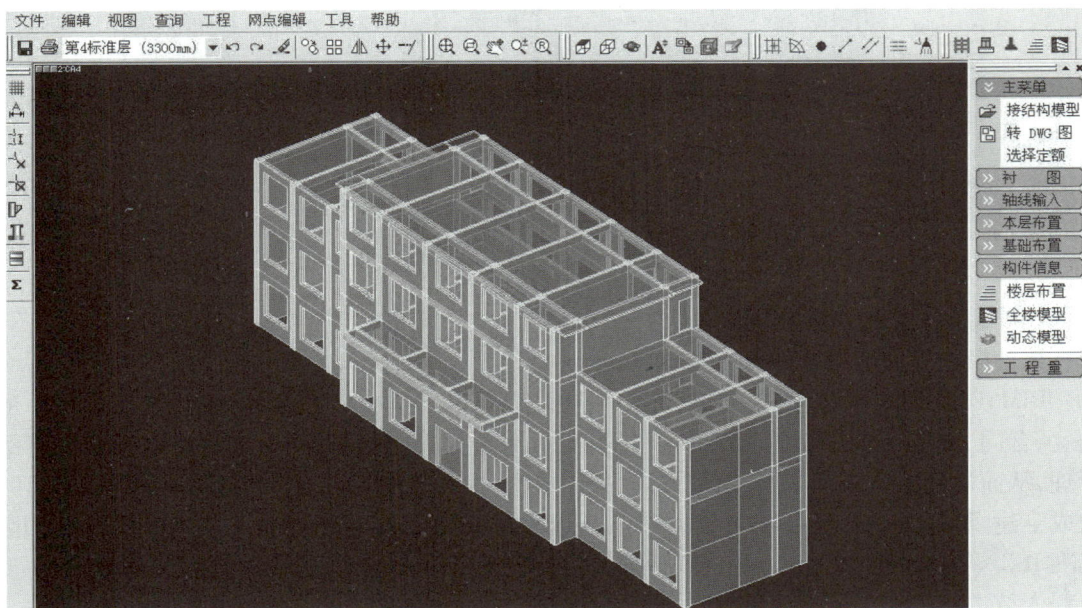

图 1.2.4

（3）招投标、施工预算造价阶段

该阶段使用的软件主要有广联达、鲁班算量等钢筋、图形、计价软件。

广联达软件主要在工程量统计和进度管理上起作用。统计工程量用得比较多的是先用 Revit 直接提取计算工程量，然后再用广联达软件提取计算一遍，如果两者相差不超过一个值（比如 3%），那么就在合理范围内，这个部分会由投资监理来把控。那么广联达怎样提取工程量呢？一般土建部分，可以用 Revit 软件导出的 IFC 格式文件导入广联达土建计算平台进行计算。Revit 钢筋部分有漏洞，所以，钢筋一般由广联达土建计量平台进行计算。

鲁班算量软件（图 1.2.5）支持一图多算，一套图纸可以套用全国不同地方的计算规则进行计算，同时适合工程量清单报价。利用 CAD 强大的绘图功能进行精确的三维扣减计算，这是手工计算和自主开发平台软件所无法实现的。严格按照计算规则按实际接触面积（现浇构件）和按构件体积（预制构件）分别计算模板，并对规则中超高的部分进行单独统计。对于一个工程已经建好的构件属性，通过存取，可以在不同工程间调用，省去了繁杂的构件定义（定义名称、查套定额）过程。生成带工程量的标注图，方便工程量核对。

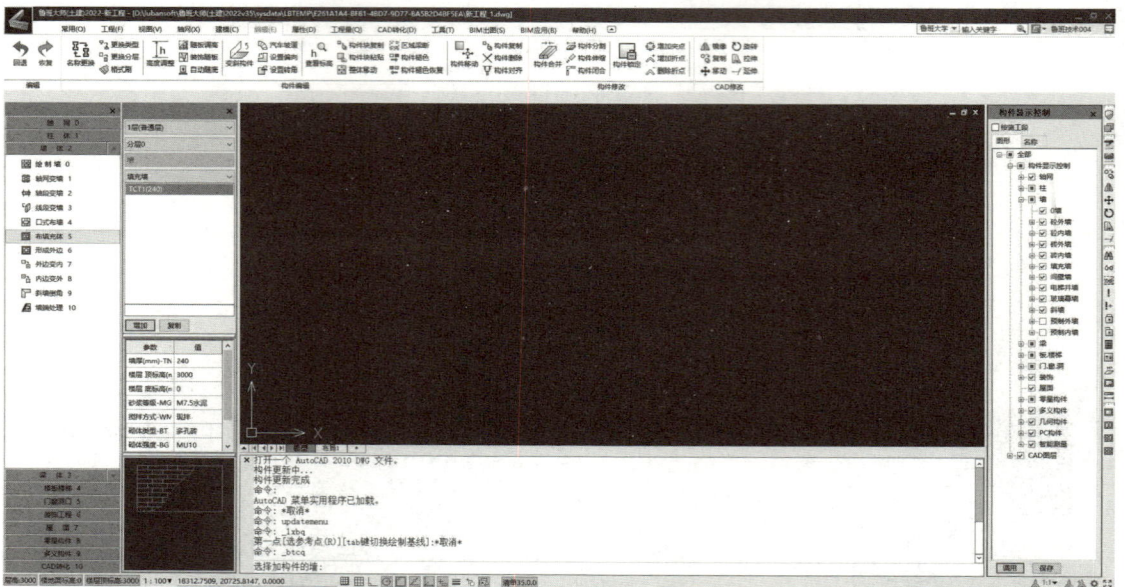

图 1.2.5

（4）施工管控及 BIM 应用阶段

该阶段主要使用的软件有 BIM5D、Navisworks。

BIM5D 以 BIM 平台为核心，集成全专业模型，并以集成模型为载体，关联施工过程中的进度、合同、成本、质量、安全、图纸、物料等信息，为项目提供数据支撑，实现有效决策和精细管理，从而达到减少施工变更、缩短工期、控制成本、提高质量的目的。BIM5D 模型全面，可以集成土建、机电、钢筋、场布等全专业模型，可以承接 Revit、tekla、MagiCAD、广联达算量及国际标准 IFC 等主流模型文件，依托广联达强大的工程算量核心技术，提供精确的工程数据，协助工程人员进行进度、成本管控，以及质量安全问题的系统管理。

Navisworks 软件(图1.2.6)属于 Autodesk 公司。Navisworks 的软件安装所需内存很大，功能和操作却很简单，它能将多种不同格式的模型文件合并在一起。基于这个能力，产生了三个主要的应用功能：漫游、碰撞检查、施工模拟。漫游：基于第三人称视角在建筑物中走动，可以查看建筑物内部情况。碰撞检查：通过将两个模型的部分构件(如土建模型与机电模型)进行碰撞，能够直接得出碰撞点个数、各碰撞点的空间位置、碰撞位置的图示，生成的碰撞能够以报告的格式导出。施工模拟：通过将模型进行分组，并绑定在创建或导入的进度计划中，即可生成整个模型的施工进度动画，将文本和数字的进度以可视化视频体现出来。

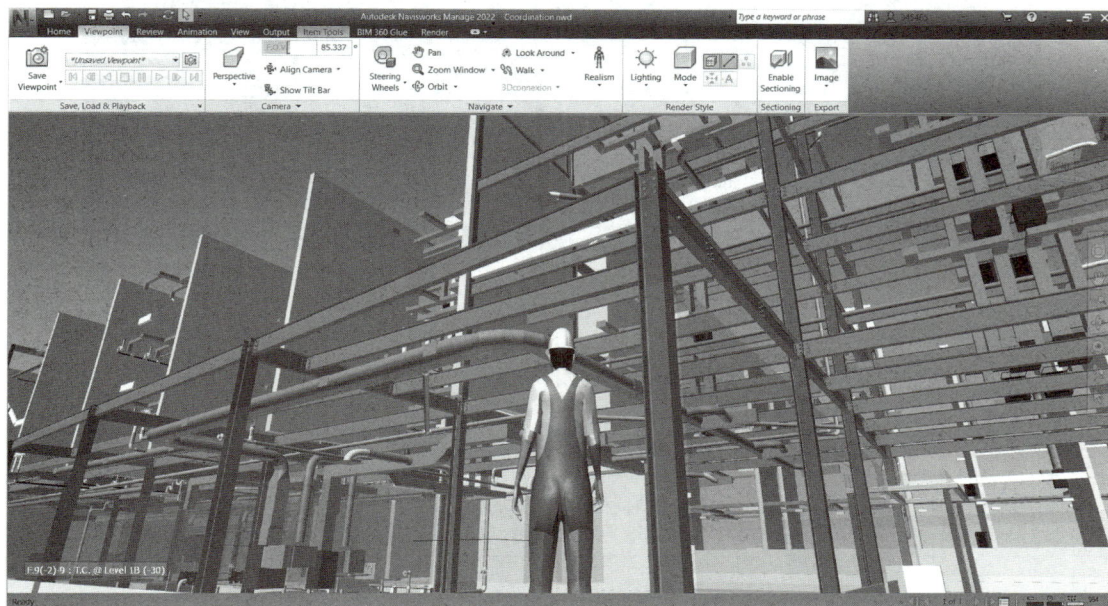

图1.2.6

(5)运维阶段

该阶段使用的软件主要有 ArchiBUS、蓝色星球资产与设施运维管理平台(BE BIM AFMP V2.0)。

ArchiBUS 是目前美国运用比较普遍的运维管理系统，可以通过端口与现在最先进的 BIM 技术相连接，形成有效的管理模式，提高设施设备维护效率，降低维护成本。它是一套用于企业各项不动产与设施管理(Corporate Real Estate and Facility Management)信息沟通的图形化整合性工具，各项资产(Facilities Asset 土地、建物、楼层、房间、机电设备、家具、装潢、保全监视设备、IT 设备、电信网络设备)、空间使用、大楼营运维护等皆为其主要管理项目。

蓝色星球资产与设施运维管理平台(图1.2.7)是蓝色星球基于 BIM 技术开发的系列应用软件产品之一，集中体现了公司 3DGIS+BIM 的核心技术和价值，同时形成了以工作流为基础，实现资产与设施(备)的运行管理；以模型为载体，关联了资产、设施、设备、资料等信息，以及围绕运维阶段的需要，采用物联网、异构系统集成、移动互联、二维码等应用技术，使该软件产品实现了真正意义的基于 BIM 的资产与设施运维管理。可查资料显示，该产品的 BIM 技术是系统性应用的经典代表软件。

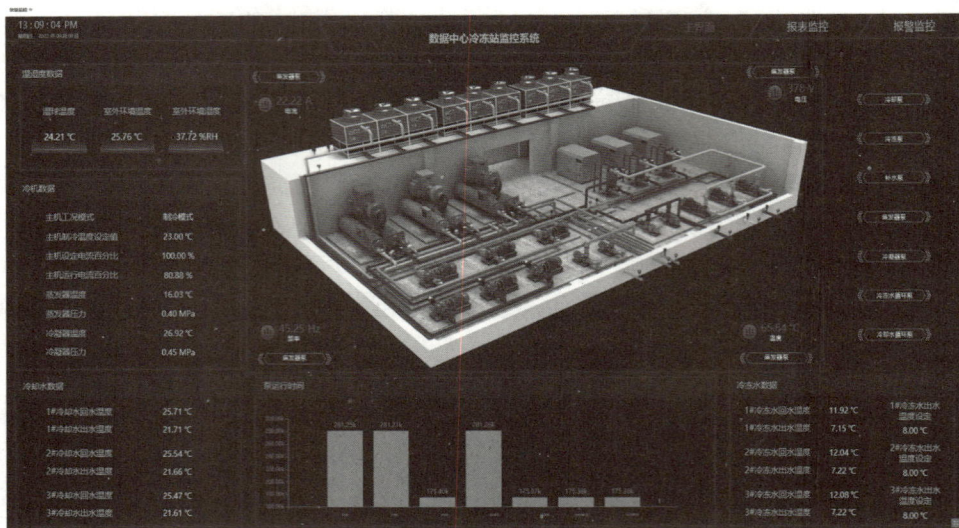

图 1.2.7

任务导航 2

引导问题 3：Revit 软件的应用特点有_____，_____，

_____，_____，_____，_____

_____，_____。

引导问题 4：Revit 建筑设计基本功能包括：_____，

_____，_____，_____，

_____。

引导问题 5：Revit 基本术语有_____，_____，

_____，_____，_____。

知识链接 2

1.2.2　Revit 软件认知

1）Revit 软件概述

Autodesk Revit 专为 BIM 构建，是 Autodesk 用于建筑信息模型的平台。从概念性研究到最详细的施工图纸和明细表，基于 Revit 的应用程序可带来立竿见影的竞争效果，提供更好的协调和质量，并使建筑师和建筑团队的其他成员获得更高收益。

Revit 软件历经多年发展，功能日益完善，最新版本为 Revit 2021，自 2013 版开始，Autodesk 将 Autodesk Revit Architecture（建筑）、Autodesk Revit MEP（机电）和 Autodesk Revit Structure（结构）三者合为一个整体，用户只需一次安装就可以享有建筑、机电、结构的建模环境，使用更加方便高效。

Revit（建筑）软件应用特点主要有以下几个方面：

①Revit 软件建立了三维设计和建筑信息模型的概念。例如创建墙体模型，它不仅具有高度的三维效果，而且具有构造层，有内外墙的差异，有材料特性、时间及阶段信息等。所以创建模型时，这些都需要根据项目应用需要加以考虑。

②关联和关系的特性。平立剖面图纸与模型、明细表实时关联,即一处修改,处处修改;墙和门窗的依附关系,墙能附着于屋顶、楼板等主体;栏杆能指定坡道楼梯为主体,对应尺寸、注释和对象的关联关系等。

③参数化设计的特点。类型参数、实例参数、共享参数等对构件的尺寸、材质、可见性、项目信息等属性的控制。不仅是建筑构件的参数化,而且可以通过设定约束条件实现标准化设计,如整栋建筑单位的参数化设计、工艺流程的参数化设计、标准厂房的参数化设计。

④设置限制性条件,即约束。如设置构件与构件、构件与轴线的位置关系,设定调整变化时相对位置的变化规律。

⑤协同设计的工作模式。工作集(在同一个文件模型上协同)和链接文件管理(在不同文件模型上协同)。

⑥阶段的应用引入时间的概念,实现四维的设计施工建造管理的相关应用。阶段设置可以和项目工程进度相关联。

⑦实时统计工程量的特性。可以根据阶段的不同,按照工程进度的不同阶段分期统计工程量。

⑧参数化特征。参数化是 Revit 建筑设计的一个重要特征,其主要分为两部分:参数化图元和参数化修改引擎。其中,在 Revit 建筑设计过程中图元都是以构件的形式出现,这些构件之间的不同是通过参数的调整反映出来的,参数保存了图元作为数字化建筑构件的所有信息。而参数化修改引擎提供的参数更改技术则可以使用户对建筑设计或文档部分做的任何改动自动地在其他关联的部分反映出来。Revit 建筑设计工具采用智能建筑构件、视图和注释符号,使每一个构件都可以通过一个变更传播引擎互相关联,且构件的移动、删除和尺寸的改动所引起的参数变化会引起相关构件的参数产生关联的变化。任一视图下所发生的变更都能参数化、双向地传播到所有视图,以保证所有图纸的一致性,从而不必逐一对所有视图进行修改,提高了工作效率和工作质量。

2)Revit 软件基本功能

Revit 软件能够帮助用户在项目设计流程前期探究最新颖的设计概念和外观,并能在整个施工文档中忠实传达设计理念。Revit 建筑设计领域面向 BIM 而构建,支持可持续设计、冲突检测、施工规划和建造,同时还可以使用户与工程师、承包商与业主更好地沟通协作。其设计过程中的所有变更都会在相关设计与文档中自动更新,实现更加协调一致的流程,获得更加可靠的设计文档。Revit 建筑设计基本功能包括以下几个方面。

(1)概念设计功能

Revit 的概念设计功能提供了自由形状建模和参数化设计工具,并且可以使用户在方案设计阶段及早进行分析。

用户可以自由绘制草图,快速创建三维形状,交互式地处理各种形状;可以利用内置的工具构思并表现复杂的形状,准备用于预制和施工环节的模型,且随着设计的推进,Revit 能够围绕各种形状自动构建参数化框架,提高用户的创意控制能力。此外,从概念模型直至施工文档,所有设计工作都在同一个直观的环境中完成。

(2)建筑建模功能

Revit 的建筑建模功能可以帮助用户将概念形状转换成全功能建筑设计。用户可以选择并添加面,由此设计墙、屋顶、楼层和幕墙系统,并可以提取重要的建筑信息,包括每个楼层的总面积。此外,用户还可以将基于相关软件应用的概念性体量转化为 Revit 建筑设计中的体量对象,进行方案设计。

(3)详图设计功能

Revit 附带丰富的详图库和详图设计工具,能够进行广泛的预分类,并且可轻松兼容 CSI 格式。用户可以根据公司的标准创建、共享和定制详图库。

(4)材料算量功能

利用材料算量功能计算详细的材料数量。材料算量功能非常适合用于计算可持续设计项目中的材料数量和估算成本,显著优化材料数量跟踪流程。随着项目的推进,Revit 的参数化变更引擎将随时更新材料统计信息。

(5)冲突检查功能

用户可以使用冲突检查功能来扫描创建的建筑模型,查找构件间的冲突。

(6)设计可视化功能

Revit 的设计可视化功能可以创建并获得如照片般真实的建筑设计创意和周围环境效果图,使用户在实际动工前体验设计创意。Revit 中的渲染模块工具能够在短时间内生成高质量的渲染效果图,展示令人震撼的设计作品。

3)Revit 基本术语

(1)项目

在 Revit 中,项目是单个设计信息数据库模型。项目文件包含了建筑的所有设计信息(从几何图形到构造数据)。这些信息包括用于设计模型的构件、项目视图和设计图纸。通过使用单个项目文件,用户可以轻松地修改设计,还可以使修改反映在所有关联区域(如平面视图、立面视图、剖面视图、明细表等)中,仅需跟踪一个文件,便于项目管理。

(2)图元

Revit 包含 3 种图元。项目和不同图元之间的关系如图 1.2.8 所示。

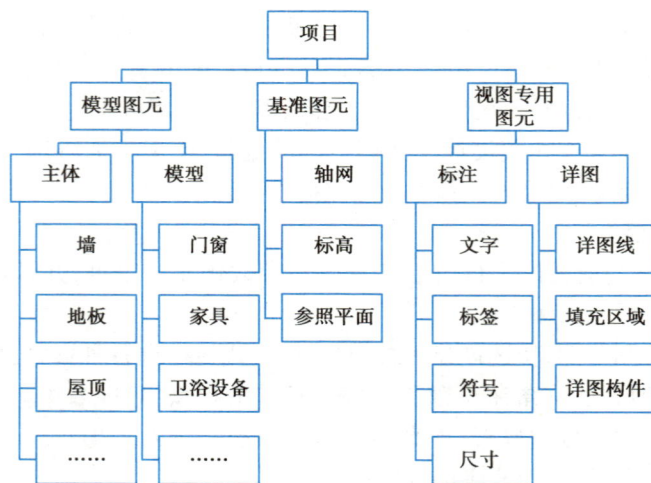

图 1.2.8

①模型图元:代表建筑的实际三维几何图形,如墙、柱、楼板、门窗等。Revit 按照类别、族和类型对图元进行分级,三者关系如图1.2.9所示。

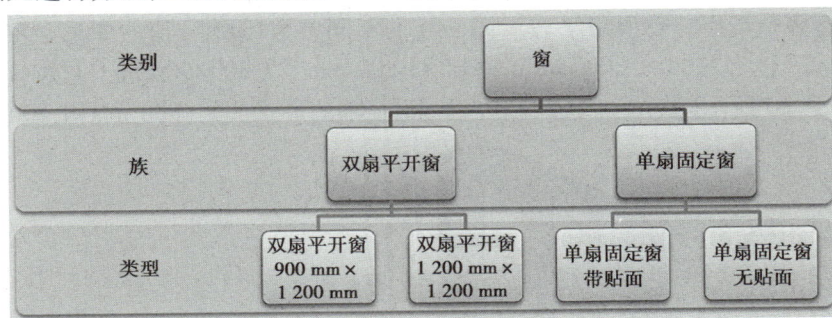

图 1.2.9

②视图专用图元:只显示在放置这些图元的视图中,对模型图元进行描述或归档,如尺寸标注、标记和二维详图。

③基准图元:协助定义项目范围,如轴网、标高和参照平面。

a.轴网:有限平面,可以在立面视图中拖曳其范围,使其不与标高线相交。轴网可以是直线,也可以是弧线。

b.标高:无限水平平面,用作屋顶、楼板和天花板等以层为主体的图元的参照。大多用于定义建筑内的垂直高度或楼层。要放置标高,必须处于剖面或立面视图中。

c.参照平面:精确定位、绘制轮廓线条等的重要辅助工具。参照平面对于族的创建非常重要,有二维参照平面及三维参照平面,其中三维参照平面显示在概念设计环境(公制体量.rft)中。在项目中,参照平面能出现在各楼层平面中但在三维视图中不显示。

Revit 图元的最大特点就是参数化。参数化是 Revit 实现协调、修改和管理功能的基础,大大提高了设计的灵活性。Revit 图元可以由用户直接创建或者修改,无须编程。

(3)类别

类别是用于设计建模或归档的一组图元。例如,模型图元的类别包括家具、门窗、卫浴设备等;注释图元的类别包括标记和文字注释等。

(4)族

族是组成项目的构件,同时是参数信息的载体。族根据参数(属性)集的共用、使用上的相同和图形表示的相似来对图元进行分组。一个族中不同图元的部分或全部属性可能有不同的值,但是属性的设置(其名称与含义)是相同的。例如,"餐桌"作为一个族可以有不同的尺寸和材质。

Revit 包含 3 种族:

①可载入族:使用族样板在项目外创建的 rfa 文件,可载入到项目中,具有高度可自定义的特征,因此可载入族是用户最经常创建和修改的族。

②系统族:已经在项目中预定义并只能在项目中进行创建和修改的族类型(如墙、楼板、天花板等)。它们不能作为外部文件载入或创建,但可以在项目和样板之间复制和粘贴或者传递系统族类型。

③内建族:在当前项目中新建的族,它与之前介绍的"可载入族"的不同在于,"内建族"

只能存储在当前的项目文件里,不能单独存成 rfa 文件中,也不能用在别的项目文件中。

(5)类型

族可以有多个类型。类型用于表示同一族的不同参数(属性)值。如某个窗族"双扇平开 - 带贴面. rfa"包含"900×1 200 mm""1 200×1 200 mm""1 800×900 mm"(宽×高)3 个不同类型,如图 1.2.10 所示(软件中尺寸的形式有误,正确的形式形如"900 mm×1 200 mm")。

图 1.2.10

在这个族中,不同的类型对应了窗的不同尺寸,如图 1.2.11。

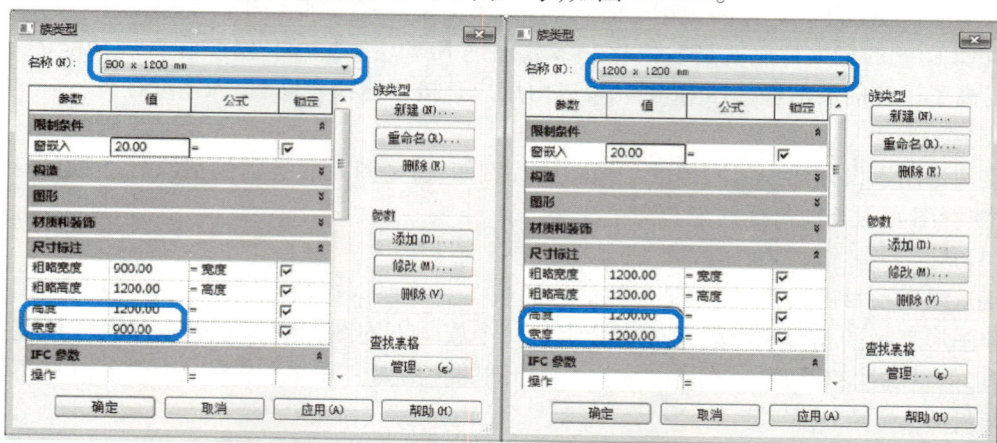

图 1.2.11

(6)实例

放置在项目中的实际项(单个图元)。在建筑(模型实例)或图纸(注释实例)中都有特定的位置。

4)Revit 界面介绍

Revit 界面如图 1.2.12 所示。

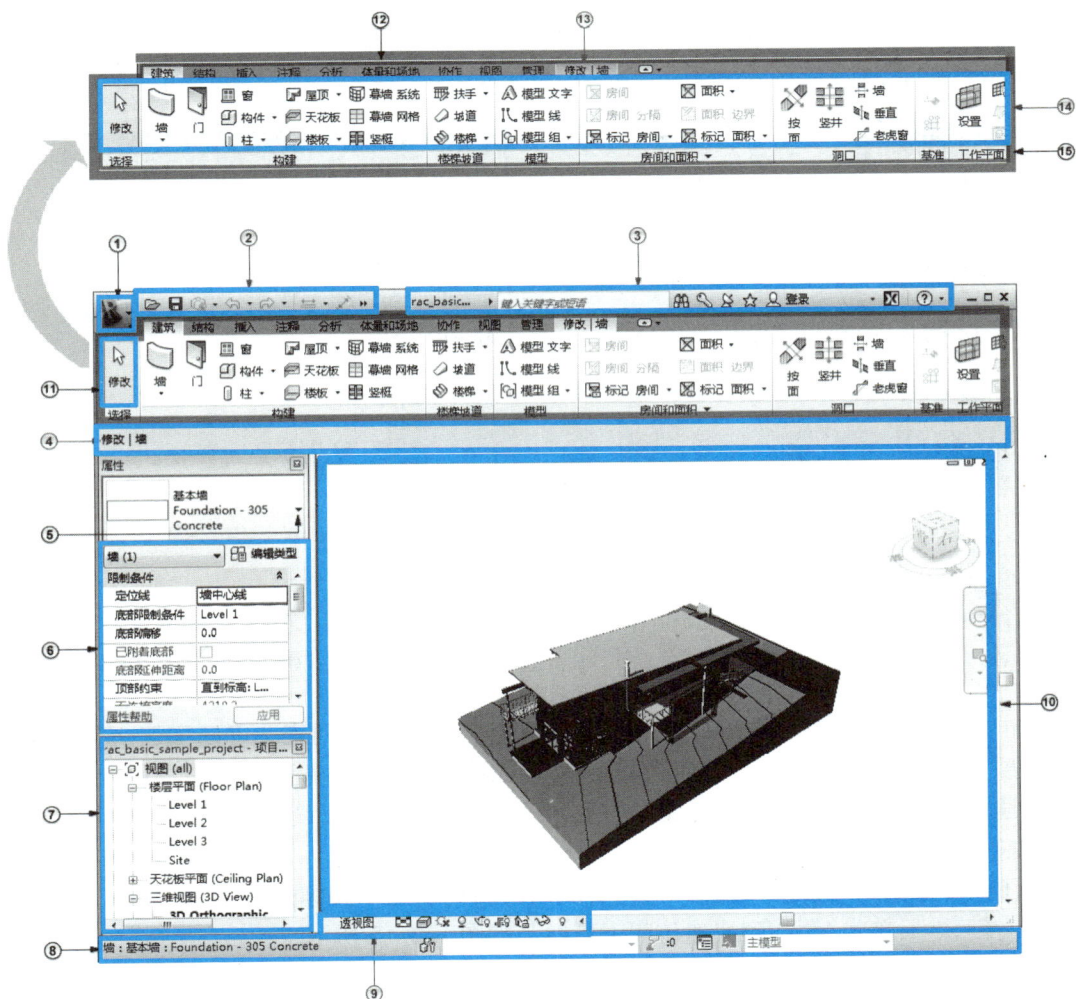

图 1.2.12

1—应用程序菜单；2—快速访问工具栏；3—信息中心；4—选项栏；5—类型选择器；6—"属性"选项板；
7—项目浏览器；8—状态栏；9—视图控制栏；10—绘图区域；11—功能区；12—功能区上的选项卡；
13—功能区上的上下文选项卡，提供与选定对象或当前动作相关的工具；
14—功能区当前选项卡上的工具；15—功能区上的面板

5）Revit 菜单命令

（1）应用程序菜单

应用程序菜单（图 1.2.13）位于软件开启后界面的左上方。应用程序菜单提供对常用文件访问的操作，包括"最近使用的文档""新建""打开""另存为"等；还包括更高级的工具，如"导出"和"发布"等。单击应用程序菜单中的选项按钮，可以查看和修改文件位置、用户界面、图形设置等。

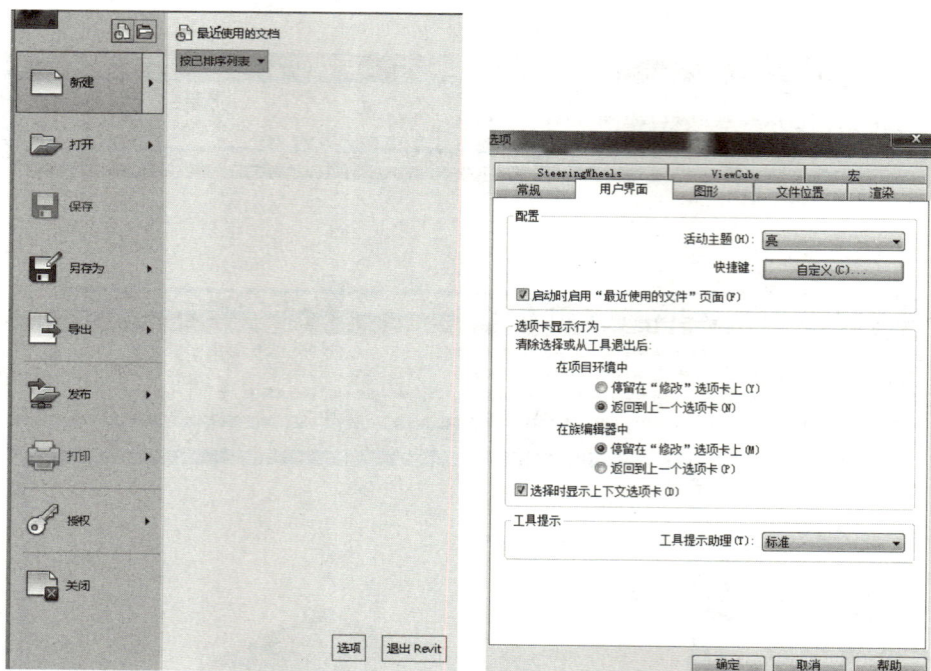

图 1.2.13

单击快速访问工具栏(图 1.2.14)的下拉按钮,将弹出工具列表。可以添加一些快速访问的选项,方便使用者快速使用某些访问命令,比如快速进入 3D 视图、快速创建剖面等。

快速访问工具栏可以显示在功能区的上方或下方。要修改设置,可在快速访问工具栏上单击下拉列表,选择"在功能区下方显示"。

将工具添加到快速访问工具栏中:在功能区内浏览以显示要添加的工具,在该工具上单击鼠标右键,然后单击"添加到快速访问工具栏",如图 1.2.15 所示。

图 1.2.14

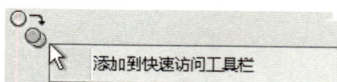

图 1.2.15

【提示】上下文选项卡上的某些工具无法添加到快速访问工具栏中。

如果从快速访问工具栏中删除了默认工具,可以单击"自定义快速访问工具栏"下拉列表并选择要添加的工具,来重新添加这些工具。

自定义快速访问工具栏:要快速修改快速访问工具栏,可在快速访问工具栏的某个工具上单击鼠标右键,然后选择下列选项之一:

①删除工具:从快速访问工具栏中删除。

②添加分隔符:在工具栏右侧添加分隔符线。

要进行更广泛的修改,可在快速访问工具栏下拉列表中单击"自定义快速访问工具栏"。在该对话框中,执行如图1.2.16所示的操作。

目　标	操　作
在工具栏上向上(左侧)或向下(右侧)移动工具	在列表中,选择该工具,然后单击 ⬆(上移)或 ⬇(下移)将该工具移动到所需位置
添加分隔符线	选择要显示在分隔线上方(左侧)的工具,然后单击 ▯▮(添加分隔符线)
从工具栏中删除工具或分隔符线	选择该工具或分隔符线,然后单击 ✖(删除)

图 1.2.16

(2)功能区

功能区包括3种按钮:一种是直接调用工具,比如墙命令按钮,单击之后可以直接开始绘制上次使用过的墙命令;另一种是下拉按钮,比如墙下方的箭头,单击之后可以选择墙的下一级选项,包括建筑墙、结构墙与面墙;还有一种是分割按钮,用来调用常用的工具或显示包含附加相关工具的菜单。

(3)上下文功能区选项卡

激活某些工具或选中某图元的时候,系统会添加并切换到"上下文功能区选项卡",选项卡内包含绘制或者修改图元的各种命令以及各种阵列和复制命令,如图1.2.17所示。

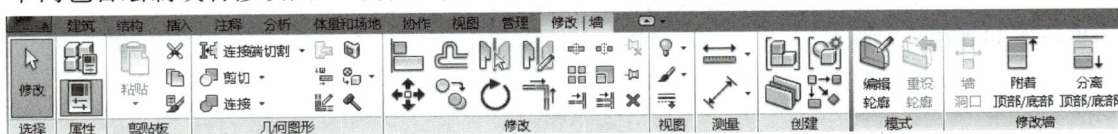

图 1.2.17

退出该工具或清除选择时,该选项卡关闭。

(4)视图控制栏

视图控制栏位于Revit窗口底部的状态栏上方,可以控制视图的比例、详细程度、模型图形式样、临时隐藏等。

(5)状态栏

状态栏沿应用程序窗口底部显示。使用某一工具时,状态栏左侧会提供一些技巧或提示,告诉用户做些什么,如图1.2.18所示。高亮显示图元或构件时,状态栏会显示族和类型的名称。

图 1.2.18

状态栏的右侧会显示其他控件：

①工作集：提供对共享项目的工作集对话框的快速访问。该显示字段显示处于活动状态的工作集。使用下拉列表可以显示已打开的其他工作集。若要隐藏状态栏上的工作集控件，可单击"视图"选项卡—"窗口"面板—"用户界面"下拉列表，然后清除"状态栏—工作集"复选框。

②设计选项：提供对设计选项对话框的快速访问。该显示字段显示处于活动状态的设计选项。使用下拉列表可以显示其他设计选项。使用"添加到集"工具可以将选定的图元添加到活动的设计选项。若要隐藏状态栏上的设计选项控件，可单击"视图"选项卡—"窗口"面板—"用户界面"下拉列表，然后清除"状态栏—设计选项"复选框。

③仅活动项：用于过滤所选内容，以便仅选择活动的设计选项构件。请参见在"设计选项中选择图元"。

④排除选项：用于过滤所选内容，以便排除属于设计选项的构件。

⑤单击+拖曳：允许在不事先选择图元的情况下拖曳图元。

⑥仅可编辑：用于过滤所选内容，以便仅选择可编辑的工作共享构件。

⑦过滤：用于优化在视图中选定的图元类别。

练一练

打开 Revit 软件后，熟悉 Revit 界面，并依次打开 Revit 菜单命令：应用程序菜单、快速访问工具栏、功能区、上下文功能区选项卡、视图控制栏、状态栏，组内互相讨论完成截图，以组为单位展示截图完成情况。

任务评价

教师详细记录各组学生的学习表现（纪律情况、讨论情况、展示情况、工作成果），指导学生进行组间评价。教师给出各组平均分，学生组内互评给出每个成员本次任务的成绩，肯定优点的同时，指出问题并给出改进建议等（相关表格参见附录1）。

任务巩固

一、选择题

1. BIM 的 5D 是在 4D 建筑信息模型基础上，融入（   ）信息。（2020 年某省技能竞赛样题）

A. 成本造价信息　　　　　　　　　　B. 合同成本信息

C. 项目团队信息　　　　　　　　　　D. 质量控制信息

2. 运维阶段的 BIM 应用内容不包括（   ）。（2021 年某省技能竞赛样题）

A. 碰撞检查　　　　　　　　　　　　B. 设备的运行监控

C. 能源运行管理　　　　　　　　　　D. 建筑空间管理

3.下列选项不属于 BIM 在施工阶段的价值的是(　　)。

A.能耗分析

B.辅助施工深化设计或生成施工深化图纸

C.施工工序模拟和分析

D.施工场地科学布置和管理

4.在图纸视图中,选择图纸中的视口,激活视口后使用文字工具输入文字注释,则该文字注释(　　)。

A.仅显示在图纸视图中

B.仅显示在视口对应的视图中

C.同时显示在视口对应的视图和图纸视图中

D.仅显示在视口对应的视图中,同时会以复本的形式显示在图纸视图中

5.下列不属于 BIM 技术在设计阶段应用的是(　　)。("1+X"建筑信息模型职业技能等级证书考试理论题*)

A.方案设计　　　　　　　　　　B.施工图设计

C.初步设计　　　　　　　　　　D.施工场地平面布置图设计

6.BIM 技术在施工阶段的主要任务不包括(　　)。

A.成本管理　　　　　　　　　　B.进度管理

C.设计方案比选　　　　　　　　D.资源管理

二、简答题

1.在规划设计、建筑设计建模阶段常用的 BIM 软件有哪些？其优势是什么？

2.在施工管控及 BIM 应用阶段常用的 BIM 软件有哪些？其优势是什么？

3.漫游、碰撞检查、施工模拟分别是怎么体现的？

4.Revit(建筑)软件的应用特点主要有哪些方面？

---

*处下文均简称为"'1+X'理论题"。

项目 2 标高和轴网的创建

任务 2.1 Revit 样板和族库

任务描述

根据案例项目施工图内容及项目类型，创建项目或项目样板。

任务目标

知识目标	1. 了解 Revit 项目文件、项目样板、族库的概念； 2. 掌握 Revit 软件创建项目、族库载入的方法与步骤
能力目标	1. 能根据图纸类型，创建正确的项目； 2. 能正确载入族库，设置族库路径
素养目标	1. 能合理利用与选择各类数据资源； 2. 培养学生细心、严谨的工作态度

任务实施

任务分工

根据学生座位，将学生分成 5~8 人一组，由小组成员讨论设置组号，并推选小组组长，完成分组表格（也可按照前面任务的分组延续进行）。

班级		组号		指导教师	
成员	学号	姓名		学号	姓名
		（组长）			
任务分工					

任务导航 1

创建项目前,首先明确新建项目与新建项目文件的区别。

引导问题 1:什么是项目文件?

引导问题 2:什么是项目样板文件?

知识链接 1

2.1.1　基本概念

项目文件:包含所有工程信息的文件,包含一个工程所有的图元信息,是一个工程文件,文件后缀是"rvt"。

项目样板文件:一种提高绘图效率、统一绘图标准、保证出图质量,在项目开始前根据项目特点预制的样板文件,兼具统一性与特殊性。

族库:在 Revit 中,族贯穿所有设计项目。族可简单理解为一批同类建筑工程构件的集合。使用 Revit 越多,累积的族越多,效率提高得就越快。一个族可以无限次地使用在任何需要的地方。Revit 族库就是把大量 Revit 族按照特性、参数等属性分类归档而成的数据库。

任务导航 2

引导问题 3:载入族库一般有 3 个步骤,分别是＿＿＿＿＿＿＿＿＿＿＿＿＿＿＿＿＿＿,

＿＿＿＿＿＿＿＿＿＿＿＿,＿＿＿＿＿＿＿＿＿＿＿＿＿＿。

知识链接 2

2.1.2　创建空白项目

步骤:选择应用程序菜单里的"新建"→"项目",如图 2.1.1 所示。

2.1.3　创建样板文件

Revit 样板文件包括构造样板、建筑样板、结构样板和机械样板,新建项目时,可根据图纸类型选择对应的项目文件。

步骤:根据施工图纸,选择应用程序菜单里的"新建"→"样板文件"→下拉菜单选择"建筑样板",如图 2.1.2 所示。

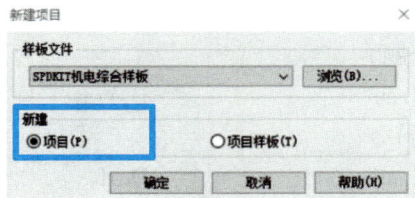

图 2.1.1

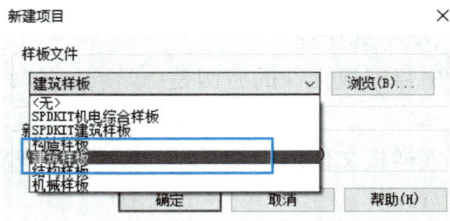

图 2.1.2

2.1.4　载入族库

将提前下载好的族库载入 Revit 系统。

步骤1:选择应用程序菜单里的"文件"→"选项"→"文件位置"。

步骤2:选择"放置(P)"。

步骤3:设置族库路径,载入族库,如图2.1.3所示。

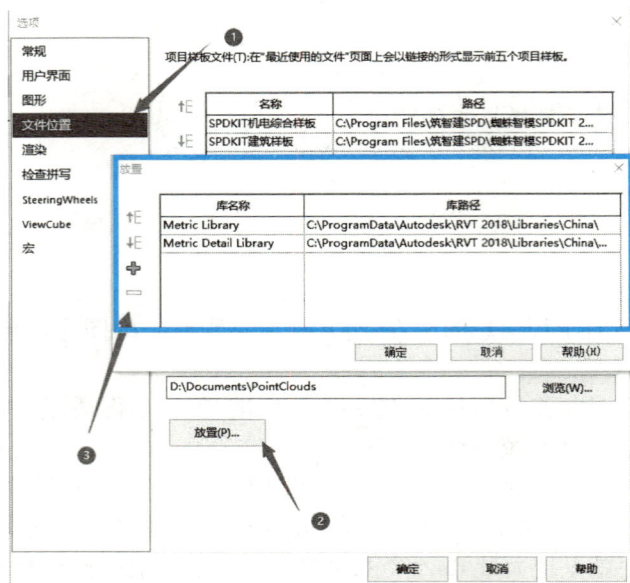

图 2.1.3

练一练

1. 精读工作任务,明确要求。

2. 分析要求,个人或按组草拟方案,完善方案并实施(可参考附录2)。

任务评价

教师详细记录各组学生学习表现(纪律情况、讨论情况、展示情况、工作成果),指导学生进行组间评价。教师给出各组平均分,学生组内互评给出每个成员本次任务的成绩,肯定优点的同时,指出问题并给出改进建议等(相关表格参见附录1)。

任务巩固

一、单项选择题

1. 项目样板文件的后缀是(　　　)。("1+X"理论题)

A. rfa   B. CAD   C. su   D. vray

2. 族样板文件的后缀是(　　　)。("1+X"理论题)

A. vray   B. CAD   C. su   D. rft

3. 族文件的后缀是(　　　)。("1+X"理论题)

A. CAD   B. rfa   C. su   D. vray

4. 以下关于从业人员与职业道德的说法正确的是(　　　)。("1+X"理论题)

A. 道德意识是与生俱来的,不需要作规范性要求

B. 只有所有人都认为正确的专业道德理论,才可以被认可

C. 所有从业人员走上工作岗位之前都应接受专业道德教育

D. 以上均不正确

二、多项选择题

可选择 Revit 提供的默认样板有(　　　)。("1+X"理论题)

A. 建筑样板　　　　　B. 机电样板　　　　　C. 结构样板

D. 机械样板　　　　　E. 构造样板

任务 2.2　标高的创建

任务描述

根据案例项目施工图内容,在已完成绘图样板选择的基础上,完成标高的识读并进行标高的绘制。

任务目标

知识目标	1.熟悉标高的分类和制图标准; 2.掌握绘制和编辑标高的方法
能力目标	1.能准确读取建筑的标高信息; 2.能绘制标高模型和编辑标高信息
素养目标	培养严谨、敬业的学习和工作态度

任务实施

任务分工

根据学生座位,将学生分成 5~8 人一组,由小组成员讨论设置组号,并推选小组组长,完成分组表格。

班级		组号		指导教师	
成员	学号	姓名	学号	姓名	
		(组长)			
任务 分工					

任务导航 1

绘制标高前,首先对建筑图纸中的标高信息进行识读。

引导问题 1:在建筑施工图中,标高信息可以从_____、_____、_____或楼层表中读取。

引导问题 2:标高按基准面选取的不同分为_____、_____。

知识链接 1

2.2.1　标高的识读

在建筑施工图中,标高信息可以从平面图、立面图、剖面图或楼层表中读取。本项目楼层标高信息从立面图获取更加方便(图 2.2.1),室外地坪标高为 -0.300 m,一层地面标高为 ±0.000 m,二层楼面标高为 3.500 m,阁楼地面标高为 6.600 m,坡屋顶标高为 9.585 m。

图 2.2.1

任务导航 2

引导问题 3:绘制标高一般分为 4 个步骤,分别是_____,_____,_____,_____。

引导问题 4:编辑标高一般分为 2 个步骤,分别是_____,_____。

知识链接 2

2.2.2　标高的创建

步骤 1:选择立面视图。

找到"项目浏览器"→"视图"→"立面(建筑立面)",标高可在东、南、西、北任意一个立面绘制。以南立面为例,双击"南",打开立面视图窗口(图 2.2.2),窗口内已经有

标高的创建

两条预设的标高线,分别是"标高 1"和"标高 2"。标高的创建可以在预设标高线的基础上进行复制、编辑,也可重新绘制。

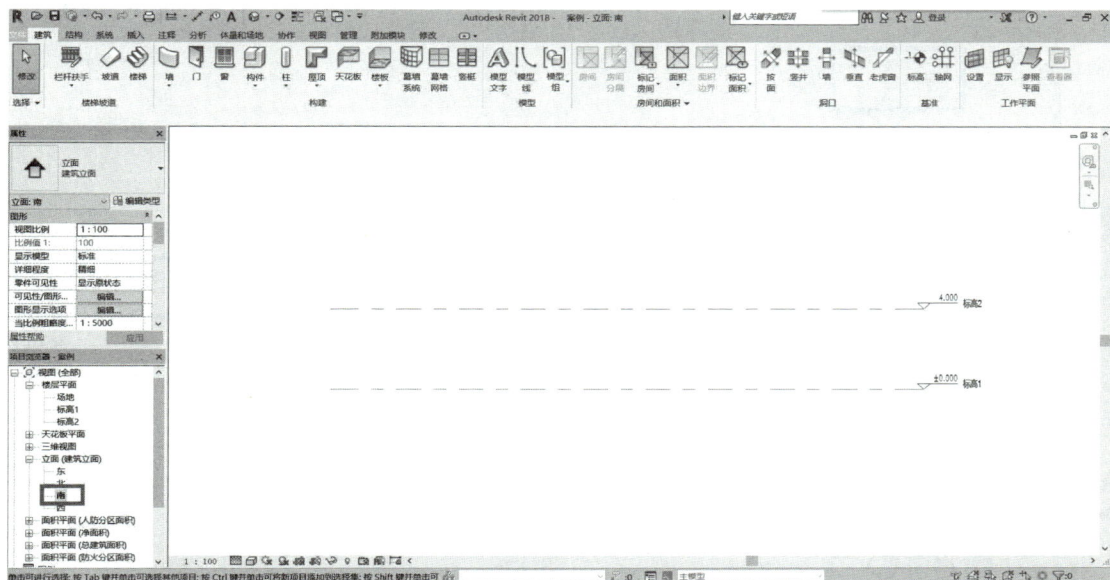

图 2.2.2

步骤 2:绘制一层、二层平面标高。

双击"标高 1"文字(图 2.2.3),输入"01_一层平面图",单击空白处弹出"是否希望重命名相应视图"窗口,选择"是"(图 2.2.4),此时项目浏览器"楼层平面"视图中原"标高 1"平面同步更名为"01_一层平面图"(图 2.2.5),一层平面标高创建完成。

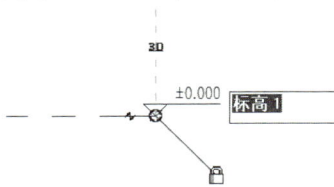

图 2.2.3

图 2.2.4

选中"标高 2",显示预设标高线高度为"4 000 mm",单击此数字,输入"3 500"并确定,此时标高线高度降至 3 500 mm(图 2.2.6);与一层标高线编辑方法相似,更改二层标高名称"标高 2"为"02_二层平面图"并同时更改平面视图对应名称,二层标高创建完成(图 2.2.7)。

步骤 3:绘制室外地坪标高。

以复制其他标高的方法为例,选中"01_一层平面图"标高线→单击"复制"命令(图 2.2.8)→单击标高线或任意一点(图 2.2.9)→向正下方移动鼠标并悬停,输入室外地坪高度"300"并确认(图 2.2.10)→单击"添加弯头符号",把重叠的名称和标注分开(图 2.2.11)→更改标高名称为"室外地坪"→选中标高线,找到"属性"窗口→单击"标高"(图 2.2.12)→下拉选项中选择"下标头"(图 2.2.13),室外地坪标高

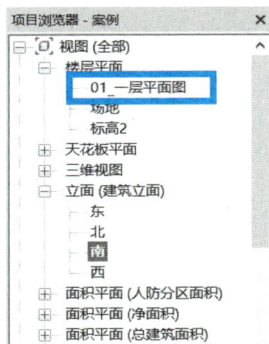

图 2.2.5

绘制完成（图2.2.14）。

图2.2.6

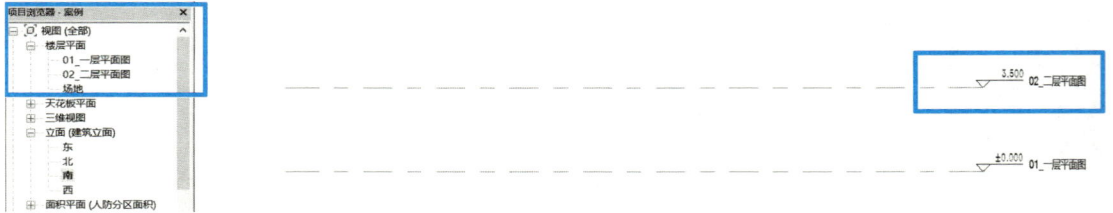

图2.2.7

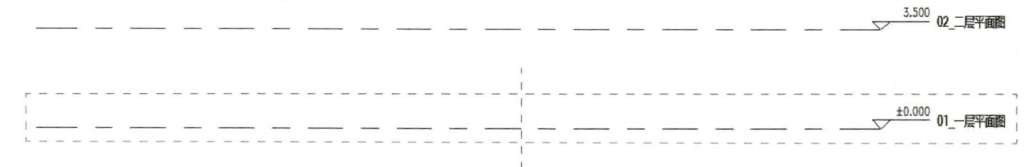

图2.2.8

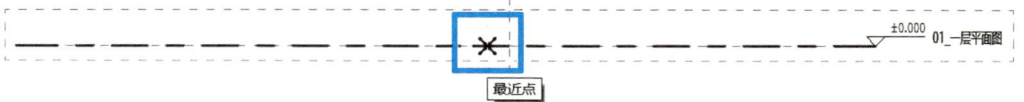

图2.2.9

图2.2.10

图 2.2.11

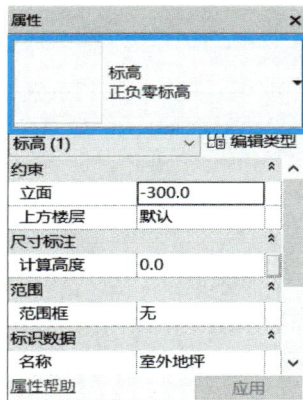

图 2.2.12

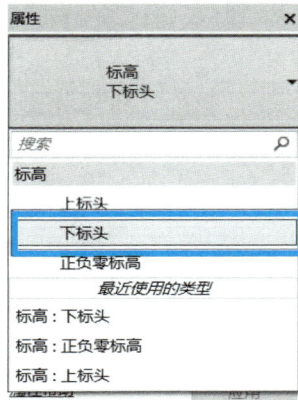

图 2.2.13

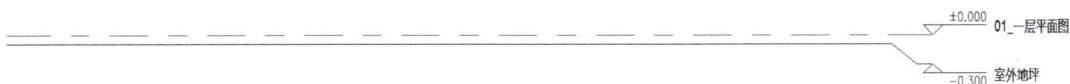

图 2.2.14

步骤4:绘制屋面层标高。

以直接绘制标高的方法为例,选择"建筑"选项卡→单击"标高"命令进入标高编辑窗口(图2.2.15)→鼠标对齐标高左端→输入二层地面至阁楼地面高差"3100"并确定(图2.2.16)→向右移动鼠标对齐下层标高右端,直至出现蓝色竖直虚线并确认(图2.2.17)→更改标高信息为"03_屋面平面图",屋面层标高绘制完成(图2.2.18)。

图 2.2.15

图 2.2.16

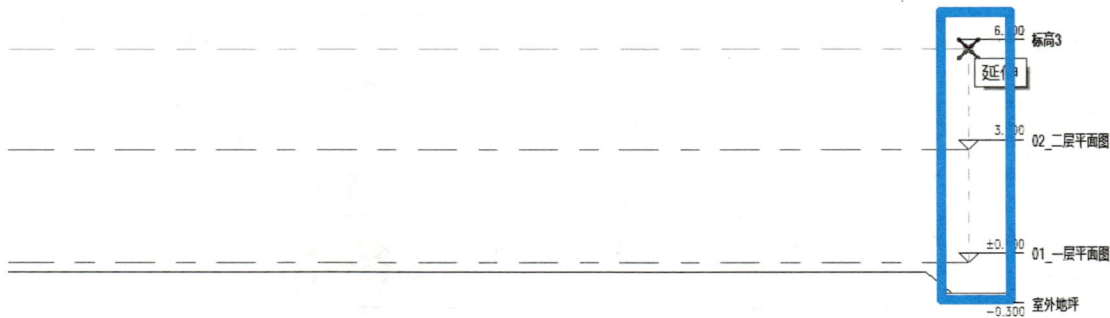

图 2.2.17

图 2.2.18

2.2.3　标高的编辑

步骤 1：标高信息的显示。

标高绘制完成后，仅在标高线右端显示标高信息，若需要标高线左端也显示标高信息，按以下步骤完成：选中"03_屋面平面图"标高线→单击"编辑类型"（图 2.2.19）→勾选"端点 1 处的默认符号"后单击"确认"（图 2.2.20），则所有"上标头标高"类型的标高线左端都显示标高信息。此种方法适用于批量编辑同类型标高（图 2.2.21）。对于个别数量较少的标高线，编辑标高信息时，可选中该标高线后勾选标高线左端的"方框"，完成单条标高线信息的编辑（图 2.2.22）。

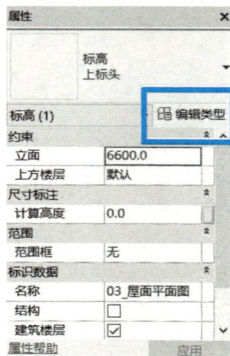

图 2.2.19

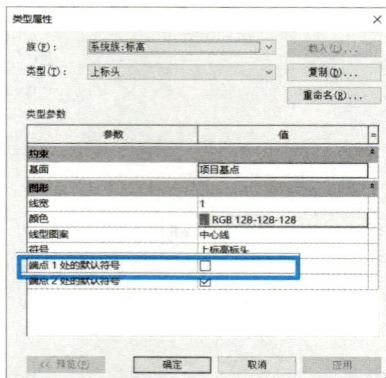

图 2.2.20

图 2.2.21

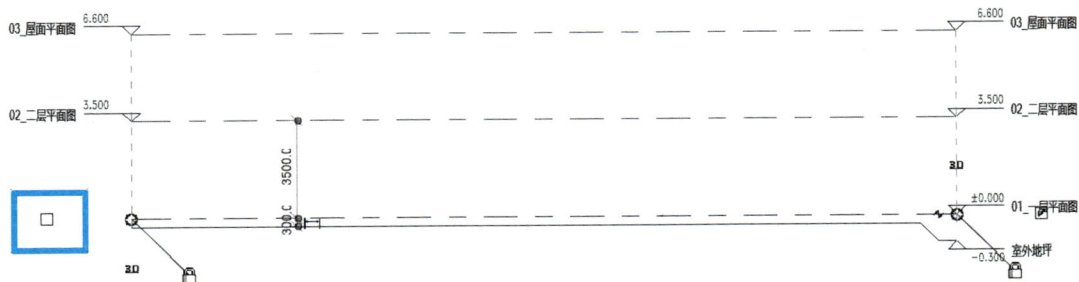

图 2.2.22

步骤 2：标高线的伸长和缩短。

选中任意一条标高线，所选标高线两端同时出现蓝色圆圈，鼠标左键选中圆圈并左右拖动，所有标高线同时伸长或缩短。若只对某一条标高线进行伸缩，则单击"解锁"后选中圆圈左右拖动对该标高线进行伸缩（图 2.2.23）。

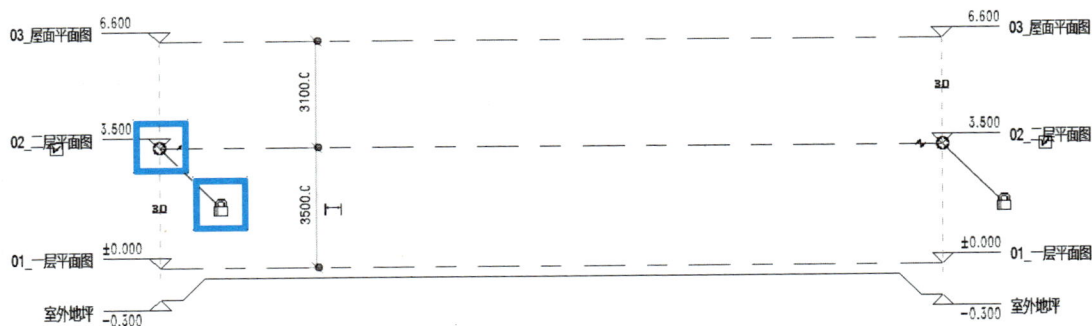

图 2.2.23

练一练

1. 精读任务图纸，明确要求；
2. 分析要求，个人草拟方案，完善方案并实施（可参考附录 2）。

任务评价

教师详细记录各组学生学习表现（纪律情况、讨论情况、展示情况、工作成果），指导学生进行组间评价。教师给出各组平均分，学生组内互评给出每个成员本次任务的成绩，肯定优点的同时,指出问题并给出改进建议等。

任务巩固

选择题

1.添加标高时,默认情况下(　　)。("1+X"理论题)

A."创建平面视图"处于选中状态

B."平面视图类型"中天花板平面处于选中状态

C."平面视图类型"中楼层平面处于选中状态

D.以上说法均正确

2.下列视图中可以绘制标高的是(　　)。("1+X"理论题)

A.平面视图　　　　　B.天花板视图　　　　　C.三维视图　　　　　D.立面视图

3.在 Revit 里修改标高名称,相应视图的名称是否会改变(　　)。("1+X"理论题)

A.不会　　　　　　　　　　　　　　B.会

C.可选择改变或不改变　　　　　　　D.两者没有关联

任务 2.3　轴网的创建

任务描述

根据案例项目施工图内容,在已完成标高创建的基础上,完成轴网的识读与创建。

任务目标

知识目标	1.掌握直线轴网、斜交轴网和弧线轴网的区别;
	2.掌握轴号的识读方法;
	3.掌握轴距的识读方法;
	4.掌握轴网类型参数的编辑方法
能力目标	1.能正确区分直线轴网、斜交轴网和弧线轴网;
	2.能正确绘制轴线;
	3.能正确编辑轴号;
	4.能编辑轴网的类型参数;
	5.能正确创建轴网;
	6.能正确编辑轴网
素养目标	培养学生严谨细致的工作态度

任务实施

任务分工

根据学生座位,将学生分成 5～8 人一组,由小组成员讨论设置组号,并推选小组组长,完成分组表格。

班级			组号		指导教师		
成员	学号		姓名		学号		姓名
			（组长）				
任务分工							

任务导航 1

绘制轴网前,先对建筑施工图中的轴网进行识读。

引导问题 1:轴网分为_____、_____、_____。

引导问题 2:什么是轴网的上开间、下开间、左进深、右进深?

知识链接 1

2.3.1　轴网的识读

在建筑施工图中,轴网类型为直线轴网,上开间和下开间的轴号是连续且对称的,左进深和右进深的轴号不连续且不对称(图 2.3.1)。

任务导航 2

引导问题 3:创建轴网一般分为 3 个步骤,分别是_____、_____、_____。

知识链接 2

2.3.2　轴网的绘制与编辑

步骤 1:选择轴网。

首先在"项目浏览器"中单击"楼层平面"下拉选项,双击"1F",如图 2.3.2 所示。

单击"建筑"选项卡→"基准"→"轴网"(图 2.3.3),进入轴网绘制界面。

步骤 2:绘制轴网。

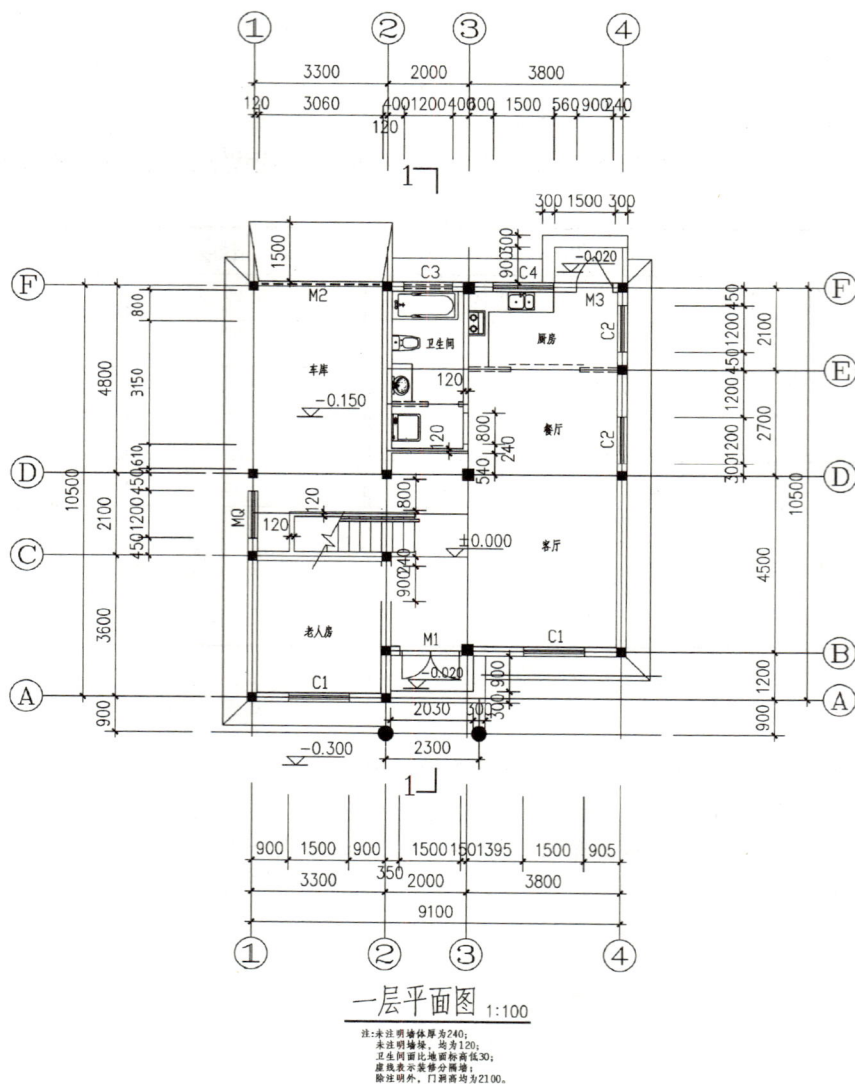

一层平面图 1:100

注：未注明墙体厚为240；
未注明墙垛，均为120；
卫生间面比地面标高低30；
虚线表示装修分隔墙；
除注明外，门洞高均为2100。

图 2.3.1

单击"绘制"→"直线"（图2.3.4），进入绘图界面。

在绘制轴网时，系统会自动标注轴号，软件默认轴号从数字"1"开始，通常情况下先绘制竖向轴线，直接绘制一条直线即可，系统就会自动在轴线端部显示轴号（图2.3.5）。

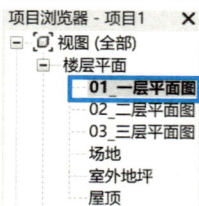

图 2.3.2

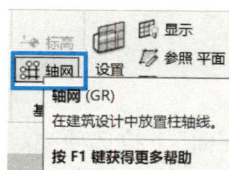

图 2.3.3

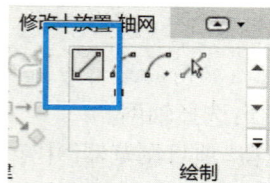

图 2.3.4

方法 1:绘制完第一根轴线之后可以继续执行绘制轴网命令,输入相应的距离完成其他竖向轴线的绘制(图 2.3.6)。

图 2.3.5

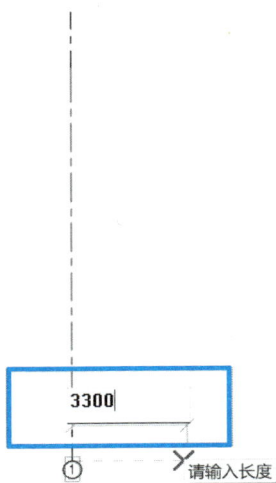

图 2.3.6

绘制完竖向轴线即可开始横向轴线的绘制,只需将第一根横向轴线的轴号修改为"A",后面的轴号就会自动按照字母顺序排序,直至将所有轴线绘制完成(图 2.3.7)。

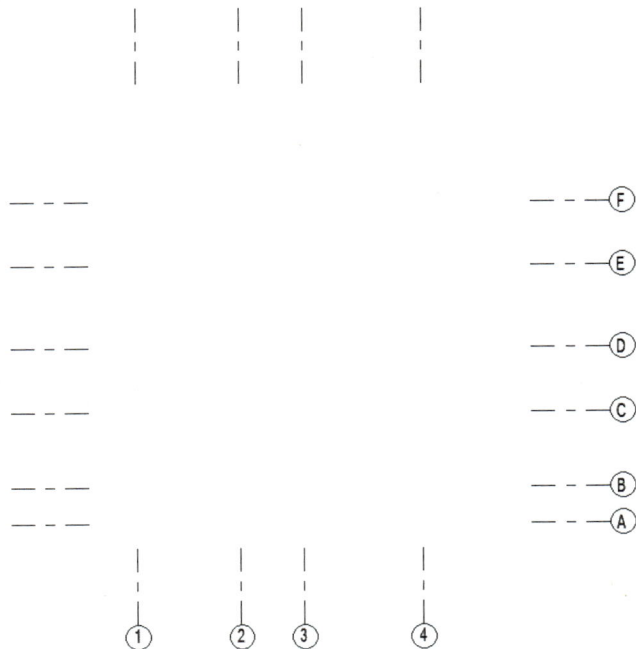

图 2.3.7

方法 2:绘制完第一根轴线之后可以采用复制命令继续绘制轴网。选中第一根轴网,选择复制命令,勾选多个(图 2.3.8),将鼠标向绘制轴网的方向移动,依次输入正确的距离就可以快速绘制多条轴线(图 2.3.9),直至绘制完成。

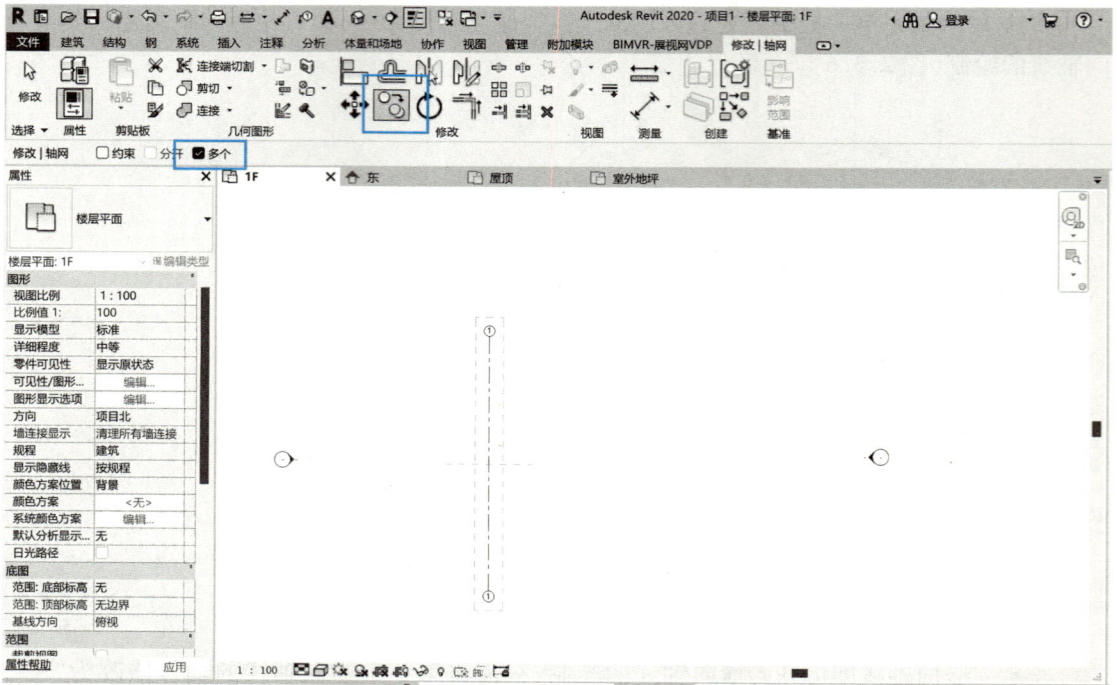

图 2.3.8

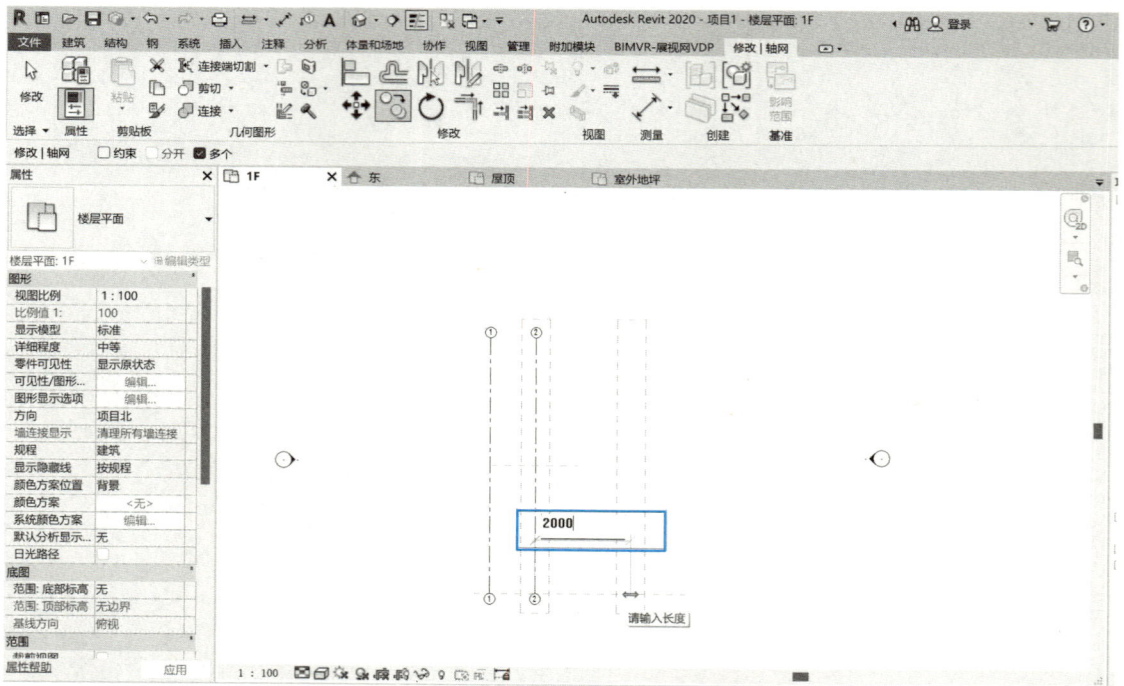

图 2.3.9

步骤 3:编辑轴网。

轴网绘制完成后,可以对轴网进行编辑。选中任意一根轴线,单击属性栏里的"编辑类型"(图 2.3.10),进入"类型属性"编辑界面,对轴网参数进行修改:"轴线中段"为"连续";勾选"平面视图轴号端点 1"和"平面视图轴号端点 2",修改完成后单击"确定"(图 2.3.11)。

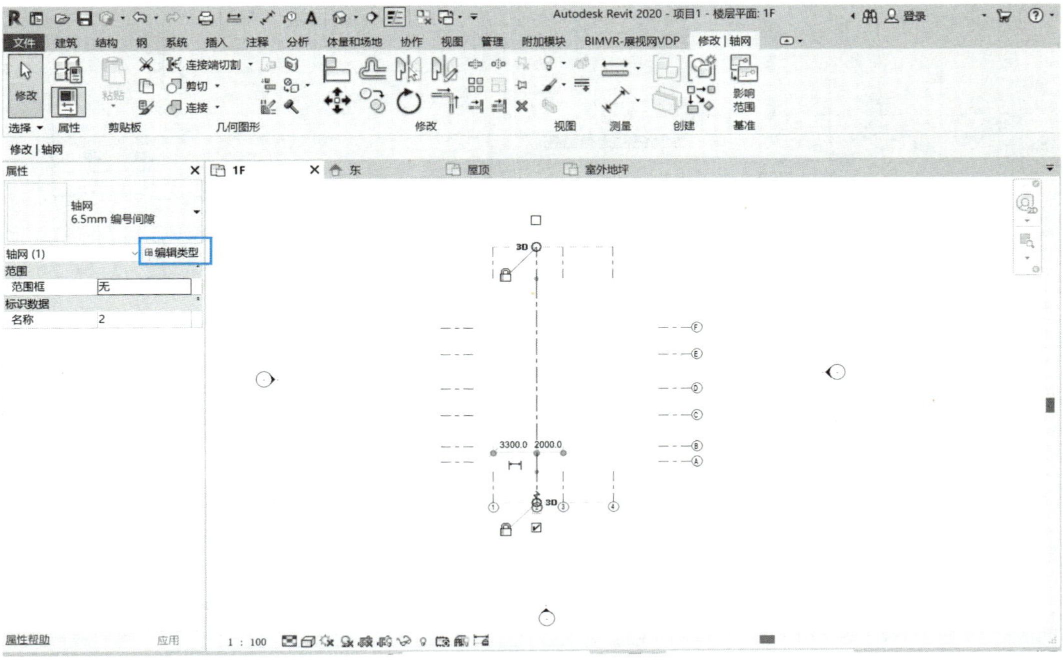

图 2.3.10

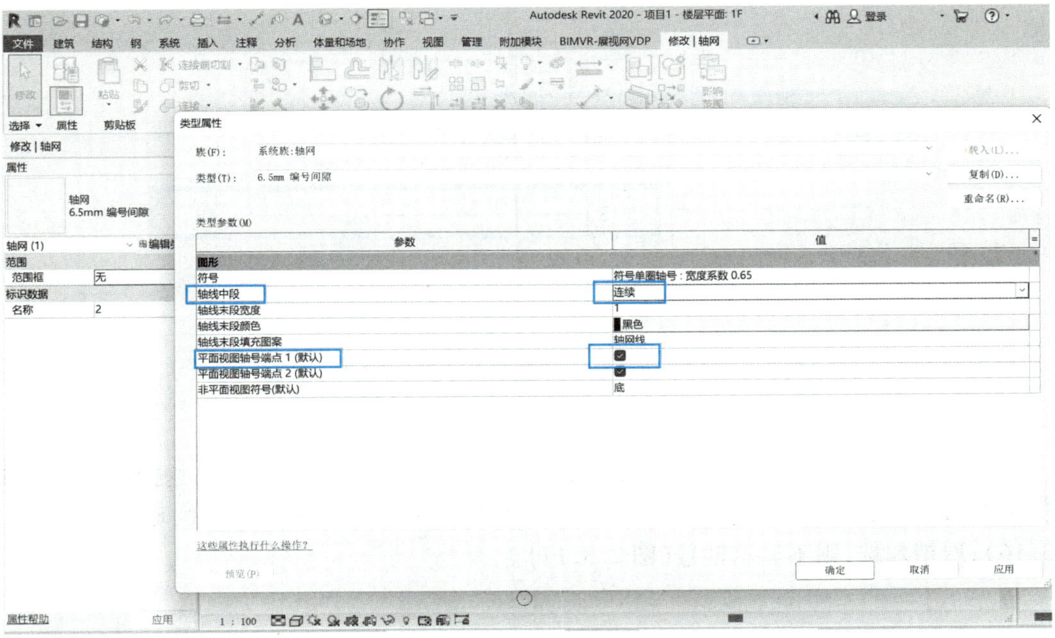

图 2.3.11

　　所有轴线都可以进行移动编辑。单击轴网,会出现一个小圆圈和锁的图标,当锁的图标处于锁住状态时,拖动圆圈,则圆圈所在一侧的轴线都会跟着移动(图2.3.12);当锁的图标处于开启状态时,拖动轴线则只有该轴线会移动(图2.3.13)。

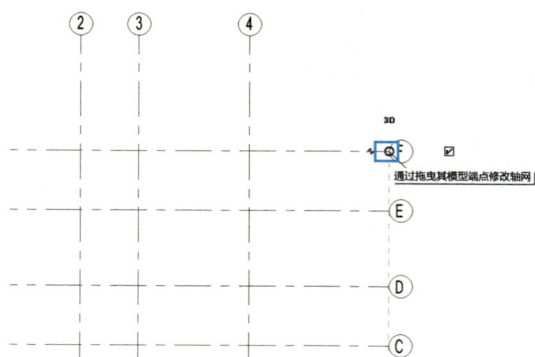

图2.3.12

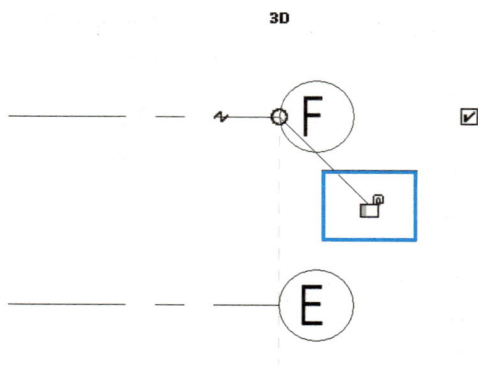

图2.3.13

　　根据施工图纸,移动Ⓑ、Ⓒ、Ⓔ号轴线,使其与图纸保持一致(图2.3.14)。

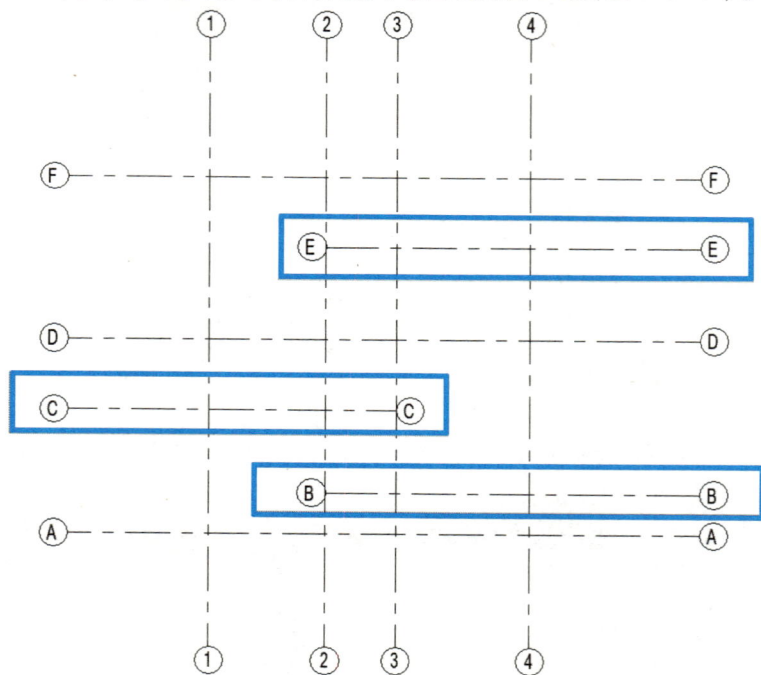

图2.3.14

　　编辑轴号:轴号出现错误时,单击轴号里面的数字或字母可以直接进行修改(图2.3.15)。若需要修改轴号显示,则单击轴线,轴线两侧会出现两个小矩形框,勾选,则显示轴号(图2.3.16);取消勾选,则不显示轴号(图2.3.17)。

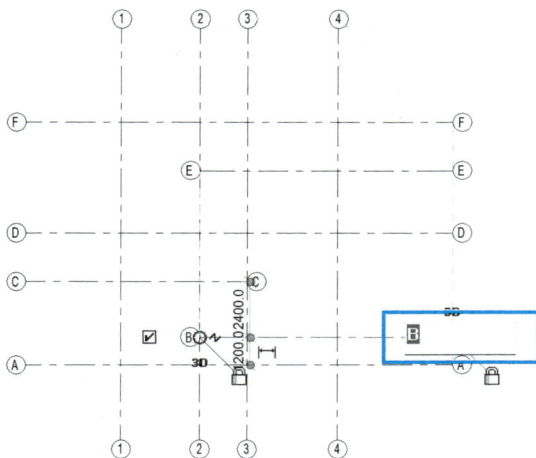

图 2.3.15

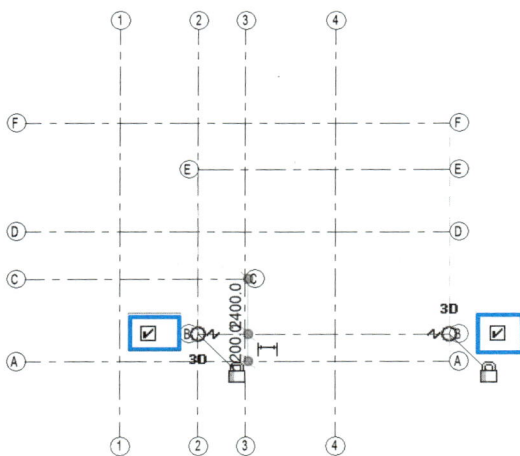

图 2.3.16

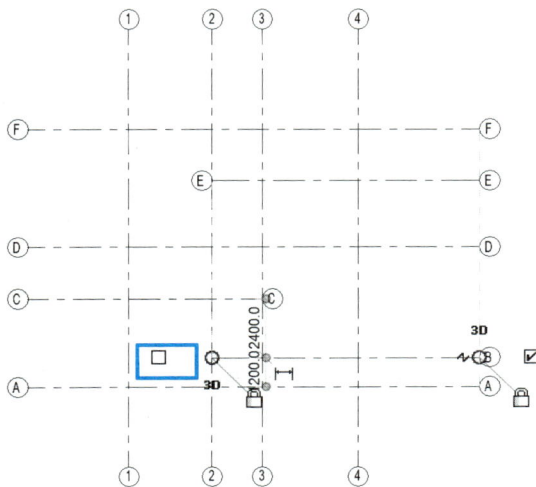

图 2.3.17

添加弯头：绘图过程中，若两个相邻轴号距离太近，则可以添加弯头。单击轴线，出现折线符号（图2.3.18），单击折线符号则可以添加弯头。若想恢复原状或者修改为反向弯头，则直接上下或左右拖动蓝色小点即可（图2.3.19）。

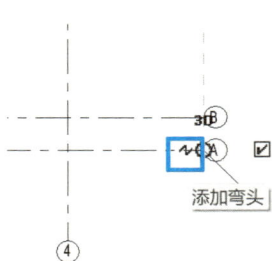

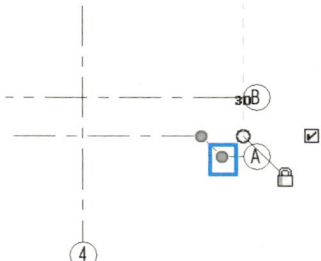

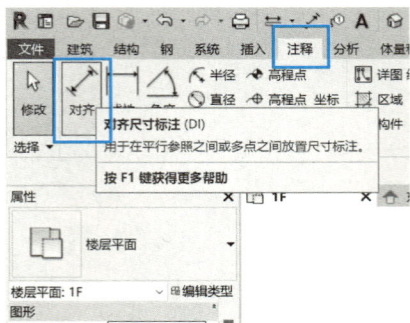

图2.3.18   图2.3.19   图2.3.20

步骤4：标注轴网。

根据图纸，需要对轴网进行尺寸标注。单击"注释"选项卡→"对齐"（图2.3.20），进入对齐标注界面（图2.3.21）。

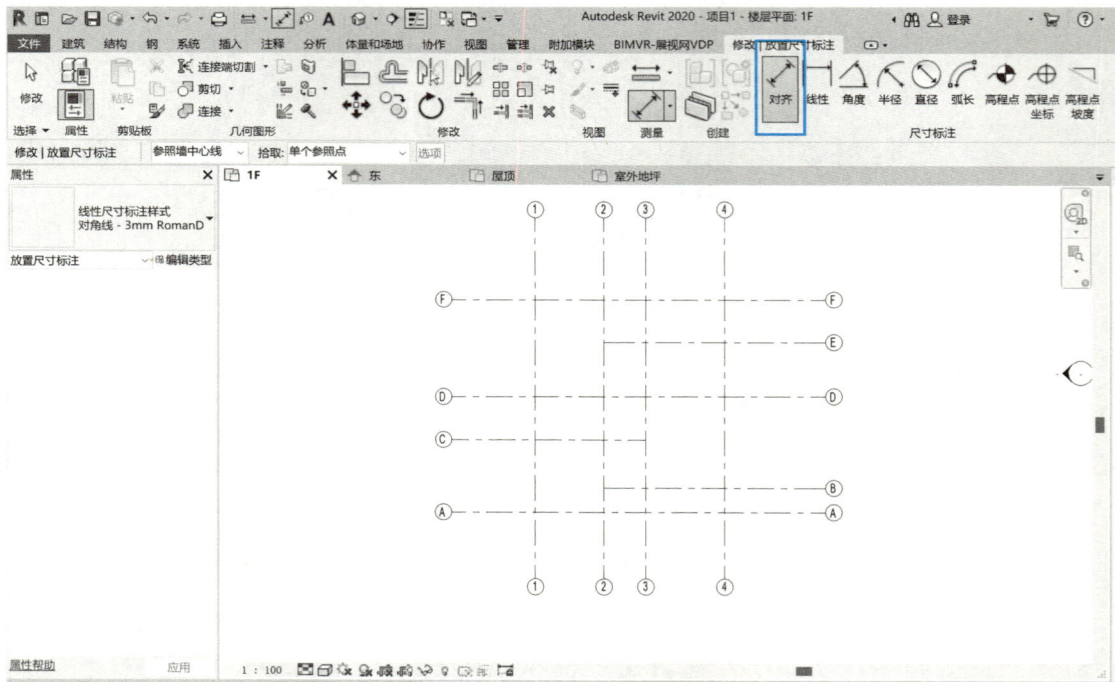

图2.3.21

选择轴线逐一进行标注（图2.3.22），标注到最后一个时，单击空白处则完成标注（图2.3.23）。

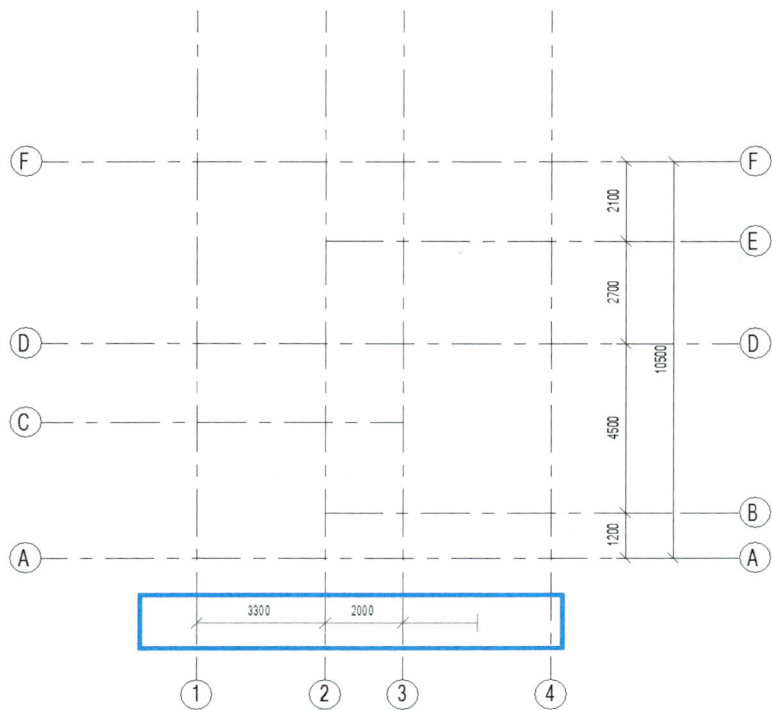

图 2.3.22

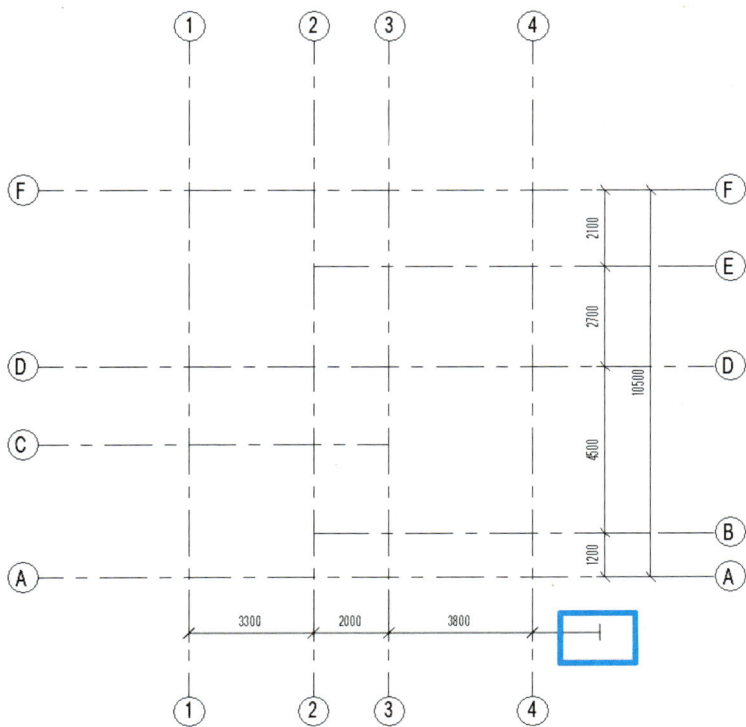

图 2.3.23

练一练

1. 精读任务图纸,明确要求;

2. 分析要求,个人或小组草拟方案,完善方案并实施(可参考附录2)。

任务评价

教师详细记录各组学生学习表现(纪律情况、讨论情况、展示情况、工作成果),指导学生进行组间评价。教师给出各组平均分,下课后学生组内互评给出每个成员本次任务的成绩。肯定优点的同时,指出问题并给出改进建议等(相关表格见附录1)。

任务巩固

选择题

1. 创建轴网时,应该在(　　　)视图中选中轴网命令进行绘制。

A. 三维　　　　　　　　B. 楼层平面　　　　　　C. 剖面　　　　　　　　D. 立面

2. 在轴网的类型属性选项卡中,下列说法正确的是(　　　)。

A. 可以修改轴线的颜色　　　　　　　　　　B. 可以修改轴线的编号

C. 可以修改轴线之间的距离　　　　　　　　D. 可以修改选择轴线端部是否添加弯头

3. 绘制轴网的快捷命令是(　　　)。

A. ZW　　　　　　　　B. GR　　　　　　　　C. LL　　　　　　　　D. WA

项目 3　柱和梁的创建

任务 3.1　柱的创建

任务描述

根据案例项目施工图内容,在已完成标高和轴网的基础上,完成柱的识读并进行柱模型创建。

任务目标

知识目标	识记柱的编辑方式
能力目标	能根据图纸进行柱的创建、绘制和编辑
素养目标	养成认真读图的工作习惯、严谨的工作态度

任务实施

任务分工

根据学生座位,将学生分成 5～8 人一组,由小组成员讨论设置组号,并推选小组组长,完成分组表格(也可按照前面任务的分组延续进行)。

班级			组号			指导教师	
成员	学号		姓名		学号		姓名
			（组长）				
任务分工							

任务导航 1

引导问题 1：在平法施工图中，柱一般用 _____ 表示。本工程项目中，有 _____ 种柱。

引导问题 2：柱截面的尺寸一般用 $b×h$ 表示，其中 b 表示 _____，h 表示 _____。

知识链接 1

3.1.1 柱的识读

柱属于结构构件，绘制柱之前，首先从结构施工图中识读柱的基本信息。柱的识读步骤如下：

步骤 1：在柱平法施工图中，可以找到柱的位置和截面尺寸信息，如图 3.1.1 所示，轴线①至轴线④和轴线Ⓐ至轴线Ⓕ上均有柱。例如，轴线③和轴线Ⓑ相交处的柱 KZ1，该柱的截面尺寸为 300 mm×300 mm；柱的上表面和轴线Ⓑ的距离为 180 mm，柱的下表面和轴线Ⓑ的距离为 120 mm，通过计算得：（180−120）/2＝30 mm，则该柱中心相对轴线Ⓑ向上偏移了 30 mm；柱的左侧面和轴线③的距离为 150 mm，柱的右侧面和轴线③的距离为 150 mm，则该柱中心相对轴线③不偏心。

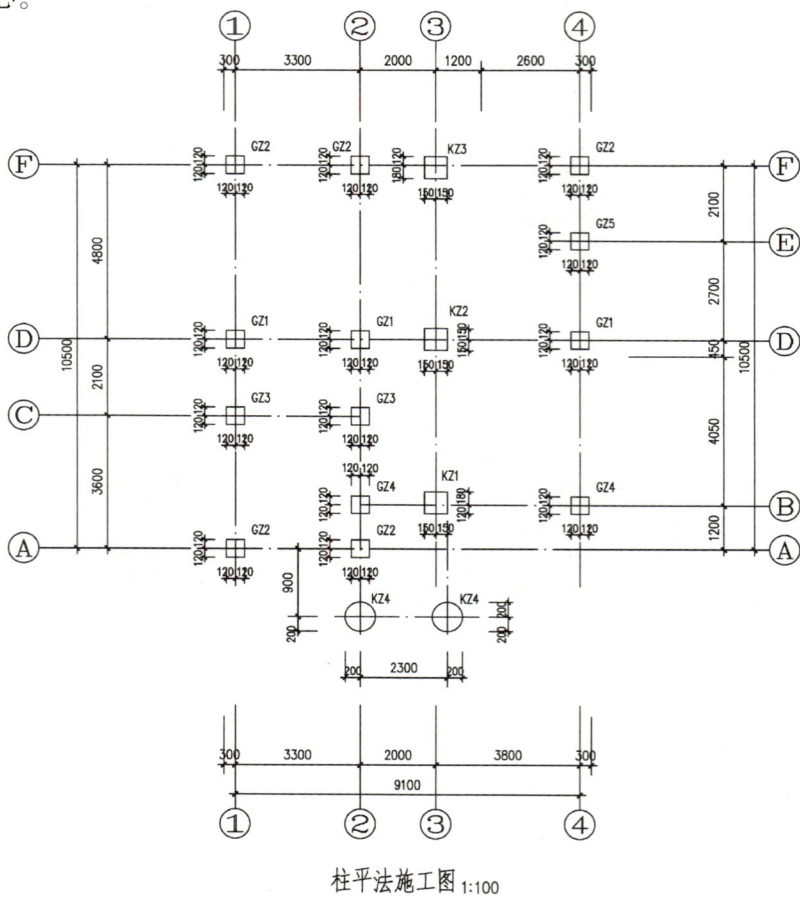

柱平法施工图 1:100

图 3.1.1

步骤 2：在柱大样详图中，可以找到柱的高度信息（图 3.1.2）。柱底部连接的是建筑物基础，由于本项目未绘制建筑物的基础，故本项目所有柱的底部标高均默认为 ±0.000，柱顶部标高参见柱大样详图（图 3.1.2）。例如，柱 KZ1，底部标高为 ±0.000，顶部标高为 7.240 m。

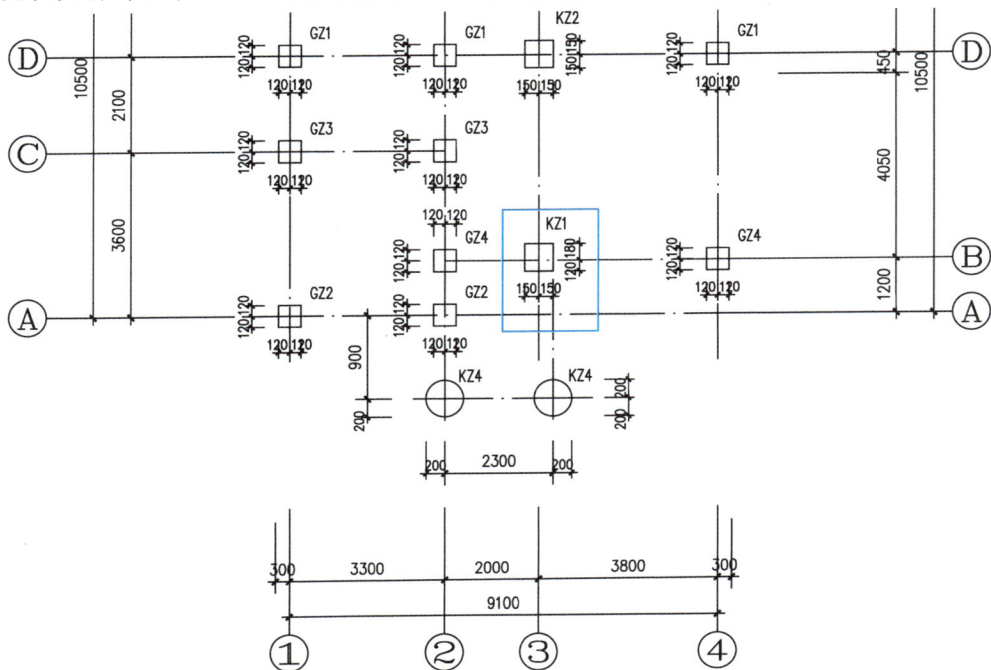

图 3.1.2

任务导航 2

引导问题 3：创建柱一般分为＿＿＿＿＿＿个步骤，分别是：＿＿＿＿＿＿＿＿＿＿＿＿＿＿＿＿。

知识链接 2

3.1.2　柱的绘制与编辑

以轴线③和轴线Ⓑ相交处的柱 KZ1 为例，绘制步骤如下：

步骤 1：创建柱。

单击"结构"选项卡→"柱"命令；在属性面板上，单击"编辑类型"进入类型属性编辑器（图 3.1.3）；单击"载入"（图 3.1.4），选择"结构"→"柱"→"混凝土"→"混凝土-矩形-柱"→"打开"（图 3.1.5）；进入类型属性编辑器，单击"复制"，弹出名称编辑框，输入"KZ1"，单击确定→输入柱的截面尺寸 $b = 300$ mm 和 $h = 300$ mm，其中 b 为截面宽，h 为截面高（图 3.1.6），单击确定，柱 KZ1 就创建完成了。

KZ1绘制

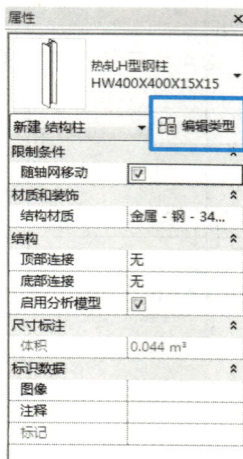

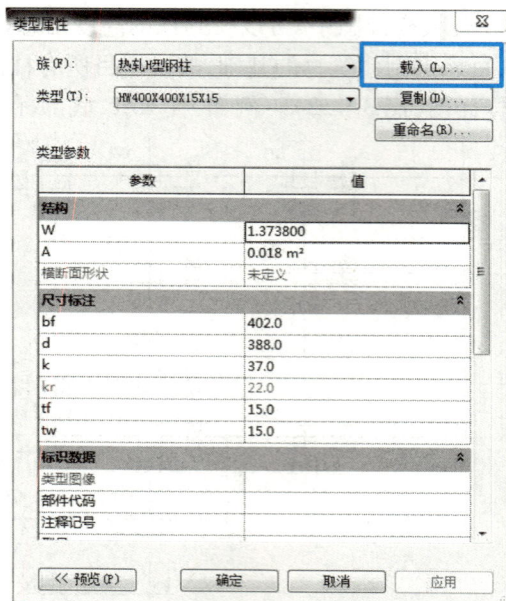

图 3.1.3　　　　　　　　　　　　　　　图 3.1.4

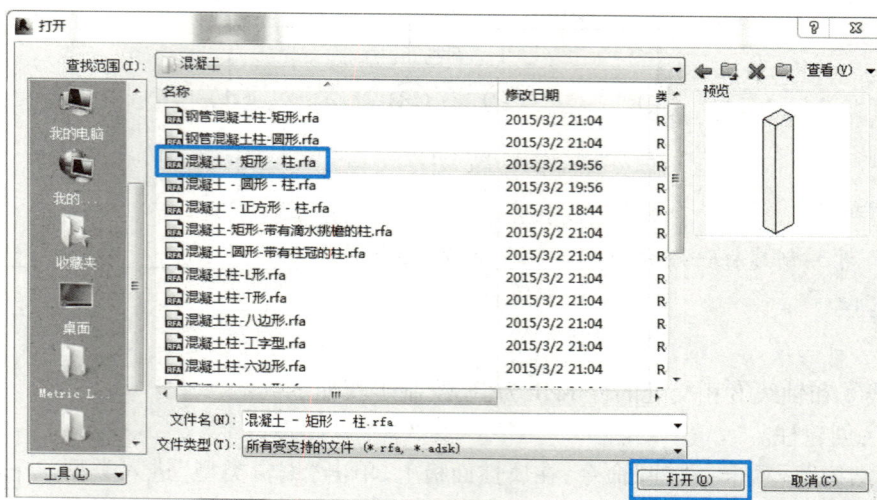

图 3.1.5

步骤 2:绘制柱。

柱创建完成后,单击轴线③和轴线⑧的交点,将柱 KZ1 放置在此处。由图 3.1.1 可知,该柱中心相对轴线⑧向上偏移了 30 mm。选中该柱,单击"修改"→"移动"(图 3.1.7),单击移动起点,指定移动方向,输入移动距离 30 mm(图 3.1.8)。

步骤 3:编辑柱。

修改柱高度。由图 3.1.1 可知,柱 KZ1 顶部标高为 7.240 m。选中该柱,在类型属性编辑器里,修改"顶部偏移"为"7240.0"(图 3.1.9)。

其他柱按上述方法依次绘制即可。

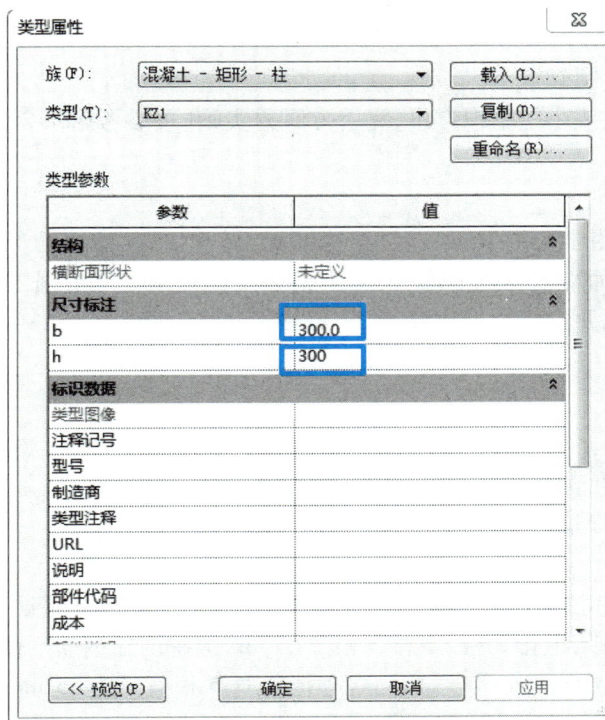

图 3.1.6

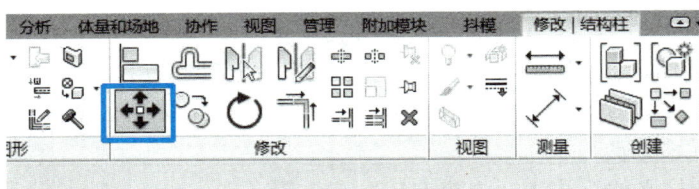

图 3.1.7

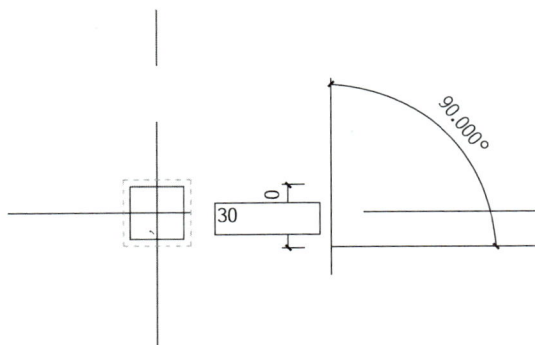

图 3.1.8

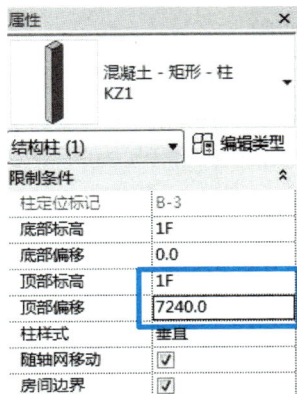

图 3.1.9

练一练

1.精读任务图纸,明确要求;

2.分析要求,个人或小组草拟方案,完善方案并实施(可参考附录2)。

任务评价

教师详细记录各组学生的学习表现(纪律情况、讨论情况、展示情况、工作成果),指导学生进行组间评价。教师给出各组平均分,学生组内互评给出每个成员本次任务的成绩,肯定优点的同时,指出问题并给出改进建议等(相关表格参见附录1)。

任务巩固

一、单项选择题

1.柱平法施工图列表注写方式中,列表内容不包含(   )。

A.混凝土保护层厚度   B.截面尺寸

C.钢筋规格   D.起止标高

2.用原位标注法标注梁的下部纵筋:5⏀25 2(−2)/3,下列解释错误的是(   )。

A.钢筋布置成2排,上排2根,下排3根   B.上排两根钢筋不伸入支座

C.下排三根钢筋不伸入支座   D.5根直径为25 mm 的 HPB300 钢筋

二、多项选择题

1.在 Revit 软件中,关于柱的创建,下列说法正确的是(   )。(2020 年某省技能竞赛样题)

A.只能创建直柱,不能创建斜柱   B.在轴网处可以成批创建直柱

C.柱在放置时可以标记   D.柱底部标高必须设置为±0.000

E.柱的材质无法修改

2.钢筋混凝土柱平法标注表达内容有(   )。

A.柱截面尺寸   B.纵向受力钢筋和箍筋

C.柱高   D.保护层厚

E.结构标高

任务 3.2　梁的创建

任务描述

根据案例项目施工图内容,基于已绘制完成的标高、轴网和柱,完成梁的识读并进行模型创建。

任务目标

知识目标	识记梁的编辑方式
能力目标	1.能根据图纸进行梁的创建、绘制和编辑； 2.能创建屋面斜梁
素养目标	养成认真读图的工作习惯，培养严谨的工作态度

任务实施

任务分工

根据学生座位，将学生分成 5~8 人一组，由小组成员讨论设置组号，并推选小组组长，完成分组表格（也可按照前面任务的分组延续进行）。

班级		组号		指导教师	
成员	学号	姓名		学号	姓名
		（组长）			
任务分工					

任务导航 1

绘制梁前，首先对结构施工图中梁的基本信息进行识读。

引导问题 1：在结构施工图中，梁一般用_____表示。

引导问题 2：梁的尺寸一般用 b×h 表示，b 表示_____，h 表示_____。

引导问题 3：本工程项目中，一层有_____种梁，二层有_____种梁。

知识链接 1

3.2.1　梁的识读

梁属于结构构件，梁的基本信息都在结构施工图上。从结构施工图纸上看到，本项目有 3 张梁结构施工图，分别为：3.480 m 梁平法施工图、6.580 m 梁平法施工图和屋顶梁平法施工图。本项目采用坡屋顶结构形式，所以屋顶的梁是具有一定坡度的斜梁。

从施工图中可知，梁施工图采用平法标注，梁的基本信息大部分都在平法标注里。梁的识读分为以下 3 种情况：

1)不变标高且不偏心

以 3.480 m 梁平法施工图中轴线①上的梁为例(图 3.2.1),根据梁平法标注可知,该梁名称为 KL5,截面尺寸为 250 mm×400 mm(截面宽 250 mm,高 400 mm),共 3 跨(轴线①上,从轴线①至轴线④均为 KL5);高度无特殊说明,故梁顶面标高为 3.480 m。从图上还可以看到该梁中心线与轴线重合,故该梁不偏心。

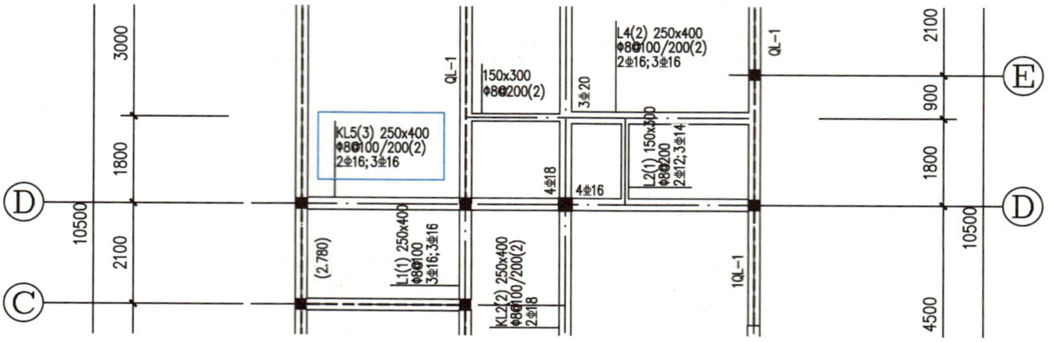

图 3.2.1

2)不变标高但偏心

以轴线Ⓐ下方的一根梁为例(图 3.2.2),根据梁平法标注可知,该梁名称为 KL3,截面尺寸为 250 mm×400 mm,共 1 跨(从轴线②开始,向右侧偏移 2 300 mm 的位置均为该梁);高度无特殊说明,故梁顶面标高为 3.480 m。从图上可以看到,梁下侧面与柱面平齐,圆柱直径从柱平法施工图可知为 400 mm,通过计算得 900+400/2−250/2＝975 mm,故该梁中心线和轴线Ⓐ的距离为 975 mm。

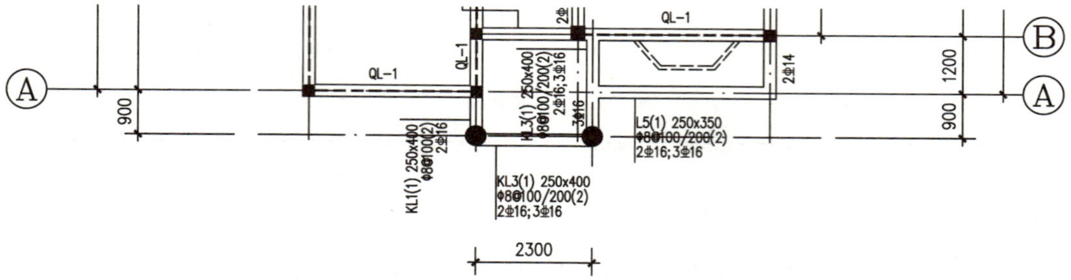

图 3.2.2

3)标高有变化且偏心

以轴线Ⓑ上的一根梁为例(图 3.2.3),根据梁平法标注可知,该梁名称为 KL4,截面尺寸为 250 mm×400 mm,共 1 跨(从轴线②至轴线③均为该梁);平法标注最后一项注明 0.100,表明该梁顶标高应向上偏移 0.100 m,通过计算得 3.480+0.100＝3.580(m),故梁顶标高为 3.580 m;从图上可以看到梁下侧面与柱面平齐,通过计算得(130−120)/2＝5(mm),故该梁中心线位于轴线Ⓑ下方,且和轴线Ⓑ的距离为 5 mm。

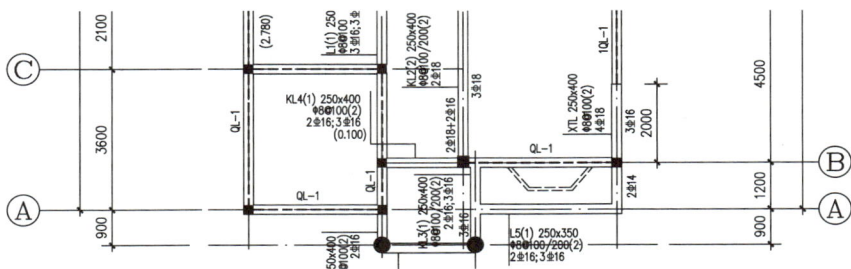

图 3.2.3

任务导航 2

引导问题 4:基本梁在绘制过程中,应注意梁的截面尺寸,_____为截面宽,_____为截面高。

引导问题 5:基本梁在绘制过程中,应注意梁的标高,标高一般分为_____、_____。

知识链接 2

3.2.2 梁的绘制

以 3.480 m 梁平法施工图中,轴线Ⓑ上的梁 KL4 为例(图 3.2.3),绘制步骤如下:

步骤 1:创建梁。

该梁为矩形梁,软件族库里有此类型的族,可以直接调用。单击"结构"选项卡→"梁"命令;在属性面板上,单击"编辑类型"进入类型属性编辑器;依次单击"载入",选择"结构"→"框架"→"混凝土"→"混凝土-矩形梁"→"打开",进入类型属性编辑器(图 3.2.4),单击"复制",弹出名称编辑框,输入"KL4",单击确定后输入梁的截面尺寸"250.0"和"400",其中 b 为截面宽,h 为截面高,单击确定,梁 KL4 创建完成。

步骤 2:绘制梁。

由图 3.2.3 可知,该梁顶面标高为 3.580 m,而视图 2F 的标高为 3.500 m,故视图需切换至 2F。切换到"项目浏览器"窗口,双击"楼层平面"下拉菜单里的"2F"(图 3.2.5)。

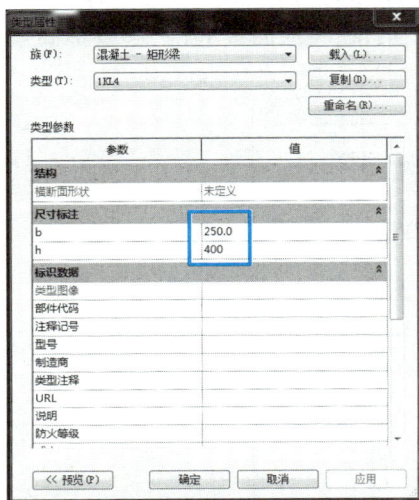

图 3.2.4

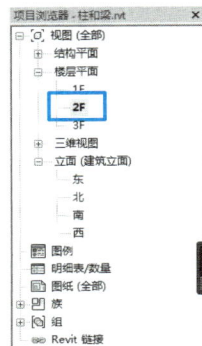

图 3.2.5

单击"结构"选项卡→"梁"命令;在属性面板上,修改"参照标高"为"2F"(图 3.2.6);在绘图窗口,依次单击该梁的起始位置和终点位置即可(图 3.2.7)。

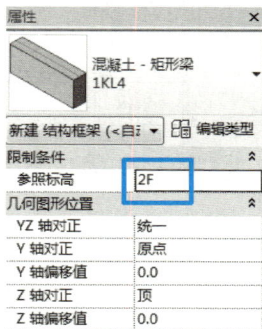

图 3.2.6

图 3.2.7

步骤 3:编辑梁。

①高度编辑。由图 3.2.3 可知该梁的梁顶标高为 3.580 m,通过计算得 $3.580-3.500=0.080(m)$,故梁应向上偏移 0.08 m。选中该梁,在属性面板上将"起点标高偏移"和"终点标高偏移"修改为"80.0"(图 3.2.8)。

图 3.2.8

②偏心编辑。由图可知,该梁中心线位于轴线Ⓑ下方,且和轴线Ⓑ的距离为 5 mm。选中该梁,单击"修改"→"移动",单击移动起点,指定移动方向,输入移动距离 5 mm(图 3.2.9)。

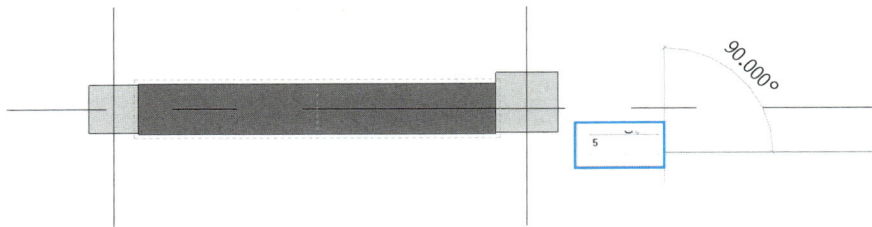

图 3.2.9

至此,该梁绘制完成。

任务导航 3

引导问题 6:在图纸上,一般梁和屋面梁分别用 L 和_____表示。

引导问题 7:当绘制起点和终点均不在_____上时,需绘制辅助线来定位。

知识链接 3

3.2.3　屋面梁的绘制

斜梁的绘制与一般梁的绘制大部分相同,仅在高度编辑处需要留意。以屋顶梁平法施工图中轴线③上的 WKL1 为例(图 3.2.10),绘制步骤如下:

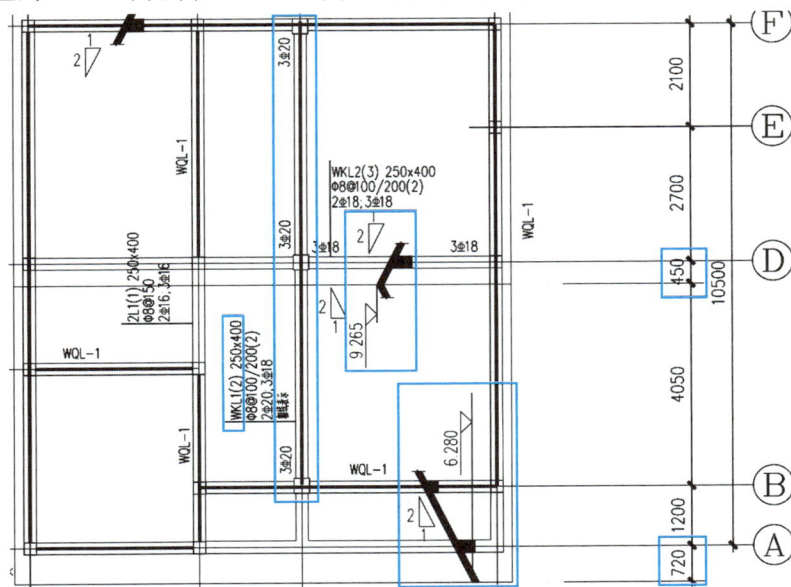

图 3.2.10

步骤 1:创建梁。

该梁名称为 WKL1,截面尺寸为 250 mm×400 mm,创建结果如图 3.2.11 所示。

步骤 2:绘制梁。

该梁为折形梁,从转折点处分成两段绘制。先绘制下侧一段,由图 3.2.10 可知,该段梁左侧为绘制起点,距离轴线Ⓐ 720 mm;右侧为绘制终点,距离轴线Ⓓ 450 mm。

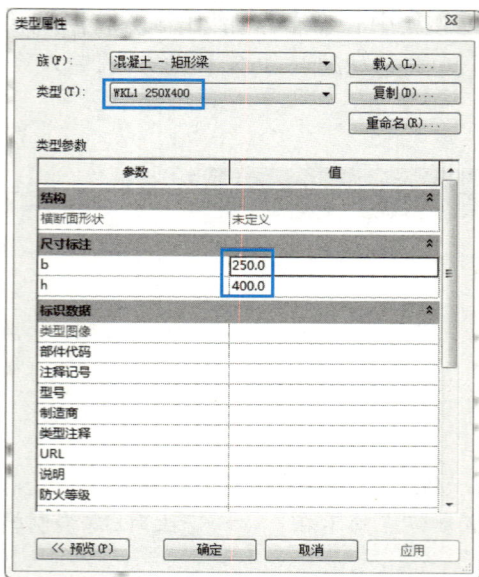

图 3.2.11

起点和终点均不在轴线上时,需要绘制辅助线来定位。先绘制起点处的辅助线,单击"结构"→"参照平面"(图3.2.12),输入偏移量"720.0",单击轴线Ⓐ和轴线②的交点,再单击轴线Ⓐ和轴线③的交点(图3.2.13),可以通过单击"空格键"来切换辅助线的相对位置,再绘制好终点处的辅助线。

图 3.2.12

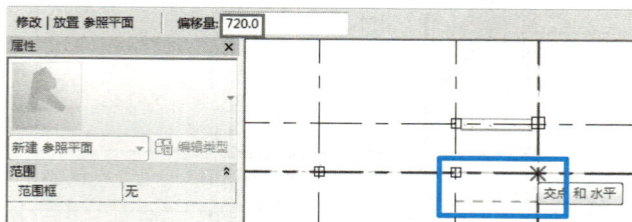

图 3.2.13

切换到"项目浏览器"窗口,双击"楼层平面"下拉菜单里的"3F"。单击"结构"→"梁";在属性面板上,选中WKL1;依次单击梁起点和终点,如图3.2.14所示。

步骤3:编辑梁。

高度编辑如图3.2.11所示,3F的标高为6.600 m。通过计算得6.280-6.600=-0.32（m）,9.265-6.600=2.665（m）。选中该梁,在"起点标高偏移"和"终点标高偏移"处分别填入"-320.0"和"2665.0"（图 3.2.15）。折形梁上端就绘制完成了。

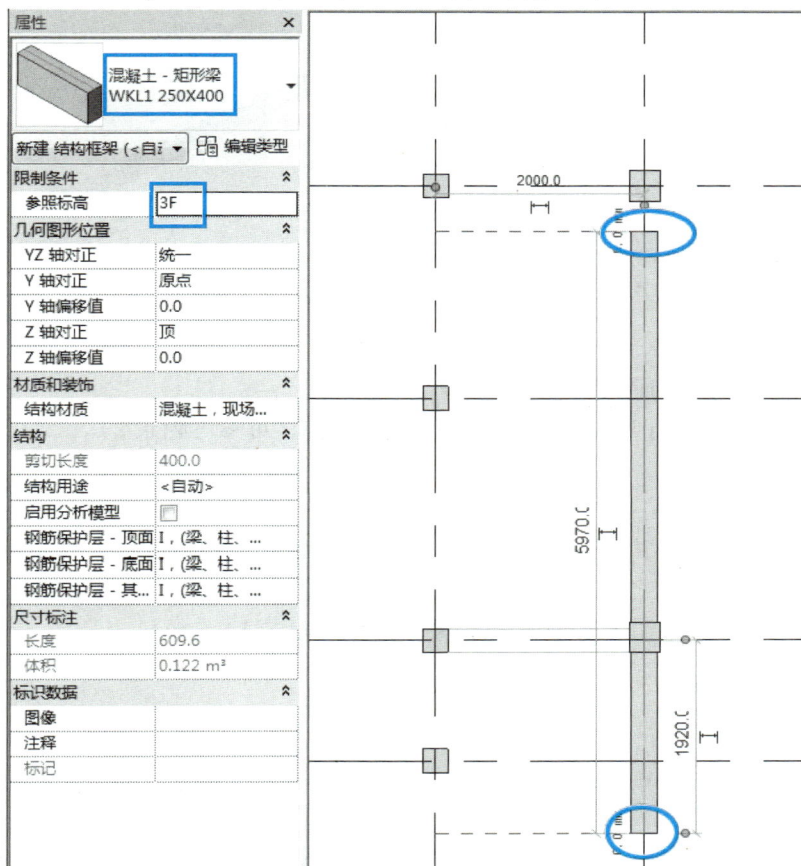

图 3.2.14

图 3.2.15

因为该折形梁上下对称,使用"镜像",所以将下部梁直接镜像到上方即可,该折形梁绘制结果如图 3.2.16 所示。

图 3.2.16

其他梁按上述方法依次绘制即可。

练一练

1.精读任务图纸,明确要求;

2.分析要求,个人或小组草拟方案,完善方案并实施(可参考附录2)。

任务评价

教师详细记录各组学生学习表现(纪律情况、讨论情况、展示情况、工作成果),指导学生进行组间评价。教师给出各组平均分,学生组内互评给出每个成员本次任务的成绩,肯定优点的同时,指出问题并给出改进建议等(相关表格参见附录1)。

任务巩固

选择题

1.梁编号为 WKL 代表的是(　　　　)。

A.屋面框架梁　　　　　　　　　　B.框架梁

C.框支梁　　　　　　　　　　　　D.悬挑梁

2.框架梁平法施工图中,集中标注内容的选注值为(　　　　)。

A.梁编号　　　　　　　　　　　　B.梁顶面标高高差

C.梁箍筋　　　　　　　　　　　　D.梁截面尺寸

3.梁平法标注"KL1 300×800(2A)",下列说法错误的是(　　　　)。

A.梁名称为 KL1

B.梁截面尺寸为:截面高 300 mm,截面宽 800 mm

C.梁截面尺寸为:截面宽 300 mm,截面高 800 mm

D.梁有两跨,且还有一端悬挑

4.在 5.350 m 梁平法施工图中,其中一处梁标注最后一项注明"−0.500",下列说法正确的是(　　　　)。

A.该梁截面高度减小 0.5 m　　　　B.该梁截面宽度减小 0.5 m

C.该梁长度减小 0.5 m　　　　　　D.该梁顶面标高为 4.85 m

项目 4 墙的创建

任务 4.1 基本墙的绘制

任务描述

根据案例项目施工图内容,基于已完成模型创建的轴网、标高、梁、柱等主体结构,完成墙体的识读并进行墙体模型创建。

任务目标

知识目标	能够根据图纸识读墙体位置、类型及尺寸等信息
能力目标	能够运用 Revit 对墙体进行创建
素养目标	培养精益求精、耐心细致的职业素养

任务实施

任务分工

根据学生座位,将学生分成 5~8 人一组,由小组成员讨论设置组号,并推选小组组长,完成分组表格(也可按照前面任务的分组延续进行)。

班级			组号		指导教师	
成员	学号	姓名		学号		姓名
		(组长)				
任务分工						

任务导航 1

引导问题 1：在民用建筑中,常见的墙体厚度有_____ mm、_____ mm、_____ mm、_____ mm。案例项目二层住宅墙体厚度有_____种,分别为_____、_____。

知识链接 1

4.1.1 基本墙的识读

绘制墙体前,首先对建筑施工图中墙体的基本信息进行识读,步骤如下:

步骤 1:由建筑平面图可知,除卫生间、楼梯间处墙体厚度为 120 mm 外,其余墙体厚度均为 240 mm(图 4.1.1)。

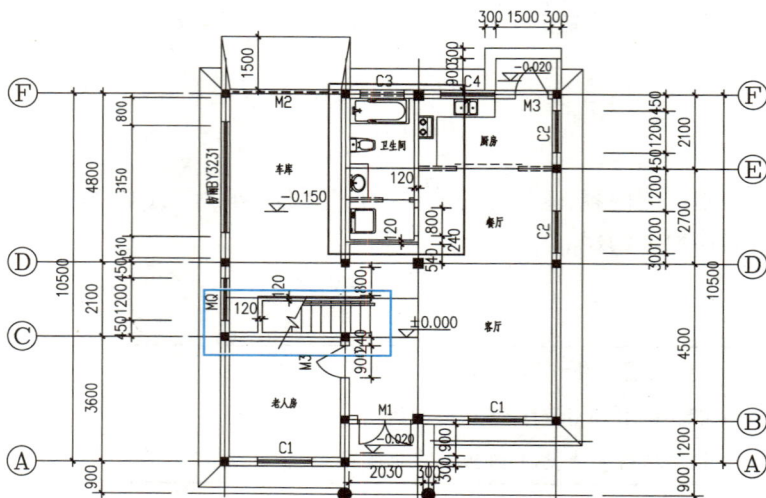

图 4.1.1

步骤 2:在立面图中找到墙体的立面信息(图 4.1.2),如墙体的高度。

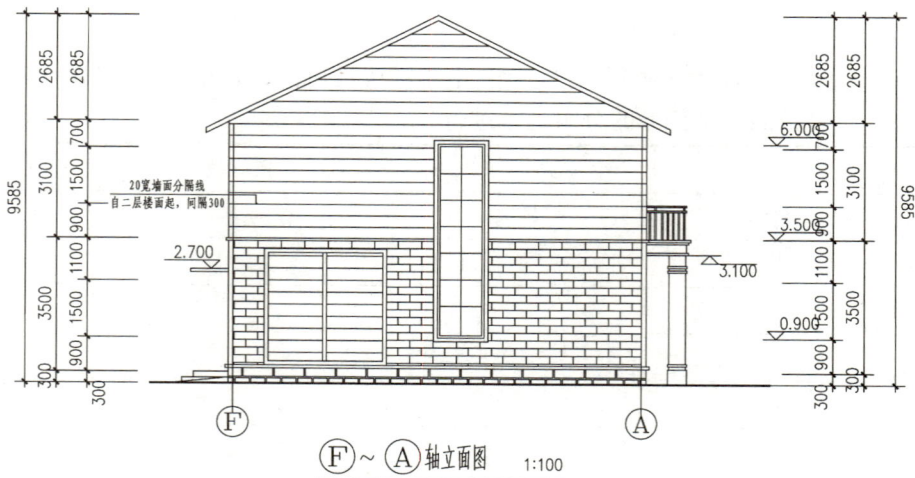

图 4.1.2

任务导航 2

引导问题 2：选择墙体的操作步骤中,应结合图纸按照_____约束和_____约束来选择。

引导问题 3：根据图纸中的墙体厚度,修改墙体实际厚度,本任务中卫生间、楼梯间为_____mm 外,其余内外墙均为_____mm。

知识链接 2

4.1.2　基本墙的绘制与编辑

基本墙的绘制与编辑步骤如下:

步骤 1:选择墙体。

单击"建筑"→"墙"→"墙:建筑",进入墙体绘制(图 4.1.3)。对于一层墙体的绘制,顶部约束选择"直到标高:F2",底部约束选择"室外地坪"(图 4.1.4),同理在绘制二层墙体时顶部约束选择"屋顶",底部约束选择"F2"。

图 4.1.3

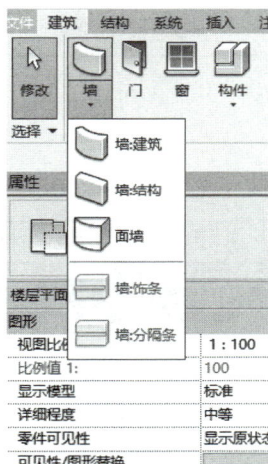

图 4.1.4

步骤 2:墙体设置。

单击"编辑类型"(图 4.1.5),进入墙体设置。

此时的墙体尺寸等均为系统默认,通过复制命令重新创建新的墙体(图 4.1.6),单击复制之后,系统提示设置墙体名称。

设置完成后,按照墙体的基本参数进行更改(图 4.1.7)。

墙体的厚度:单击"编辑",进入编辑界面,在"厚度"位置(图 4.1.8),修改墙体实际厚度(除卫生间、楼梯间为 120 mm 外,其余内外墙均为 240 mm)。

墙体材质:单击"材质"处圆点按钮(图 4.1.9),进入材质设置界面。

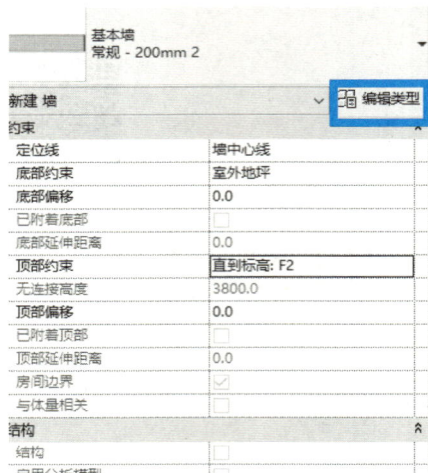

图 4.1.5

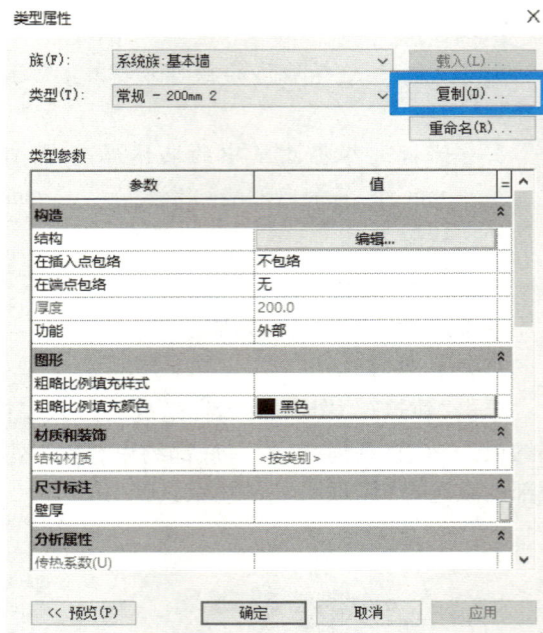

图 4.1.6

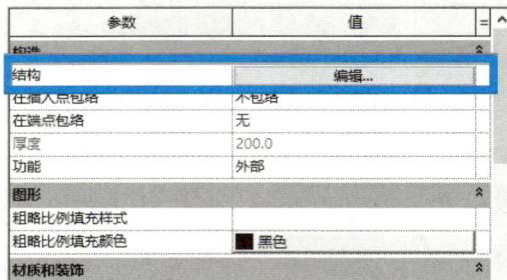

图 4.1.7

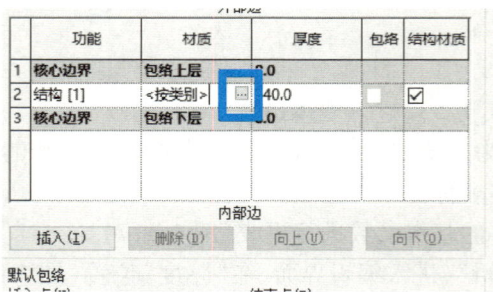

图 4.1.8

图 4.1.9

该项目墙体为砖墙,可通过搜索命令对材质进行搜索(图 4.1.10)。选中对应材质,单击"确定"(图 4.1.11)。

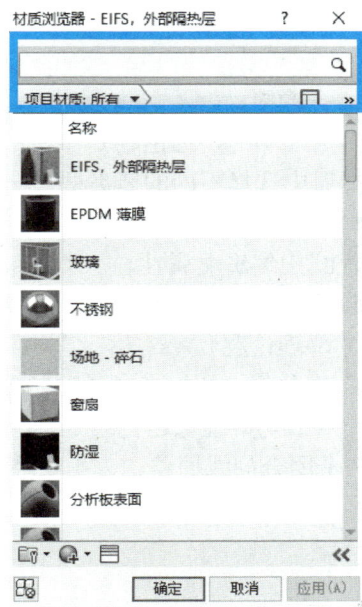

图 4.1.10

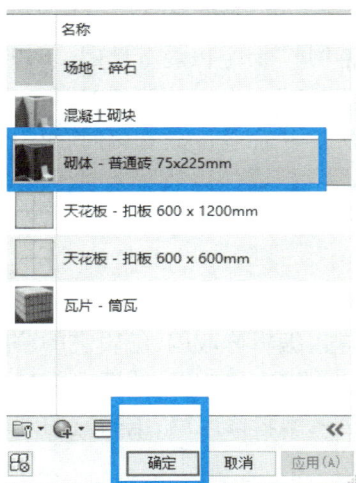

图 4.1.11

步骤 3：绘制墙体。对照施工图纸，将墙体在绘图界面进行绘制。

步骤 4：坡屋顶与墙体连接。屋顶绘制完成后，选中墙体，单击上方修改栏中的"附着顶部/底部"（图 4.1.12），选中坡屋顶。墙体与屋顶将自动连接（图 4.1.13）。

图 4.1.12

图 4.1.13

练一练

1. 精读任务图纸，明确要求；

2. 分析要求，个人或小组草拟方案，完善方案并实施（可参考附录 2）。

任务评价

教师详细记录各组学生的学习表现（纪律情况、讨论情况、展示情况、工作成果），指导学生进行组间评价。教师给出各组平均分，学生组内互评给出每个成员本次任务的成绩，肯定优点的同时，指出问题并给出改进建议等（相关表格参见附录 1）。

任务巩固

选择题

1.以下有关"墙"操作命令的描述正确的是(　　　)。("1+X"理论题)

A.当激活"墙"命令以放置墙时,可以从类型选择器中选择不同的墙类型

B.当激活"墙"命令以放置墙时,可以在"图元属性"中载入新的墙类型

C.当激活"墙"命令以放置墙时,可以在"图元属性"中编辑墙属性

D.当激活"墙"命令以放置墙时,可以在"图元属性"中新建墙类型

2.Revit 软件中绘制墙体的方式有(　　　)。("1+X"理论题)

A.线　　　　　　　　B.拾取点　　　　　　C.定位线　　　　　　D.拾取线

3.在 Revit 中,如何在墙上建立一个洞口?(　　　)("1+X"理论题)

A.单击进入编辑修改墙,编辑它的草图加入另一个闭合的线回路

B.单击进入编辑修改墙,放置一个洞口族

C.单击进入编辑修改墙,编辑它的外轮廓

D.删除这个墙,重新创建

任务 4.2　叠层墙的创建

任务描述

根据案例项目施工图内容,在已完成轴线、标高等构件的基础上,完成叠层墙的创建。

任务目标

知识目标	掌握叠层墙的分层识读
能力目标	掌握叠层墙的创建及编辑方式
素养目标	1.养成仔细识图的习惯; 2.识读数据保证准确无误,修改模型时有耐心,并反复核对

任务实施

任务分工

根据学生座位,将学生分成 5 ~ 8 人一组,由小组成员讨论设置组号,并推选小组组长,完成分组表格(也可按照前面任务的分组延续进行)。

班级			组号			指导教师		
成员	学号		姓名			学号		姓名
			（组长）					
任务分工								

任务导航 1

绘制叠层墙前,首先对建筑施工图中叠层墙的基本信息进行识读。

引导问题 1:叠层墙由_____构成。

引导问题 2:案例项目图纸中,叠层墙的两个基本墙分别是_____和_____。

知识链接 1

4.2.1　叠层墙的识读

从建筑施工图中得知,整栋房屋的外墙都是由上下两种不同材料的墙组成的(图4.2.1)。

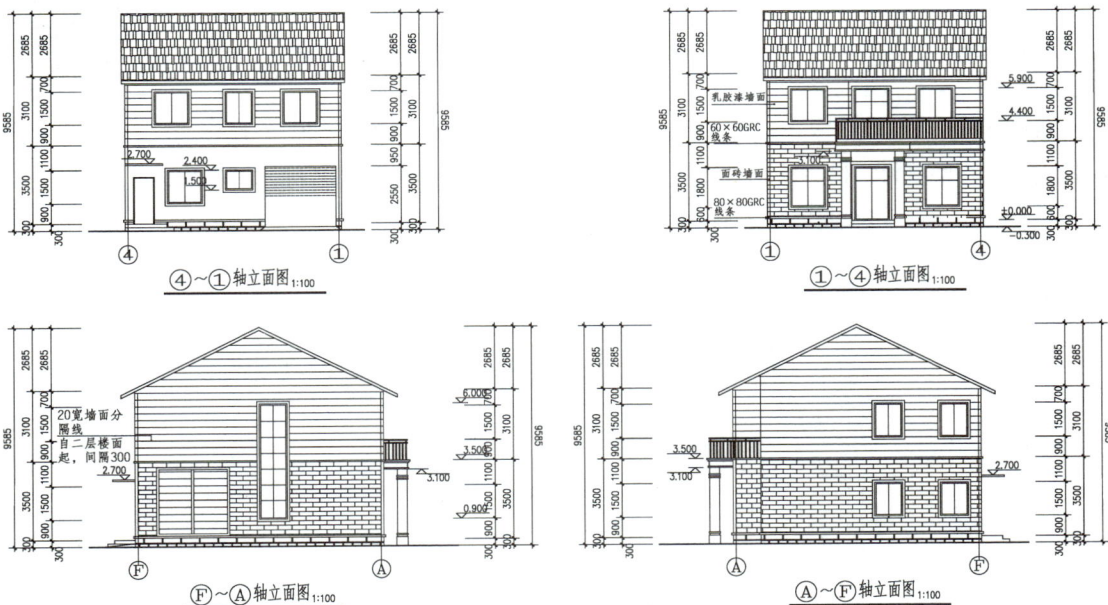

图 4.2.1

创建叠层墙要先创建基本墙,根据设计说明中的墙体做法可知基本墙信息,叠层墙就是由两个不同的基本墙叠加在一起构成的,根据任务 4.1 创建基本墙,如图4.2.2所示。

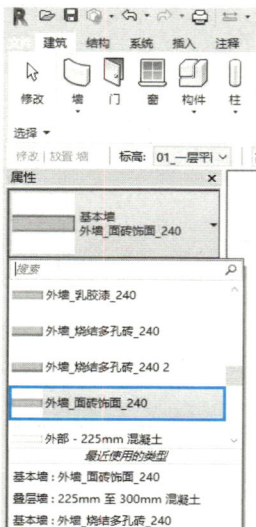

图 4.2.2

任务导航 2

引导问题3:在叠层墙的创建与编辑过程中,编辑类型,修改_____,在类型名称中选择_____。

引导问题4:在叠层墙的创建与编辑时要注意,叠层墙中必须有_____个高度是可变的。

知识链接 2

4.2.2　叠层墙的创建与编辑

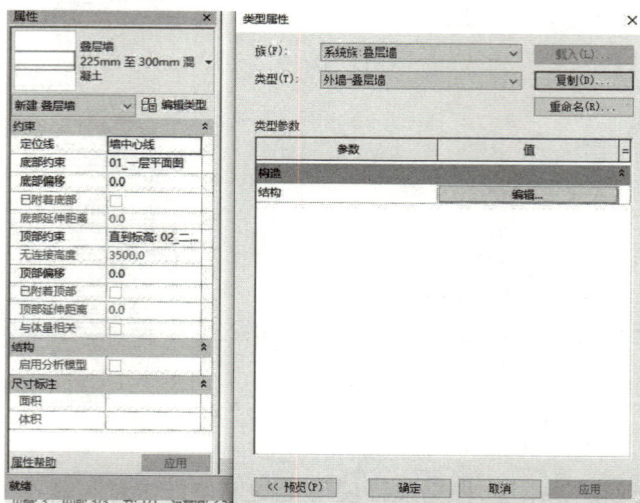

步骤1:单击"建筑"→"墙"→"建筑墙"→"叠层墙",再单击"编辑类型",在弹出的"类型属性"对话框中单击"复制",创建一个新的叠层墙名称,如图4.2.3所示。

叠层墙的创建

图 4.2.3

步骤 2:单击"类型参数"→"结构编辑",在弹出的"编辑部件"对话框中,在"类型"下"名称"一栏中选出需要叠加的基本墙;1 号基本墙高度设为可变,2 号基本墙的高度可设为第一层的层高,如图 4.2.4 所示;设置好后单击"确定"。注意:叠层墙中必须有一个高度是可变的。

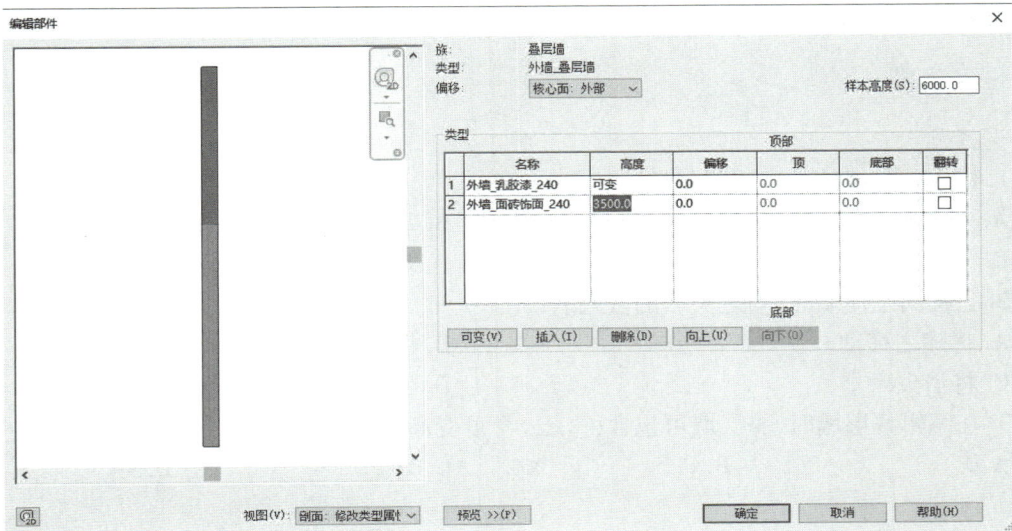

图 4.2.4

步骤 3:根据图纸绘制外墙,顶部约束到第三层,这样就能用叠层墙一次绘制两层不同的外墙,如图 4.2.5 所示。

图 4.2.5

练一练

1.精读任务图纸,明确要求;

2.分析要求,个人或小组草拟方案,完善方案并实施(可参考附录 2)。

任务评价

教师详细记录各组学生的学习表现(纪律情况、讨论情况、展示情况、工作成果),指导学生进行组间评价。教师给出各组平均分,学生组内互评给出每个成员本次任务的成绩,肯定优点的同时,指出问题并给出改进建议等(相关表格参见附录1)。

任务巩固

选择题

1.构成叠层墙的基本图元包括(　　　)。

A.基本墙、复合墙、分割缝　　　　　　　　B.基本墙、幕墙、分割缝

C.复合墙、分割缝、墙饰条　　　　　　　　D.基本墙、墙饰条、分割缝

2.当移动主体墙时,与之关联的嵌入墙(　　　)。

A.将随之移动　　　　　　　　　　　　　B.将不动

C.将消失　　　　　　　　　　　　　　　D.将与主体墙反向移动

3.在编辑叠层墙时,叠层墙可包含(　　　)个可变高度。

A.0　　　　　　　　　B.1　　　　　　　　　C.2　　　　　　　　　D.3

任务4.3　幕墙的创建

任务描述

根据案例项目施工图,基于已完成模型创建的轴网、标高、梁、柱等主体结构,完成幕墙的识读并进行幕墙模型创建。

任务目标

知识目标	能够根据图纸识读墙体位置、类型及尺寸等信息
能力目标	能够运用 Revit 对幕墙进行创建
素养目标	培养精益求精、耐心细致的职业素养

任务实施

任务分工

根据学生座位,将学生分成5~8人一组,由小组成员讨论设置组号,并推选小组组长,完成分组表格(也可按照前面任务的分组延续进行)。

班级			组号		指导教师	
成员	学号		姓名	学号		姓名
			（组长）			
任务分工						

任务导航 1

绘制幕墙前,先对建筑施工图中的幕墙信息进行识读。

引导问题 1:在建筑图纸中,幕墙一般用_____表示。本案例项目中,有_____种幕墙。

引导问题 2:幕墙的尺寸一般用 $b×h$ 表示,其中 b 表示_____,h 表示_____。

知识链接 1

4.3.1　幕墙的识读

从建筑施工图中可知,只有二层平面图涉及幕墙(图 4.3.1),幕墙在二层平面图楼梯间的外墙上,平面位置位于①轴线交ⓒ、ⓓ轴上,平面宽度为 1 200 mm。

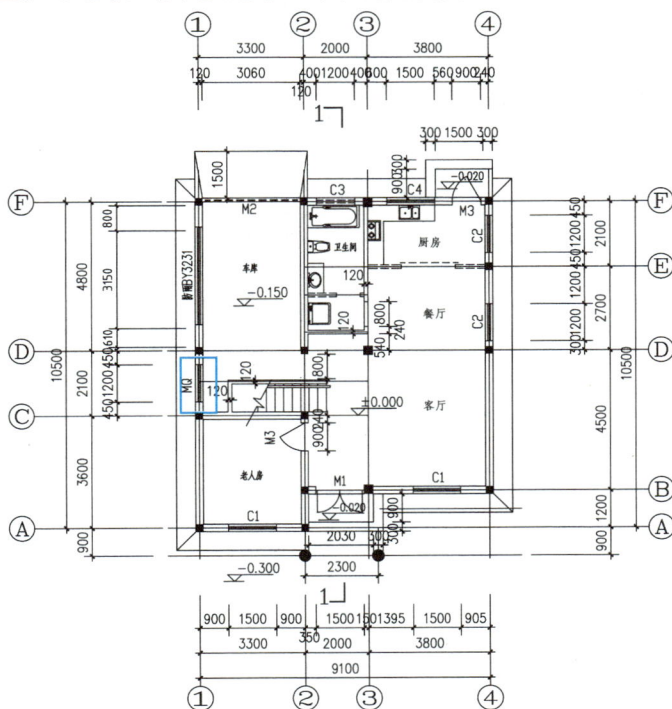

图 4.3.1

在Ⓕ~Ⓐ轴立面图中找到幕墙的立面位置信息（图4.3.2），幕墙底位于标高0.900 m处。

找到幕墙大样图，识读幕墙网格布置及尺寸信息（图4.3.3）。幕墙尺寸为1 200 mm×5 100 mm，网格宽度为600 mm，最顶层网格高度为780 mm，其余网格高度均为720 mm。

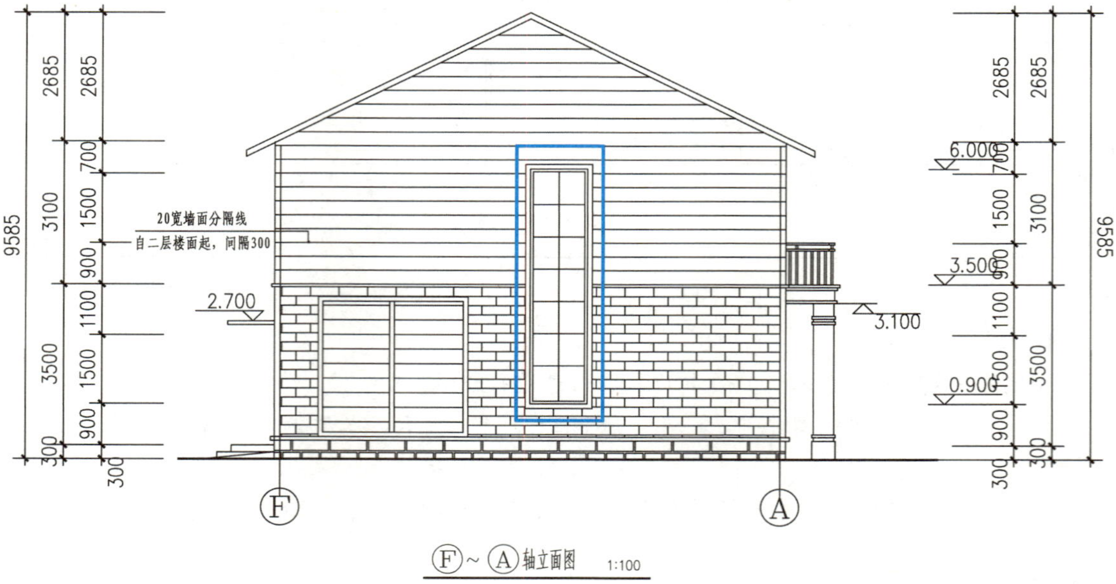

Ⓕ~Ⓐ轴立面图 1:100

图4.3.2

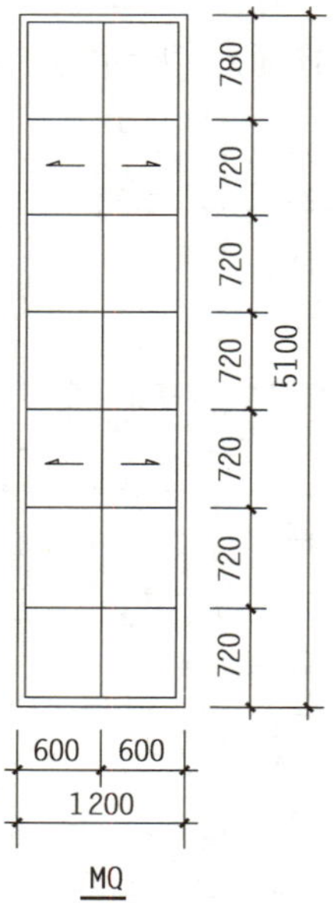

MQ

图4.3.3

任务导航2

引导问题3：创建幕墙一般分为_____个步骤，分别是：_____。

知识链接2

4.3.2　幕墙的绘制与编辑

步骤1：选择幕墙。

单击"建筑"→"墙"→"墙：建筑"，在属性面板类型项选择"幕墙"（图4.3.4）。

幕墙的绘制与墙体的绘制相同，顶部约束选择"F2"，底部约束选择"F1"，由于在图纸标注中，幕墙高出一层建筑0.9 m，故设置其底部偏移900 mm，本层楼层高3.5 m，幕墙高度4.1 m，顶部设置偏移2 500 mm（图4.3.5）。

图4.3.4　　　　　　　　　　　　　图4.3.5

步骤2：绘制墙体。

单击"编辑类型"（图4.3.6），进入"类型属性"对话框，进行幕墙设置，"功能"设置为"外部"，并勾选自动嵌入（图4.3.7）。

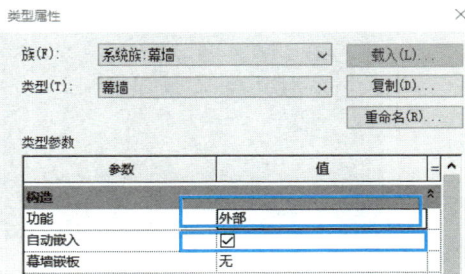

图4.3.6　　　　　　　　　　　　　图4.3.7

设置完成后，按照图纸平面位置放置幕墙（注意：在绘制幕墙时，幕墙平面长度按照图纸大样长度1 200 mm进行绘制），在①轴线交Ⓒ、Ⓓ轴上居中绘制（图4.3.8）。

图 4.3.8

步骤 3:创建网格。

单击"建筑"→"幕墙网格"(图 4.3.9),在立面视图中放置网格,放置横向网格时光标要靠近幕墙竖向边缘,放置竖向网格时光标要靠近幕墙横向边缘。

图 4.3.9

幕墙尺寸为 1 200 mm×5 100 mm,网格宽度为 600 mm,最顶层网格高度为 780 mm,其余网格高度均为 720 mm。横向网格的放置:光标放在幕墙竖向边缘,软件会自动显示网格位置(图 4.3.10),按照图示尺寸,由下至上为 720 mm、720 mm、720 mm、720 mm、720 mm、720 mm、780 mm,逐层确定网格间距,单击鼠标左键确定即可。

图 4.3.10

竖向网格的放置:光标放在幕墙横向边缘,软件会自动显示网格位置(图 4.3.11),按照图示尺寸,左右两段网格均按 600 mm 确定网格间距,单击鼠标左键确定即可。绘制完成后如图 4.3.12 所示。

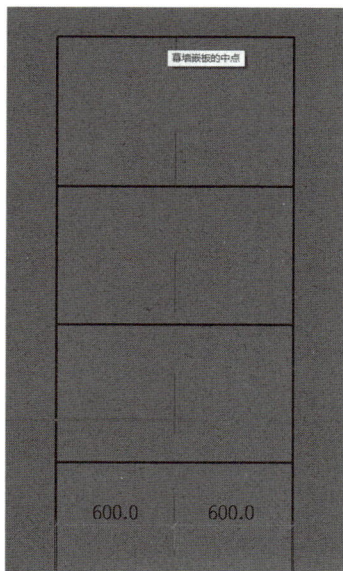

图 4.3.11

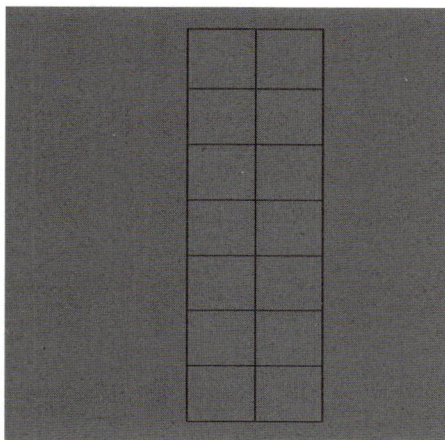

图 4.3.12

步骤 4:创建竖梃。

单击"建筑"→"竖梃"(图 4.3.13),在上一步骤设置的网格上放置竖梃。

图 4.3.13

在属性面板中可以更改竖梃类型(图 4.3.14),在"类型属性"对话框中可以设置其他属性(图 4.3.15)。

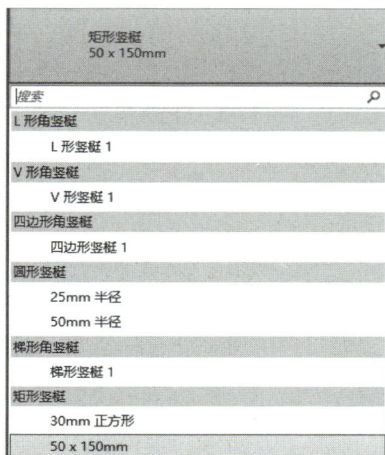

图 4.3.14

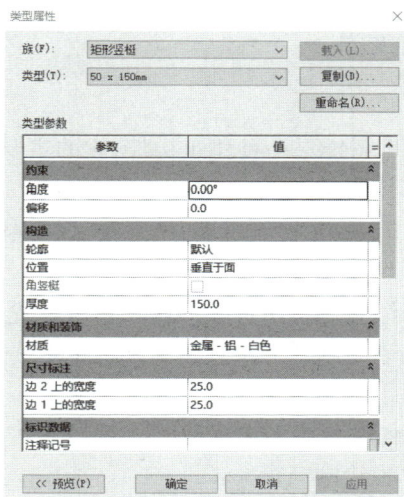

图 4.3.15

如项目对竖梃没有作要求,那么在设置时可以自行选择竖梃样式;如项目对竖梃有明确要求(材质、形状、尺寸等),则需按照图纸要求进行竖梃设置。竖梃绘制完成后如图 4.3.16 所示。

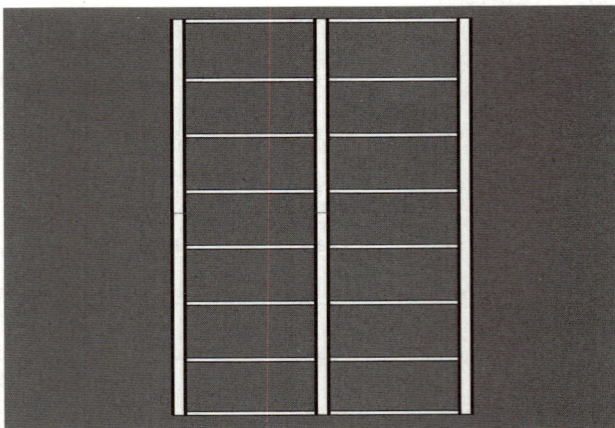

图 4.3.16

至此,幕墙绘制完成。

练一练

1.精读任务图纸,明确要求;

2.分析要求,个人或小组草拟方案,完善方案并实施(可参考附录2)。

任务评价

教师详细记录各组学生的学习表现(纪律情况、讨论情况、展示情况、工作成果),指导学生进行组间评价。教师给出各组平均分,学生组内互评给出每个成员本次任务的成绩,肯定优点的同时,指出问题并给出改进建议等(相关表格参见附表1)。

任务巩固

选择题

1.幕墙系统是一种建筑构件,它的主要构件是(　　　)。("1+X"理论题)

A.幕墙嵌板　　　　　　B.幕墙网格　　　　　　C.幕墙竖梃　　　　　　D.以上皆是

2.运用 Revit 绘制幕墙,以下说法错误的是(　　　)。("1+X"理论题)

A.弧形幕墙不能绘制

B.幕墙竖梃材质可根据需求自行设置

C.幕墙绘制时可设置凸出外墙也可嵌入墙体

D.以上皆不正确

3.如何在幕墙上设置门窗(　　　)。("1+X"理论题)

A.单独绘制门窗　　　　　　　　　　　　B.在族库中插入门窗嵌板

C.在幕墙中开洞,运用族绘制　　　　　　D.门窗不能设置在幕墙中

任务4.4　墙体的修改

任务描述

根据案例项目施工图,对墙体进行修改与编辑。

任务目标

知识目标	掌握叠层墙的分层识读
能力目标	掌握墙的修改编辑命令和各种形状墙体的编辑方式
素养目标	养成仔细识图的习惯,识读数据保证准确无误,修改模型时有耐心,反复核对

任务实施

任务分工

根据学生座位,将学生分成5~8人一组,由小组成员讨论设置组号,并推选小组组长,完成分组表格(也可按照前面任务的分组延续进行)。

班级		组号		指导教师	
成员	学号	姓名		学号	姓名
		（组长）			
任务分工					

任务导航1

本任务主要对墙体的修改工具进行讲解,其中的墙体模型数据可以根据图纸设置,也可以自定义。

引导问题1:墙体修改工具有_____。

知识链接1

4.4.1　墙体修改工具

墙的修改

单击"建筑"→"墙"→"建筑墙",然后在属性栏中选中"基本墙",在"绘制"选项卡中单击"直线绘制",并任意绘制几段交叉墙体。选中墙体,工具栏就会出现墙体的修改界面,如图4.4.1所示。下面以"对齐"与"修剪|延伸多个图元"为例进行讲解。

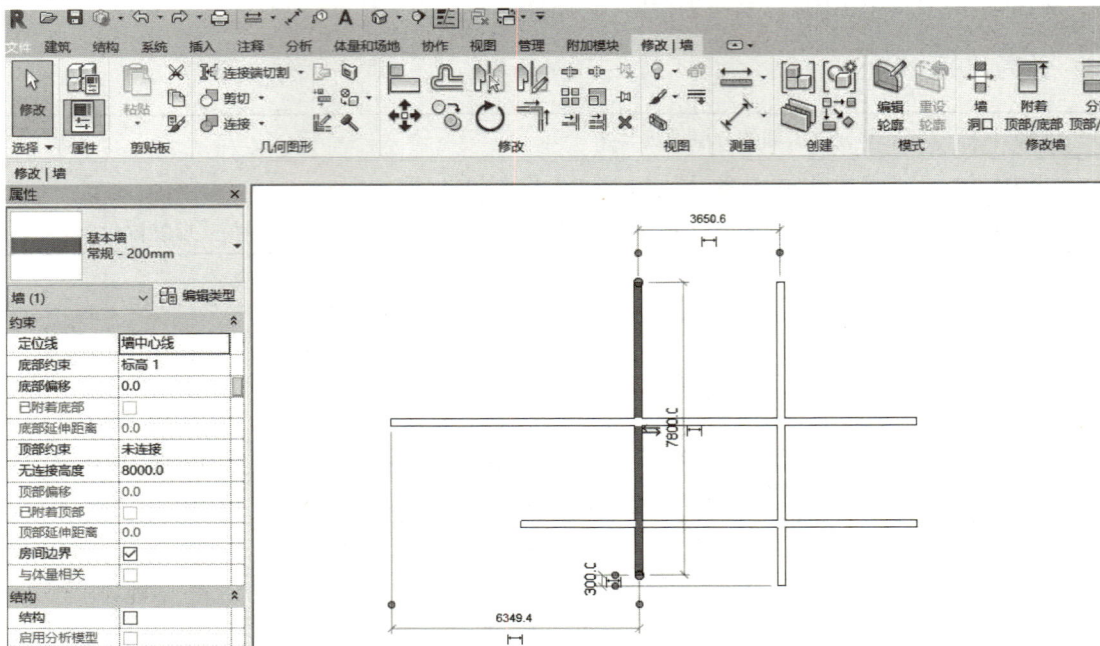

图4.4.1

选择"修改|墙"→"修改"→"对齐",然后选择要对齐到的墙位置(图4.4.2)。再单击需要对齐的墙位置,完成两段墙的对齐操作,如图4.4.3所示。

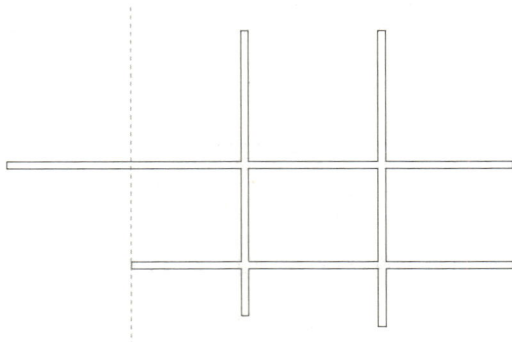

图4.4.2

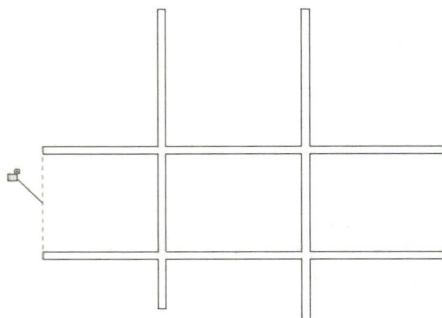

图4.4.3

选择"修改|墙"→"修改"→"修剪|延伸多个图元",选择对齐的基准线,如图4.4.4所示。

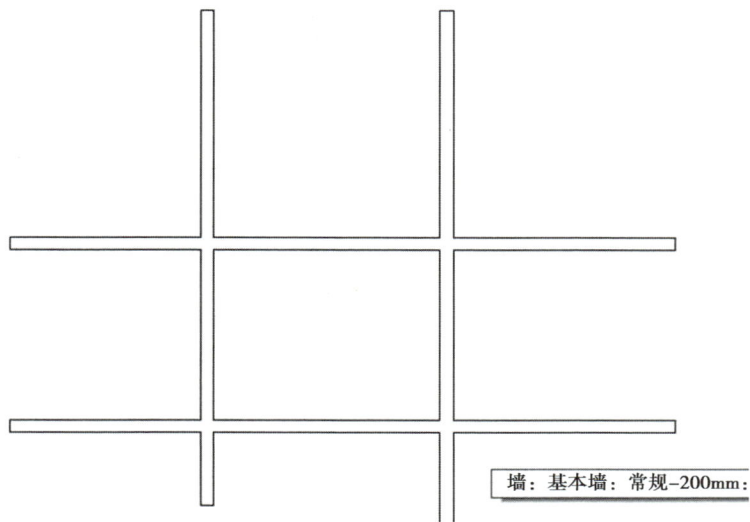

墙：基本墙：常规–200mm；

图 4.4.4

再框选需要对齐的两个墙，松开鼠标完成修剪命令，如图 4.4.5 所示。注意：框选需要保留的那一边。

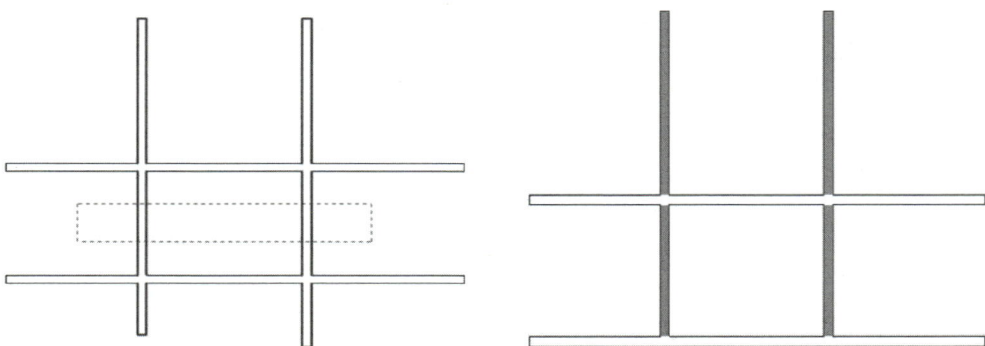

图 4.4.5

任务导航 2

本任务主要对墙体轮廓编辑进行讲解，可以在墙体属性栏中设置，也可以通过在立面视图中双击墙体进入墙体轮廓编辑。

引导问题 2：编辑墙体轮廓可以通过单击_____或者在_____视图中进入。

4.4.2　编辑墙体轮廓

步骤 1：单击"建筑"→"墙"→"建筑墙"，在属性栏中选中"基本墙"，在"绘制"选项卡中单击"直线绘制"工具，任意绘制一段墙体。选中墙体，单击"修改|墙"→"模式"→"编辑轮廓"，在弹出的"转到视图"对话框中选择一个立面，如图 4.4.6 所示。

注意：也可以通过在立面视图中双击墙体进入墙体轮廓编辑。

步骤 2：打开视图后进入墙体轮廓编辑界面，在"修改|编辑轮廓"选项卡中单击"绘制"→"样条曲线"，选取绘制工具，任意绘制一个形状，如图 4.4.7 所示。

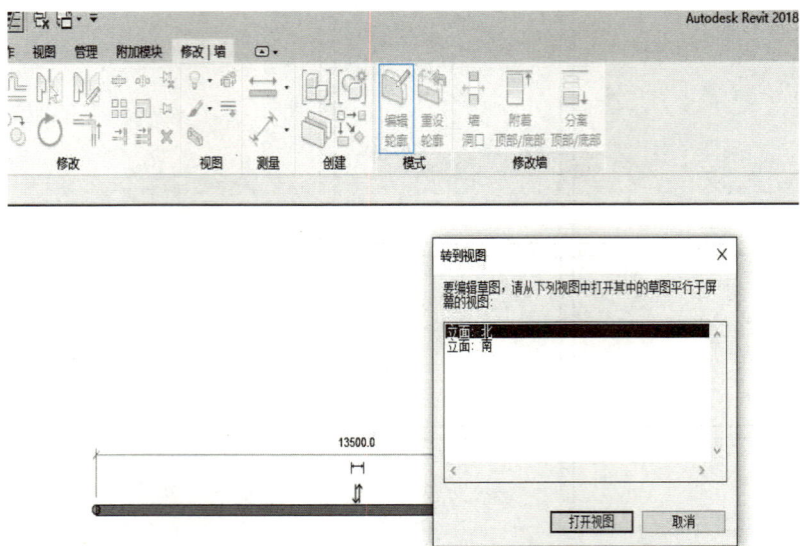

图 4.4.6

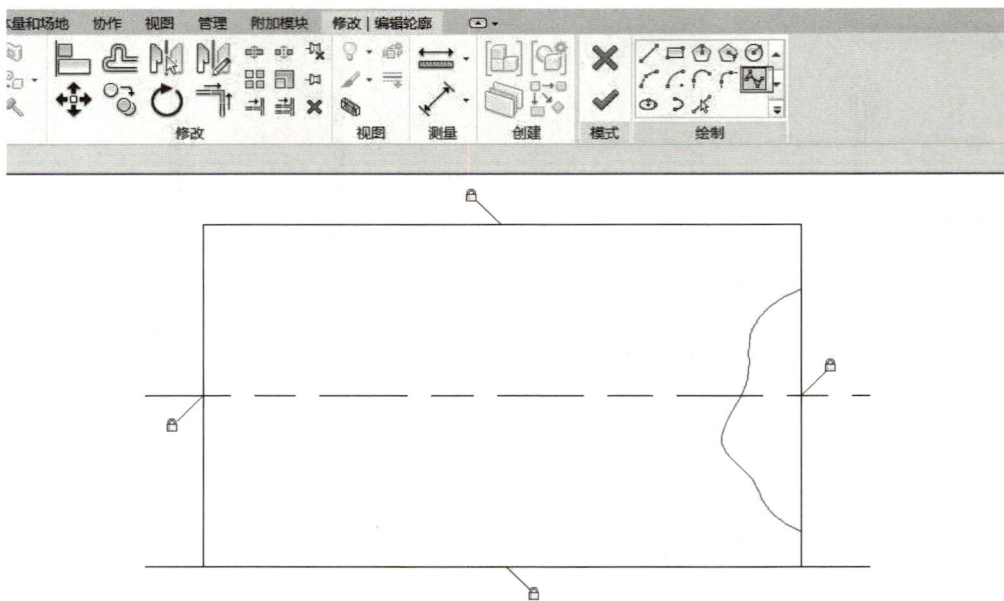

图 4.4.7

步骤 3：在"修改 | 编辑轮廓"选项卡中单击"修改"→"拆分图元"，在原有的轮廓线上拆分，如图 4.4.8 所示。

步骤 4：选中原来的轮廓线，拖曳节点，将轮廓节点拖到样条线的交叉处，如图 4.4.9 所示。

步骤 5：单击"修改 | 编辑轮廓"→"模式"→"√"，完成编辑并进入三维查看，如图 4.4.10 所示。

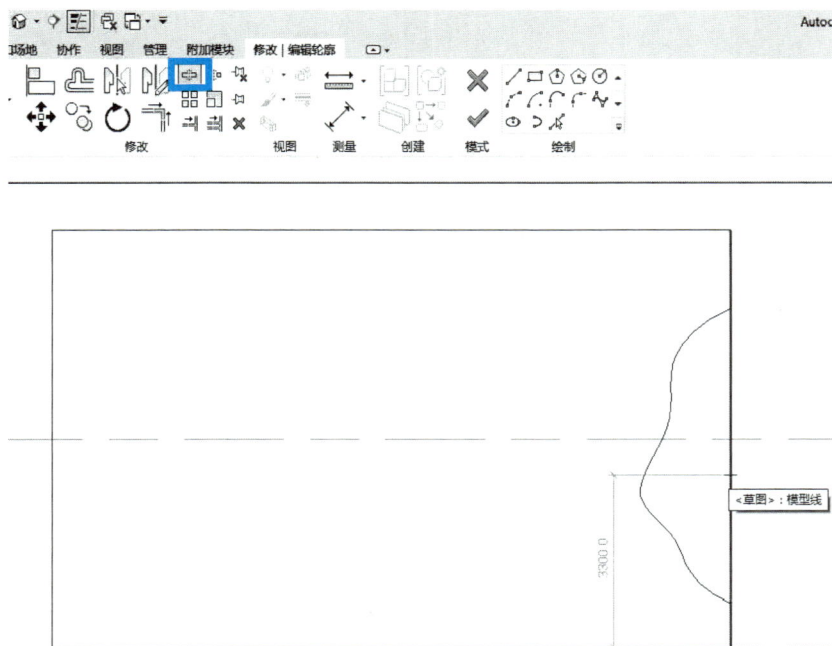

图 4.4.8

图 4.4.9

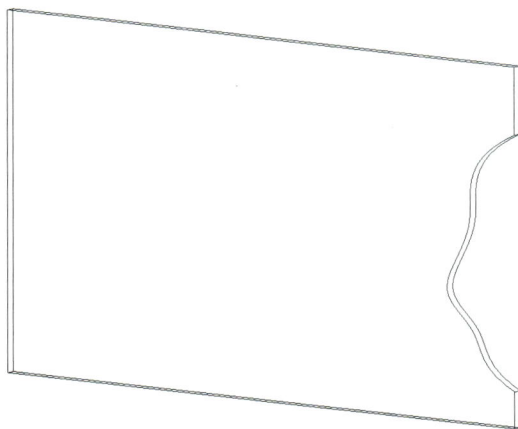

图 4.4.10

练一练

1. 精读任务图纸,明确要求;
2. 分析要求,个人或小组草拟方案,完善方案并实施(可参考附录2)。

任务评价

教师详细记录各组学生的学习表现(纪律情况、讨论情况、展示情况、工作成果),指导学生进行组间评价。教师给出各组平均分,学生组内互评给出每个成员本次任务的成绩,肯定优点的同时,指出问题并给出改进建议等(相关表格参见附录1)。

任务巩固

选择题

1. 由于 Revit 中有内墙面和外墙面之分,因此最好按照(　　　)方式绘制墙体。

A. 顺时针　　　　　　　　　　　B. 逆时针

C. 根据建筑的设计决定　　　　　D. 顺时针和逆时针都可以

2. 进入编辑墙体轮廓界面可以通过以下哪种方式?(　　　)。

A. 双击墙体

B. 选中墙体后再修改选项卡单击编辑轮廓

C. 右键单击修改

D. 直接在选项卡中修改

3. 编辑墙体时,墙体轮廓线需要(　　　)。

A. 相交　　　　　B. 相切　　　　　C. 闭合　　　　　D. 随意

项目 5   门和窗的创建

任务 5.1   门的创建

任务描述

根据案例项目施工图,基于已完成模型创建的柱、墙体等结构,完成门的识读并进行门的模型创建。

任务目标

知识目标	能够根据图纸识读门的位置、类型及尺寸等信息
能力目标	能够运用 Revit 创建门并正确绘制
素养目标	培养精益求精、耐心细致的职业素养

任务实施

任务分工

根据学生座位,将学生分成 5~8 人一组,由小组成员讨论设置组号,并推选小组组长,完成分组表格(也可按照前面任务的分组延续进行)。

班级			组号		指导教师	
成员	学号		姓名	学号		姓名
			(组长)			
任务分工						

任务导航1

引导问题1:在建筑图中,门一般用字母_____表示。案例项目中,有_____种门。

引导问题2:门的尺寸一般用 B×H 表示,其中 B 表示_____,H 表示_____。

引导问题3:案例项目中,M1 是指建筑施工图中的_____。

知识链接1

5.1.1　门的识读

绘制门前,首先对建筑施工图中门的基本信息进行识读:

步骤1:在建筑总说明中找到门窗表(表5.1.1),通过门窗表中的信息可知案例项目一共有4种类型的门,分别如下:

M1:1 500 mm(宽)×2 400 mm(高);

M2:3 020 mm(宽)×2 700 mm(高);

M3:900 mm(宽)×2 100 mm(高);

M4:1 500 mm(宽)×2 400 mm(高)。

表5.1.1　门窗表

序号	型号	洞口尺寸($B \times H$)	数量	备注
1	C1	1 500×1 800	2	TSC1518A
2	C2	1 200×1 500	5	TSC1215A
3	C3	1 200×900	1	TSC1209A
4	C4	1 500×1 500	5	TSC1515A
5	BY3231	3 150×3 050	1	
6	M1	1 500×2 400	1	
7	M2	3 020×2 700	1	
8	M3	900×2 100	4	
9	M4	1 500×2 400	1	PSM1524A

步骤2:在一层平面图(图5.1.1)和二层平面图(图5.1.2)中找到门对应的平面位置。

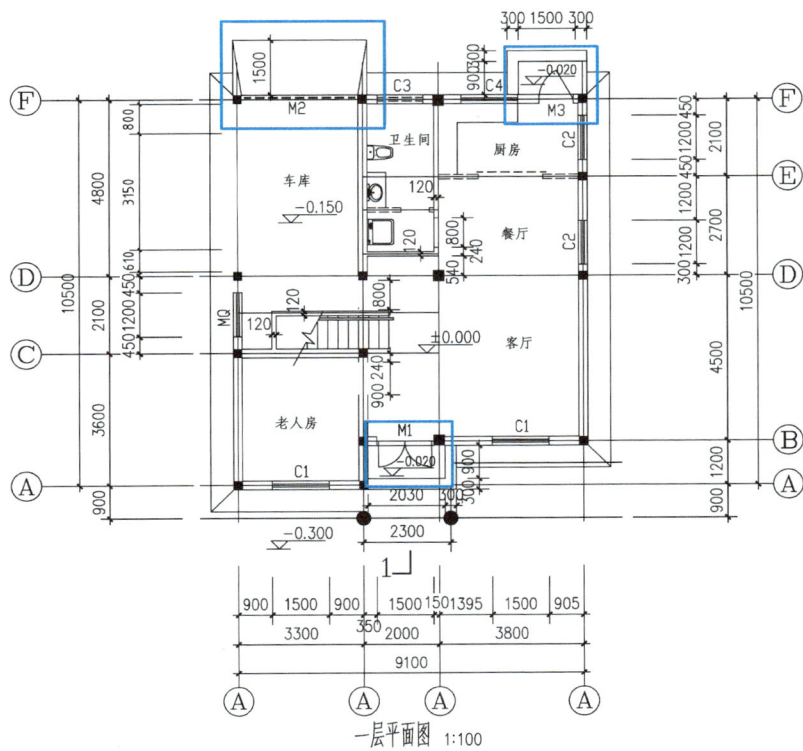

图 5.1.1

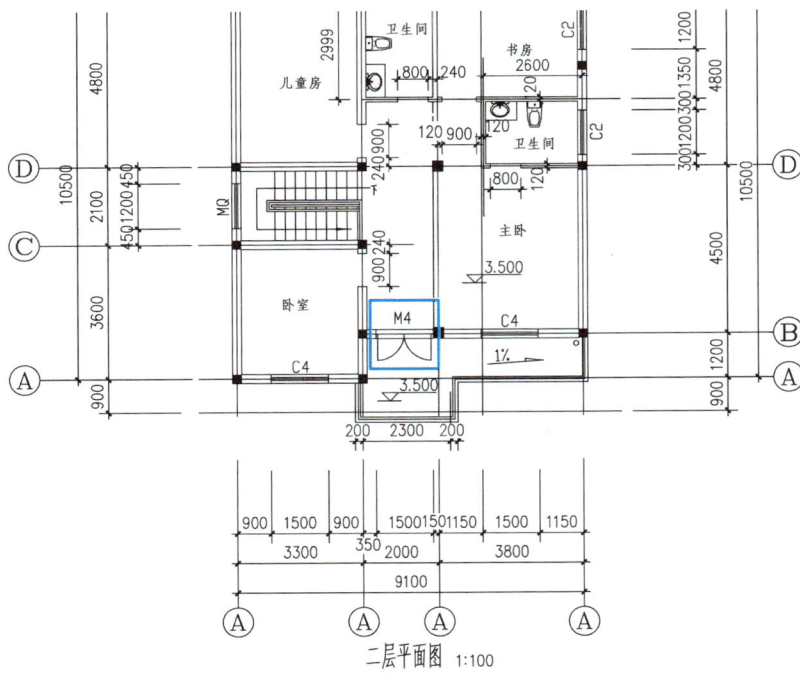

图 5.1.2

任务导航 2

引导问题 4：在门的插入过程中，如果在"类型选择器"中没有找到所需类型的门窗，则可选择_____，从库中载入，在_____选项中载入。

引导问题 5：在门的编辑过程中，应修改门的_____、底高度、_____等实例参数。

门的创建

知识链接 2

5.1.2　门的插入与属性编辑

步骤 1：门的插入。

（1）门插入。在楼层平面放置门时，转到相应的楼层平面，选择"建筑"→"构建"→"门"选项（图 5.1.3），激活"修改|放置门"选项卡，此时从"类型选择器"中选择所需的门类型，移动光标至该层墙主体上，单击鼠标左键即可，如图 5.1.4 所示。

图 5.1.3

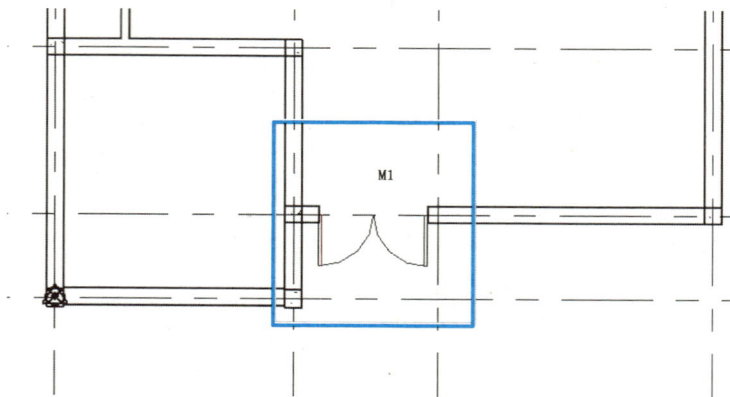

图 5.1.4

（2）如果在"类型选择器"中没有找到所需类型的门，则可选择"插入"→"从库中载入"→"载入族"选项，如图 5.1.5 所示（Revit 2018 软件自带的族库文件夹路径为 C：\ProgramData\Au-todesk\RVT 2018\Libraries\China\建筑），或者从企业项目自定义族库文件夹中载入。

步骤 2：门的编辑。

单击已插入的门，激活"修改|放置门"选项卡，此时"属性"选项板中，可修改门的"标高""底高度""顶高度"等实例参数。

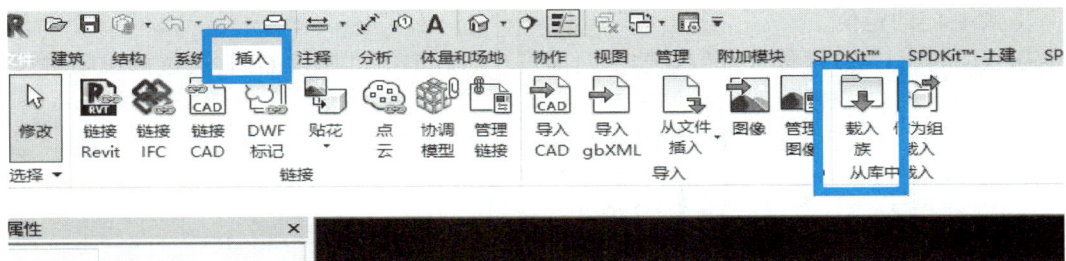

图 5.1.5

若发现"类型选择器"中门的类型不符合,单击已插入的门,单击"编辑类型"按钮弹出"类型属性"对话框,单击"复制"按钮可创建新的门类型,重新命名该类型后,可根据项目中门的尺寸需要,修改门的高度、宽度以及框架和门嵌板材质等类型参数,然后单击"确定"按钮,如图 5.1.6 所示。

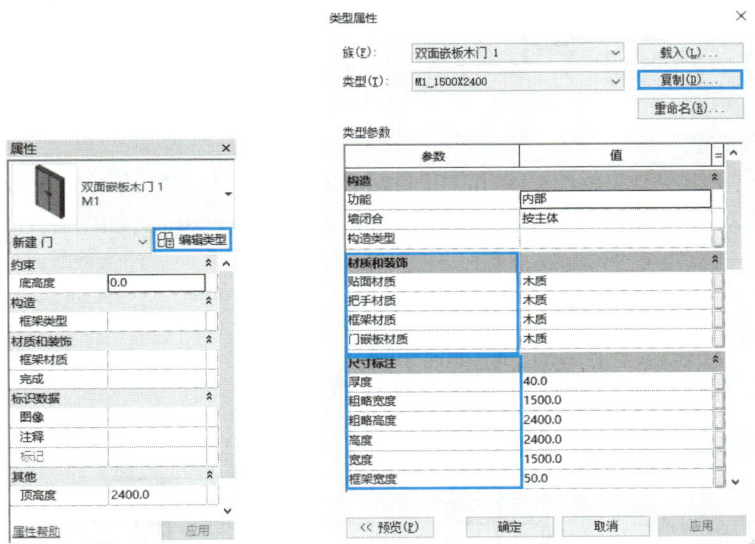

图 5.1.6

注意:修改"类型属性"对话框中的类型参数与修改"属性"选项板中的实例参数不同,实例参数只针对单个构件在项目中的参数进行修改,而类型参数会对项目中所有该类型的门均进行改变,需读者引起注意。

步骤 3:门的标记。

插入门前,选择"修改|放置门"选项卡中的"在放置时进行标记"选项,放置门后则自动给门添加标记,而且可以在选项栏中勾选"引线"复选框,设置标记引线长度,如图 5.1.7所示。

图 5.1.7

步骤4:门的定位。

插入门时,只需在墙体大致位置插入门即可。然后单击已插入的门,通过修改临时尺寸标注或尺寸标注来精确定位,结果如图5.1.8所示。

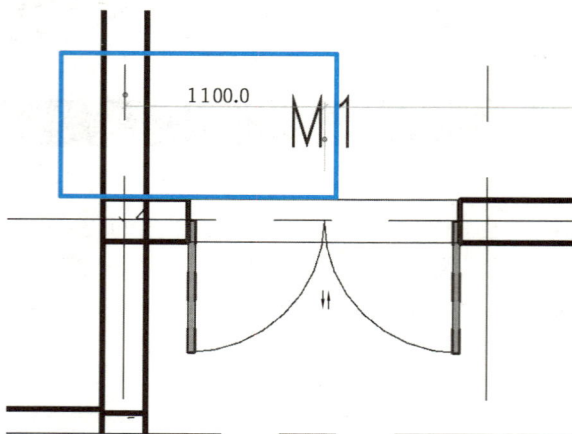

1100.0

M1

图5.1.8

步骤5:修改位置。

单击已插入门,出现临时尺寸,单击临时尺寸并修改相应的数值可以改变门的位置。也可用鼠标指针拖动门以改变门位置;原墙体洞口位置也会自动复原,如图5.1.9所示。

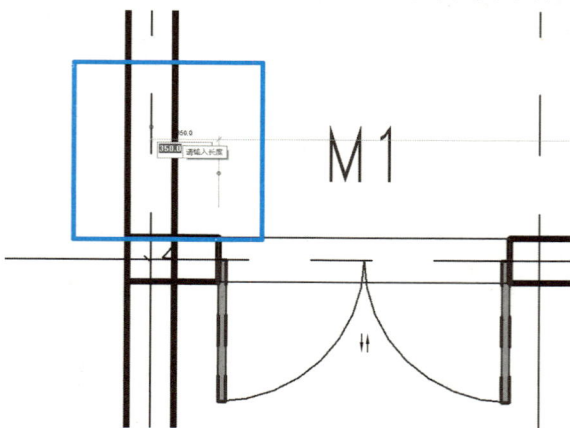

M1

图5.1.9

练一练

1.精读任务图纸,明确要求;

2.分析要求,个人或小组草拟方案,完善方案并实施(可参考附录2)。

任务评价

教师详细记录各组学生学习表现(纪律情况、讨论情况、展示情况、工作成果),指导学生进行组间评价。教师给出各组平均分,学生组内互评给出每个成员本次任务的成绩,肯定优点的同时,指出问题并给出改进建议等(相关表格参见附录1)。

任务巩固

1. 对照施工图,绘制案例项目图纸中的门。

2. 梳理自己所掌握的知识体系,就门窗表识图的知识点、绘制的技巧,与同学相互交流。

例:门的宽度、高度是_____,门的类型是_____,门绘制时的相对位置是_____。

任务 5.2　窗的创建

任务描述

根据案例项目施工图,基于已完成模型创建的轴网、标高、建筑墙体等主体结构,完成窗的识读并进行窗模型创建。

任务目标

知识目标	能够根据图纸识读窗位置、类型及尺寸等信息
能力目标	能够运用 Revit 对窗进行创建并绘制
素养目标	培养精益求精、耐心细致的职业素养

任务实施

任务分工

根据学生座位,将学生分成 5~8 人一组,由小组成员讨论设置组号,并推选小组组长,完成分组表格(也可按照前面任务的分组延续进行)。

班级			组号			指导教师		
成员	学号		姓名		学号		姓名	
			(组长)					
任务分工								

任务导航 1

引导问题 1:在建筑施工图中,窗一般用＿＿＿＿＿＿＿表示。案例项目中,有＿＿＿＿＿＿种窗。

引导问题 2:窗的尺寸一般用 $B×H$ 表示,B 表示＿＿＿＿＿＿,H 表示＿＿＿＿＿＿。

引导问题 3:案例项目中,一层有＿＿＿＿＿＿种窗,分别是:＿＿＿＿＿＿＿＿＿＿＿;二层有
＿＿＿＿＿＿种窗,分别是＿＿＿＿＿＿＿＿＿＿＿＿。

知识链接 1

5.2.1 窗的识读

步骤 1:查看一、二层平面图可知,内外墙上均设置有窗(图 5.1.1、图 5.1.2)。
步骤 2:在门窗明细表中查看门窗的平面尺寸等信息(表 5.1.1)。

任务导航 2

引导问题 4:创建窗一般分为 3 个步骤,分别是:＿＿＿＿＿＿＿＿＿,＿＿＿＿＿＿＿＿＿,
＿＿＿＿＿＿＿＿＿。

知识链接 2

5.2.2 窗的创建与绘制

步骤 1:创建窗。
单击"建筑"→"窗",在属性面板中根据窗的类型选择固定窗、推拉窗等窗样式(图 5.2.1)。
步骤 2:窗材质设置。
单击"编辑类型",进入"类型属性"对话框,根据图纸内容对窗构件材质进行设置(图 5.2.2)。

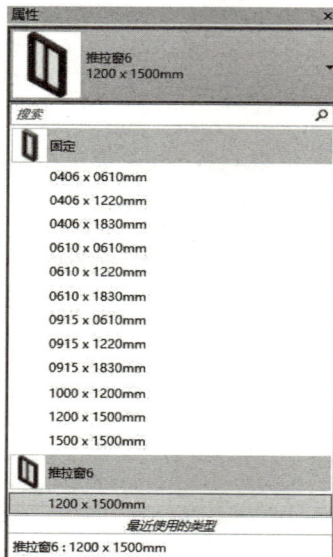

图 5.2.1

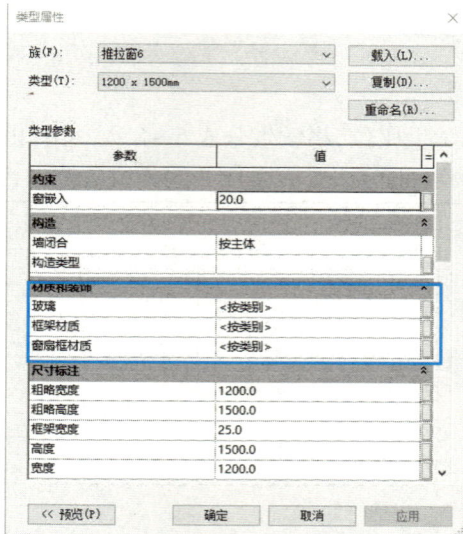

图 5.2.2

步骤 3:绘制窗。
单击"建筑"→"窗",在平面视图中选择图纸对应的窗,根据平面图纸的位置放置窗(图
5.2.3)。

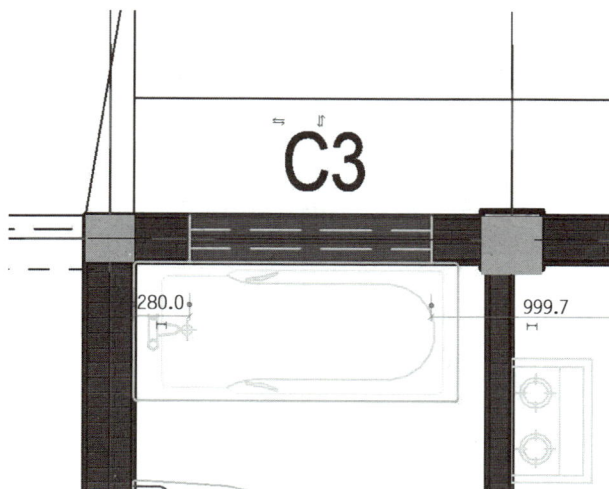

图 5.2.3

　　窗平面布置完成后,根据窗立面图(此处以Ⓕ交②、③轴的 C3 为例)对窗的立面标高进行调整。在④~①轴立面图中找到 C3 窗(图 5.2.4)。

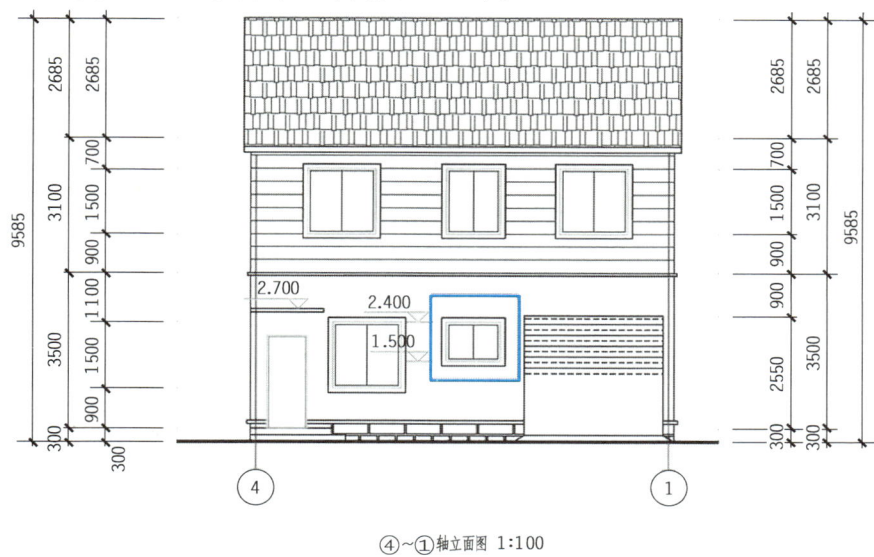

④~①轴立面图 1:100

图 5.2.4

　　通过立面图可知,C3 窗的底标高在 1.5 m。在 Revit 中,选中相同位置的 C3 窗,在"属性"栏"约束"项中将"底高度"调整为"1500.0"(图 5.2.5)。

　　经过上述操作,窗的绘制就完成了。

练一练

1. 精读任务图纸,明确要求;

2. 分析要求,个人或小组草拟方案,完善方案并实施(可参考附录 2)。

图 5.2.5

任务评价

教师详细记录各组学生学习表现(纪律情况、讨论情况、展示情况、工作成果),指导学生进行组间评价。教师给出各组平均分,学生组内互评给出每个成员本次任务的成绩,肯定优点的同时,指出问题并给出改进建议等(相关表格参见附录1)。

任务巩固

选择题

1.放置窗时,软件会默认查找在墙的(   )位置。

A. 左侧　　　　　　B. 右侧　　　　　　C. 居中　　　　　　D. 内侧

2.下列不属于结构专业常用明细表的是(   )。("1+X"理论题)

A. 构件尺寸明细表　　　　　　　　B. 门窗表

C. 结构层高表　　　　　　　　　　D. 材料明细表

3.关于窗的标记,下列说法错误的是(   )。

A. 当整个窗可见时,会显示窗标记。如果部分窗被遮蔽,则门标记还是可见的

B. 当放置相同类型的窗时,标记中的窗编号不会递增

C. 复制并粘贴窗时,标记中的窗编号也不会递增

D. 以上均是

项目6 楼板的创建

任务6.1 创建楼板

任务描述

楼板是建筑中最常用的水平构件,主要承受水平方向的垂直荷载。在工程实际项目中,通常将楼板分为建筑板和结构板。结构板可以后期进行配筋,也可以与其他结构构件进行扣减,而建筑板不具有以上特性,但二者在绘制与修改上没有差别。根据案例项目施工图,基于已完成的一层墙、门、窗模型(图6.1.1),完成楼板的创建,本任务以二层楼板的创建为例。

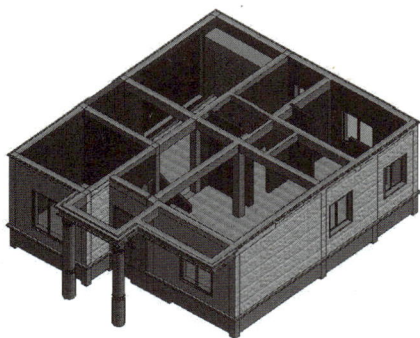

图6.1.1

任务目标

知识目标	1.了解楼板的种类及作用; 2.掌握楼板的属性设置; 3.掌握楼板的绘制方法; 4.掌握楼板的编辑方法
能力目标	1.能正确识读图纸信息; 2.能正确设置楼板的属性; 3.能完成楼板的绘制; 4.能完成楼板的编辑
素养目标	1.培养学生严谨、细心的工作态度; 2.培养学生举一反三的应变能力; 3.培养学生的团队合作精神

任务实施

任务分工

根据学生座位,将学生分为 5 ~ 8 人一组,由小组成员讨论设置组号,并推选小组组长,完成分组表格(也可按照前面任务的分组延续进行)。

班级		组号		指导教师	
成员	学号	姓名		学号	姓名
		（组长）			
任务分工					

任务导航 1

引导问题 1:识读图纸,查找楼板的厚度为_____。

引导问题 2:根据图纸信息,确认楼板的建筑标高为_____。

引导问题 3:查看设计说明及大样图,确认楼板的_____以及部分细部构造的具体做法。

知识链接 1

6.1.1　楼板的识读

步骤 1:在结构平面图中,找到二层楼板的位置(图 6.1.2)。

步骤 2:识读板的属性信息(图 6.1.2),除注明外板厚均为 100 mm,除注明外板面标高为 3.480 m,B1、B2 板厚为 90 mm,B3 板厚为 100 mm。

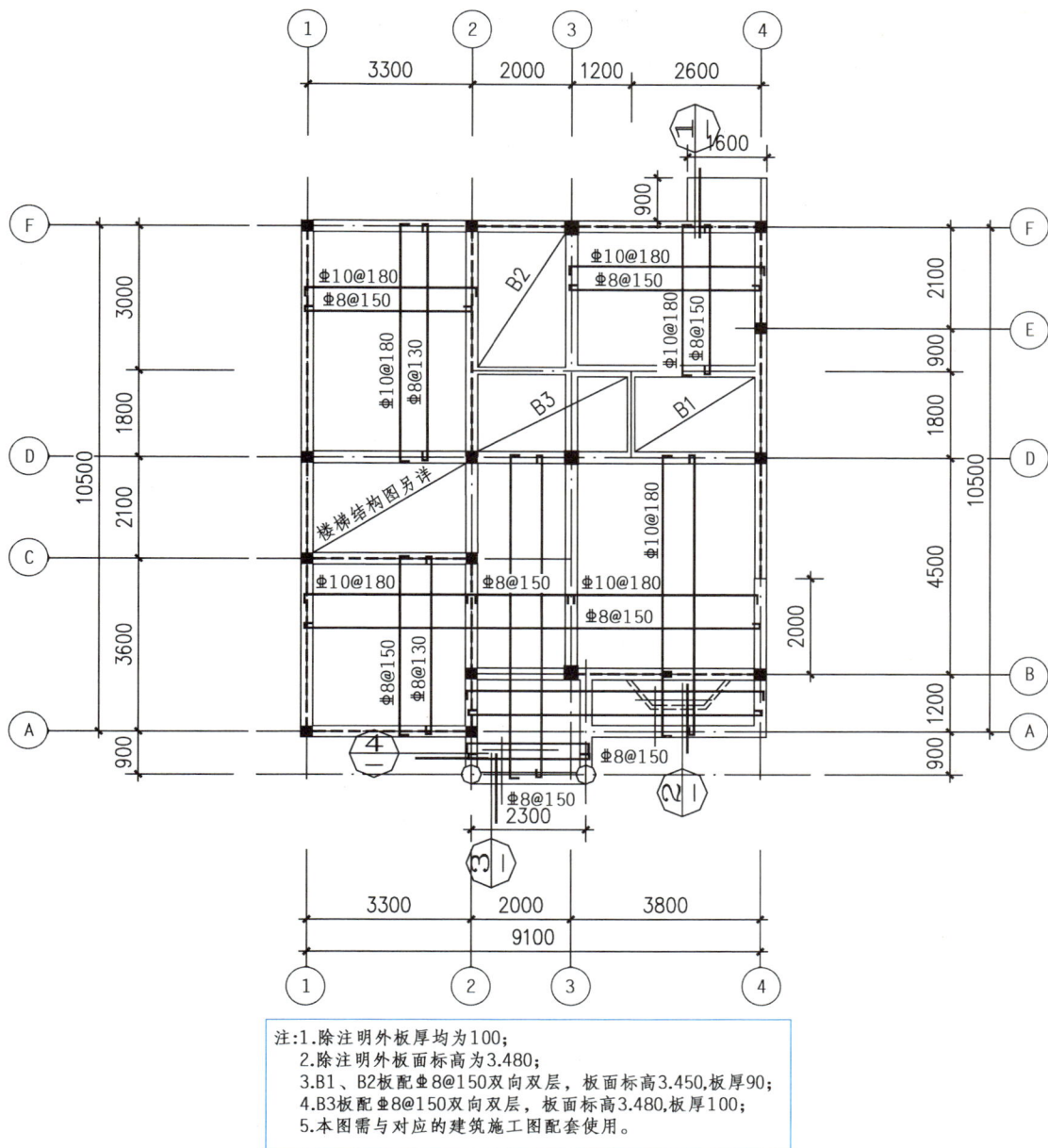

注:1.除注明外板厚均为100;
2.除注明外板面标高为3.480;
3.B1、B2板配Φ8@150双向双层,板面标高3.450,板厚90;
4.B3板配Φ8@150双向双层,板面标高3.480,板厚100;
5.本图需与对应的建筑施工图配套使用。

图6.1.2

任务导航2

引导问题 4：在楼板的属性设置与绘制中，在类型参数界面"编辑"中，对楼板的_____、_____进行设置。

引导问题 5：根据图纸说明得知，一层楼板除注明外板面标高为_____ m，层高为_____ m。

知识链接 2

6.1.2　楼板的属性设置与绘制

1)二层结构板的绘制

步骤 1:选择楼板。

单击"建筑"→"楼板"→"楼板:结构"(图 6.1.3)。

步骤 2:楼板的参数设置。

在属性面板类型项选择"楼板",根据图纸,选择"现浇筑混凝土-225 mm"(图 6.1.4),单击"编辑类型"(图 6.1.5),单击"复制",按图纸要求对楼板进行重命名,完成后单击"确定"按钮(图 6.1.6)。

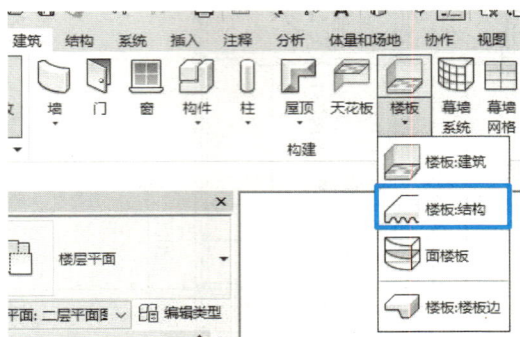

图 6.1.3

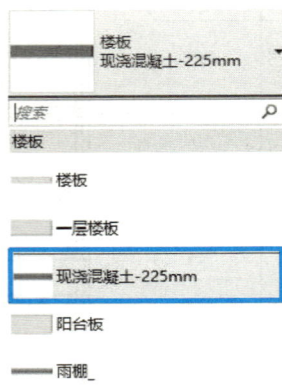

图 6.1.4

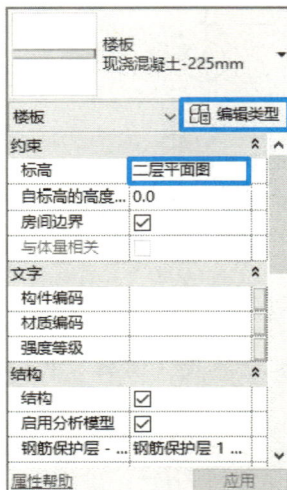

图 6.1.5

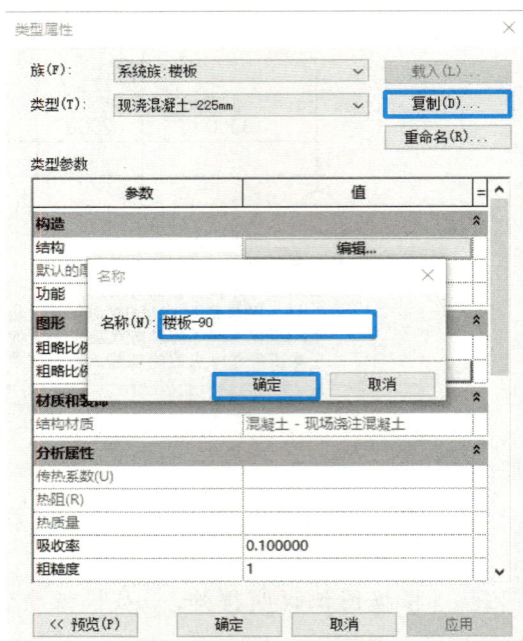

图 6.1.6

单击"编辑"(图6.1.7),对楼板的材质、厚度进行设置。

将材质设置为"混凝土-现浇混凝土",厚度设置为225.0 mm,设置完成后单击"确定"按钮(图6.1.8)。

回到"类型属性"对话框,单击"确定"按钮完成属性设置(图6.1.9)。

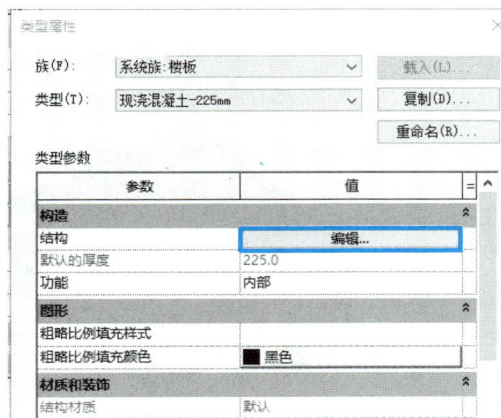

图6.1.7

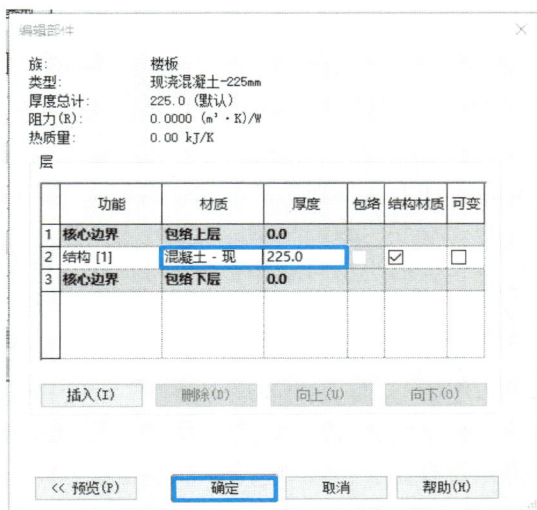

图6.1.8

步骤3:楼板的绘制。

根据图纸说明得知,本层楼板除注明外标高为3.480 m,层高为3.500 m,绘制标高为3.480 m的楼板。在属性界面,"标高"选项点选"二层平面图",在"自标高的高度偏移"栏中输入"-20.0"(图6.1.10)。

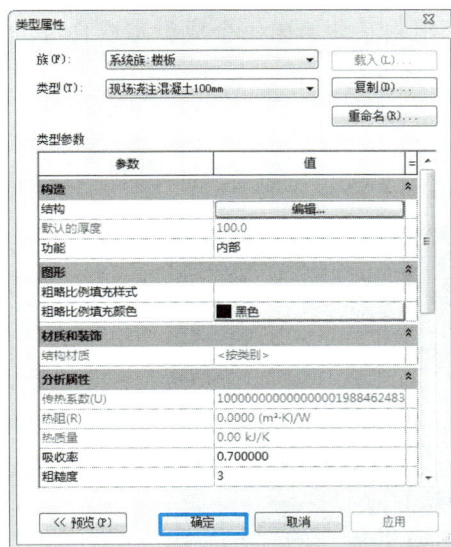

图6.1.9

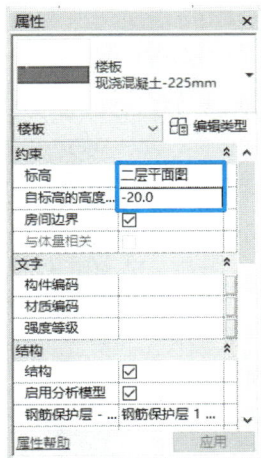

图6.1.10

在右上角辅助绘图区域选择"矩形",进行矩形楼板绘制;针对不规则的楼板,可根据项目需求选择线、拾取线、拾取墙等方式进行楼板边界线的绘制(图6.1.11)。

边界绘制完成后,单击"√"完成绘制即可(图6.1.12)。

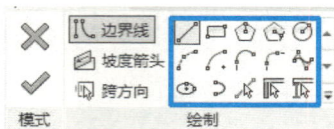
图 6.1.11

图 6.1.12

按上述方法分别绘制出面标高为 3.450 m 的 B1、B2 板,完成二层结构板的绘制。

2)二层建筑板的绘制

建筑板的绘制与结构板的绘制类似,根据建施图说明得知,建筑板厚均为 20 mm。绘制 B1、B2 板时将"属性"选项板中的"自标高的高度偏移"改为 -30;绘制其余板时将"属性"选项板中的"自标高的高度偏移"改为 0,按照绘制结构板的方式进行绘制,楼板绘制完成后,查看三维模型(图6.1.13),检查是否有误。

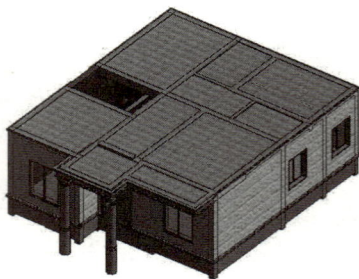
图 6.1.13

练一练

1.精读任务图纸,明确要求;

2.分析要求,个人或小组草拟方案,完善方案并实施(可参考附录2)。

任务评价

教师详细记录各组学生学习表现(纪律情况、讨论情况、展示情况、工作成果),指导学生进行组间评价。教师给出各组平均分,学生组内互评给出每个成员本次任务的成绩,肯定优点的同时,指出问题并给出改进建议(相关表格参见附录1)。

任务巩固

根据知识拓展,洞口绘制完成后如图 6.1.14 所示。

图 6.1.14

（1）按照施工图要求，完成案例图纸中一层楼板的绘制。

（2）归纳总结楼板识图的注意事项、绘制技巧，小组讨论交流，共同探索其他快捷绘制方法。

知识拓展

板洞的创建

创建板洞有多种方法，针对不同的情况灵活选择运用。

方法 1：面洞口，单击"建筑"选项卡→"按面"（图 6.1.15），本住宅项目中，楼梯位置不需要设置楼板，可通过创建洞口的方式进行绘制（图 6.1.16）。绘制完成后单击"√"即可。

图 6.1.15

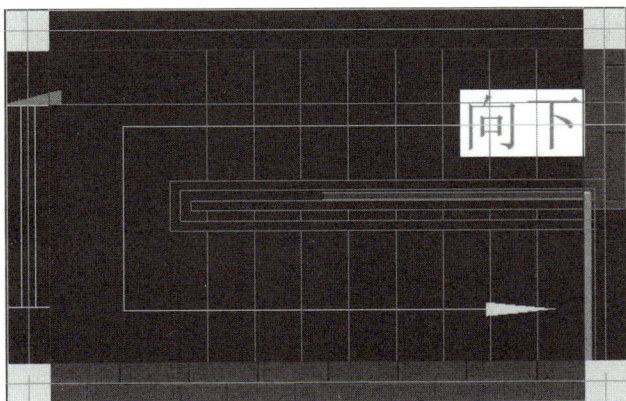

图 6.1.16

方法 2：竖井洞口，单击"建筑"选项卡→"竖井"（图 6.1.17），按照洞口边界线进行绘制，完成后单击"√"即可。

图 6.1.17

项目 7　楼梯和栏杆扶手的创建

任务 7.1　楼梯的创建

任务描述

根据案例项目施工图,基于已完成的结构、墙体模型,完成楼梯的绘制,并创建宿舍楼的楼梯。

任务目标

知识目标	1. 掌握楼梯施工图的识读; 2. 掌握楼梯的编辑方法
能力目标	能根据图纸正确创建楼梯
素养目标	培养严谨、敬业的学习态度和工作态度

任务实施

任务分工

根据学生座位,将学生分成 5 ~ 8 人一组,由小组成员讨论设置组号,并推选小组组长,完成分组表格(也可按照前面任务的分组延续进行)。

班级		组号		指导教师	
成员	学号	姓名		学号	姓名
		(组长)			
任务分工					

任务导航 1

绘制楼梯前,先对建筑图中楼梯的基本信息进行识读:

引导问题 1:在建筑施图中,可以从哪些图纸中获取楼梯信息?

引导问题 2:楼梯一般由哪几部分组成?

知识链接 1

7.1.1　楼梯的识读

步骤 1:在建筑图中得知,一层平面图和二层平面图中都涉及楼梯,从一、二层平面图可知,楼梯位于①、②轴与ⓒ、ⓓ轴之间,是双跑楼梯(图 7.1.1、图 7.1.2)。

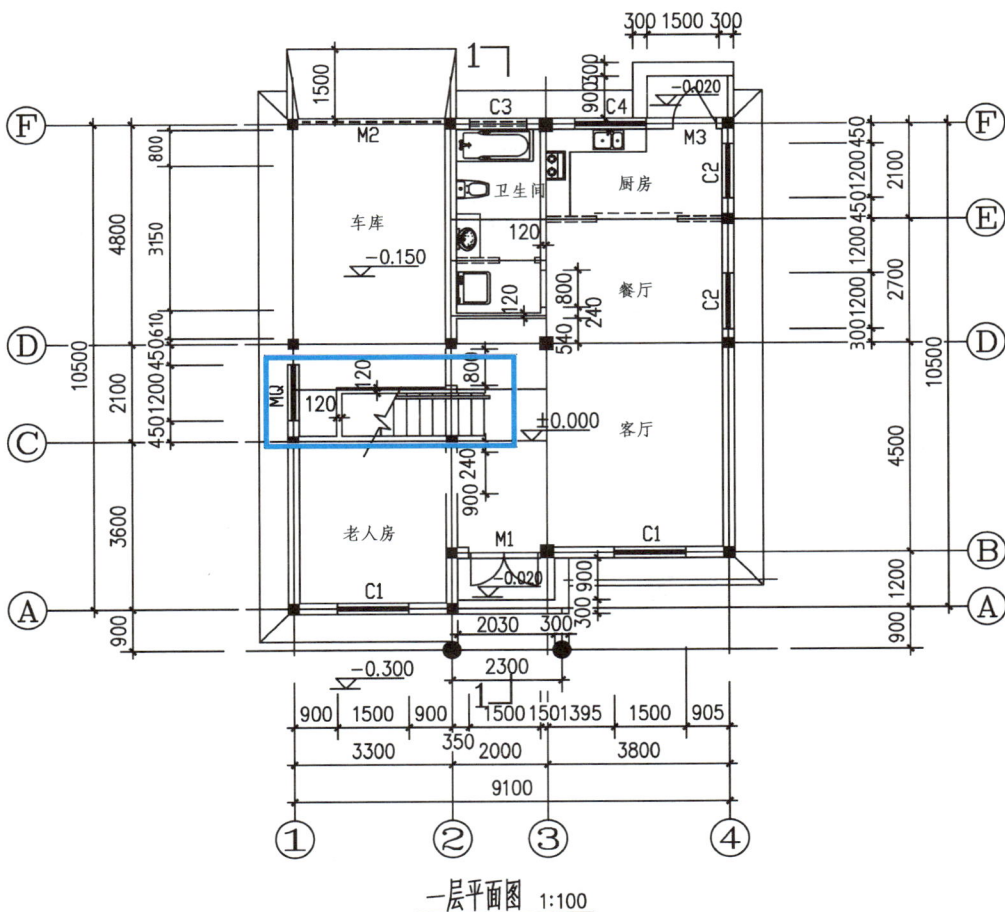

图 7.1.1

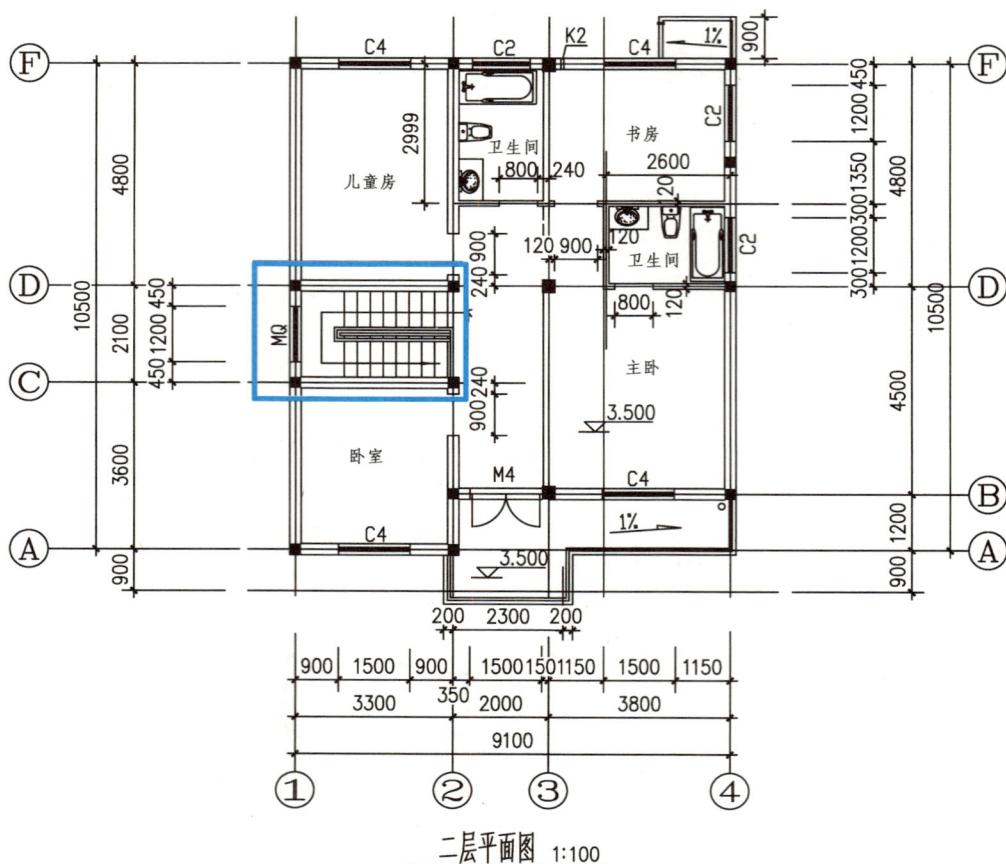

图 7.1.2

步骤 2:从楼梯一、二层平面大样图中可知,楼梯梯段宽度为 900 mm,第一跑为 11 步(延伸入客厅),第二跑为 8 步,踏步宽为 270 mm,休息平台宽度为 900 mm,梯井宽 60 mm(图 7.1.3、图 7.1.4)。

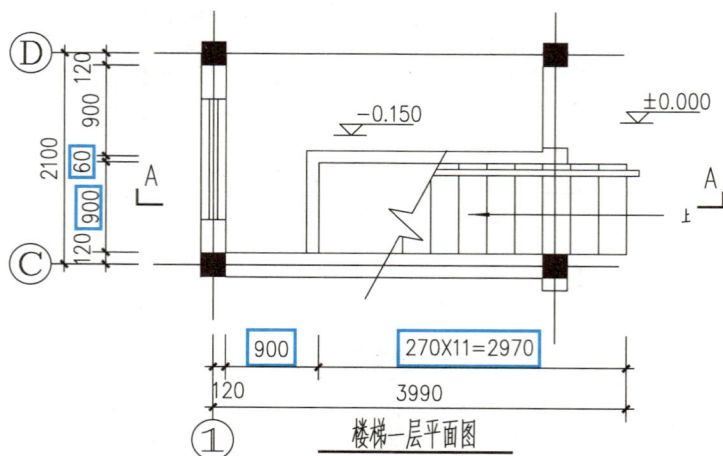

图 7.1.3

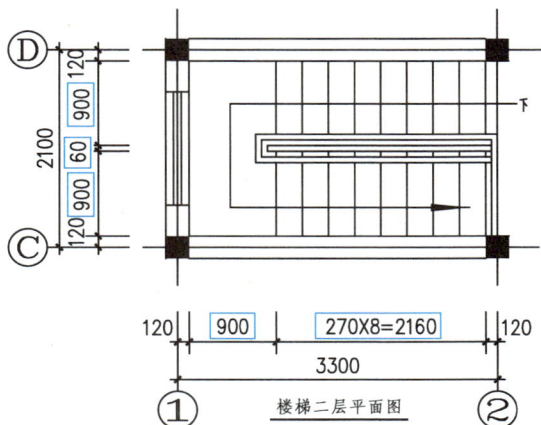

图 7.1.4

步骤 3:从 A—A 剖面图中可知,楼梯踏步高为 166.7 mm;楼梯第一跑底标高位于±0.000 处,顶标高位于 2.000 m 处;第二跑底标高位于 2.000 m 处,顶标高位于 3.500 m 处;休息平台标高为 2.000 m(如图 7.1.5)。

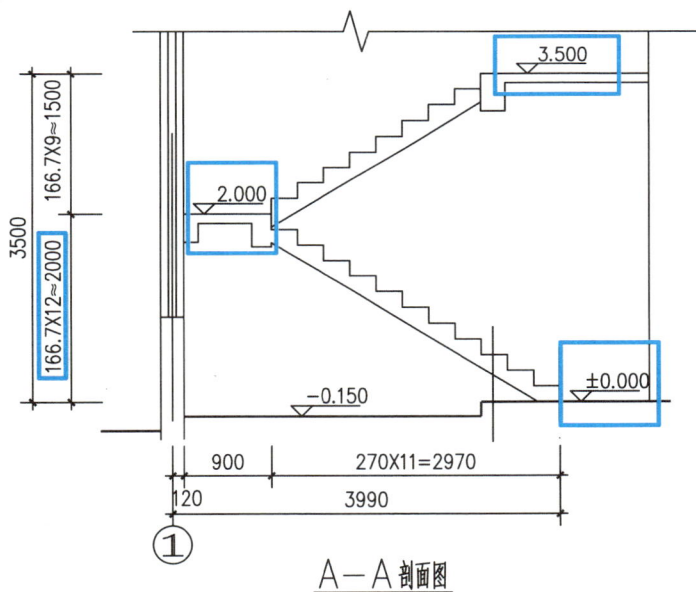

A—A 剖面图

图 7.1.5

任务导航 2

引导问题 3:创建楼梯一般分为 3 个步骤,分别是＿＿＿＿＿＿＿＿＿,＿＿＿＿＿＿＿＿＿,

＿＿＿＿＿＿＿＿＿。

知识链接 2

7.1.2 楼梯的编辑与创建

步骤 1:确定参照平面。

楼梯的创建

楼梯平台宽距①轴墙体内边900 mm,应在此处确定一平台参照平面;第一跑楼梯有三步踏步伸入客厅,应在②轴线右边确定楼梯第一跑起点参照平面,距平台参照平面2 970 mm(第一跑梯段水平投影长度)。

参照平面绘制:单击"建筑"→"参照平面",用直线命令在①轴墙体右边画平行于①轴的平台控制平面,距①轴墙体内边为900 mm(图7.1.6);接着拾取平台控制平面,修改偏移值为2 970 mm,在②轴墙体右边绘制平行于②轴的第一跑起点参照平面(图7.1.7)。

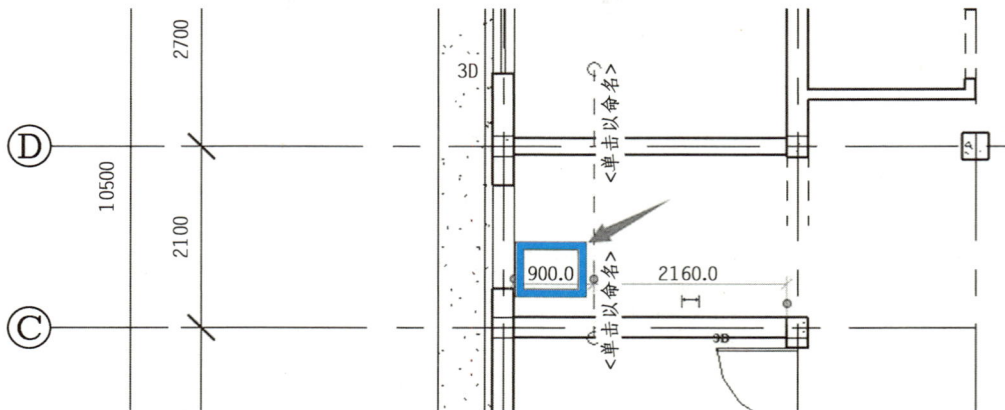

图7.1.6

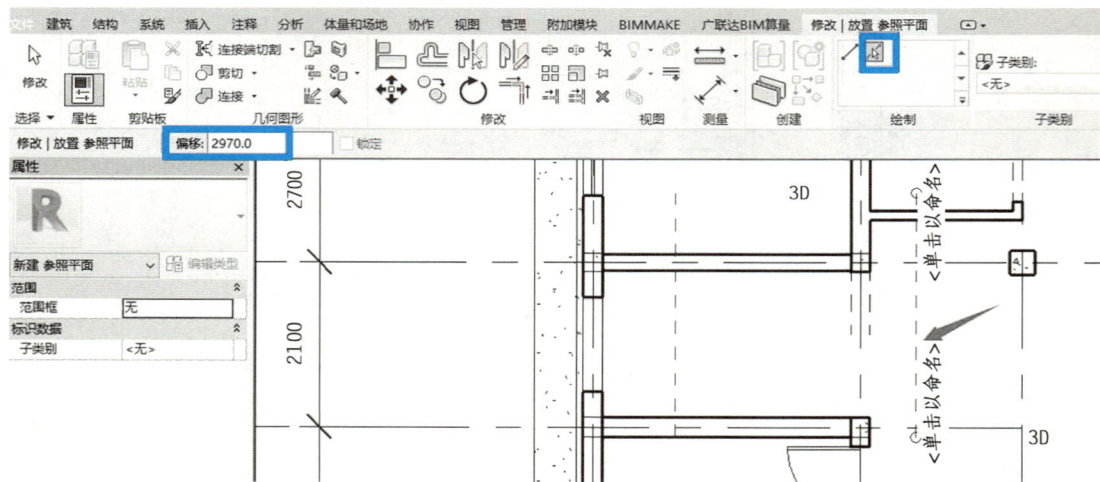

图7.1.7

步骤2:楼梯选择、命名、属性编辑。

楼梯的选择与命名:单击"建筑"→"楼梯",然后在属性面板类型项选择"现场浇筑楼梯",单击"编辑类型"(图7.1.8),"复制"并命名为"楼梯_01"(图7.1.9)。

楼梯的属性编辑:在属性面板中,将楼梯的"底部标高"选为"01_一层平面图","顶部标高"选为"02_二层平面图","所需踢面数"改为"21","实际踏板深度"修改为"270"(图7.1.10)。

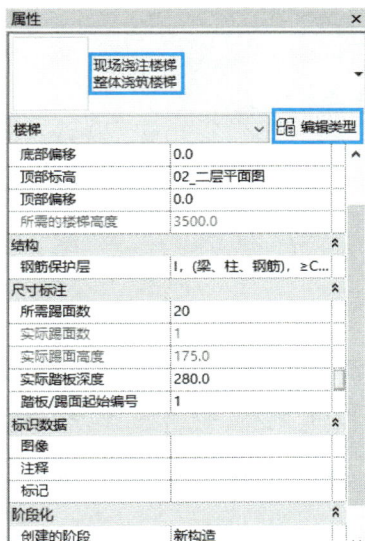

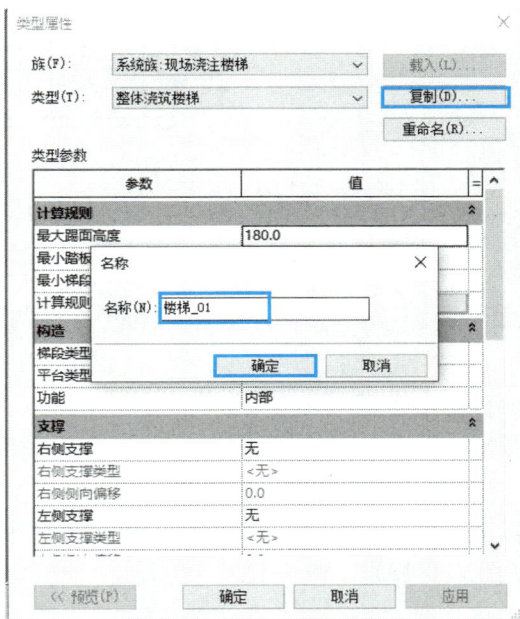

图 7.1.8　　　　　　　　　　　　　　　　　　图 7.1.9

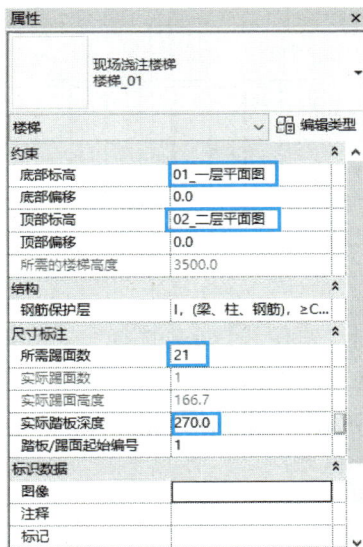

图 7.1.10

步骤 3:创建楼梯。

①参数设置。

在"绘制"面板中,选择"直梯"工具,在选项栏上"定位线"参数选择"左"(选择"左",则梯段的绘制路径为梯段左边线;若选择"右",则梯段的绘制路径为梯段右边线;若选择"中",则梯段的绘制路径为梯段中线)(图 7.1.11),偏移值为"0.0","实际梯段宽度"输入"900.0","自动平台"前小框内打"√"(图 7.1.12)。

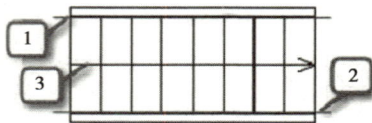

图 7.1.11

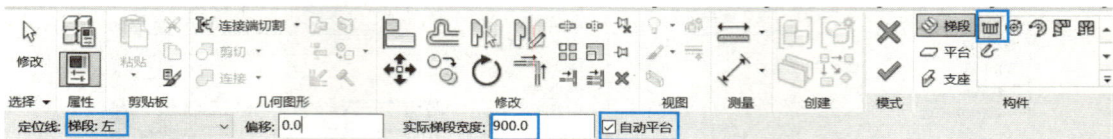

图 7.1.12

②创建楼梯。

创建第一跑梯段:鼠标移至"第一跑参照平面"与ⓒ轴附近,鼠标会自动捕捉到ⓒ轴处墙内边与"第一跑参照平面"交点,并且红色的"×"会变粗,单击左键绘制梯段第一跑起点,向左移动鼠标至"平台参照平面"处单击,完成第一跑梯段绘制。此时梯段端部会显示楼梯踏步数为"12"(图 7.1.13)。

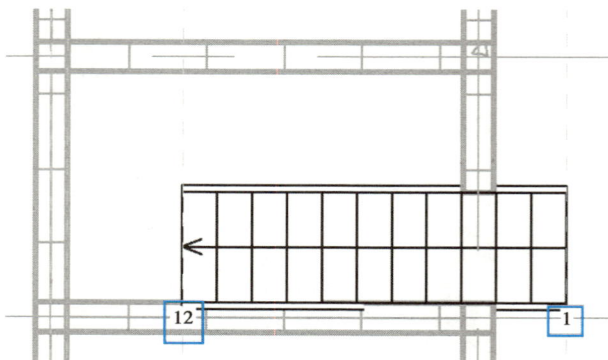

图 7.1.13

创建第二跑梯段:在选项栏上"定位线"参数选择"右",鼠标移至"平台参照平面"上,鼠标变成小的红色×,由ⓓ轴向ⓒ轴方向移动,并将距离修改为梯段宽度"900"(图 7.1.14),回车,向②轴方向拖动鼠标,与②轴处墙左边线相交后单击确定。此时梯段左端会显示楼梯踏步数为"13",右端会显示楼梯踏步数为"21",休息平台也会在平台参照平面与①轴外墙内边线之间自动生成(图 7.1.15),单击楼梯绘制命令处完成编辑模式的"√"。至此,现浇整体式双跑楼梯创建完成(图 7.1.16)。

练一练

1.精读工作图纸,明确要求。

2.分析要求,个人或按组草拟方案,完善方案并实施(可参考附录 2)。

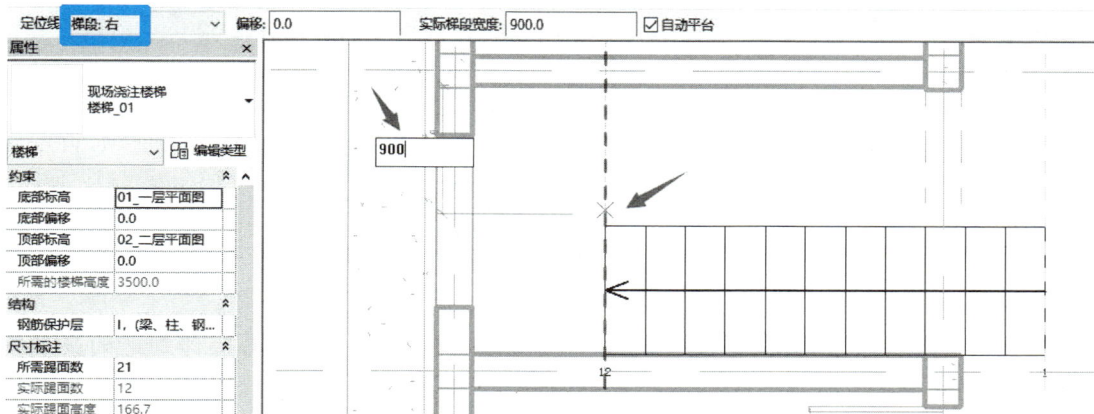

图 7.1.14

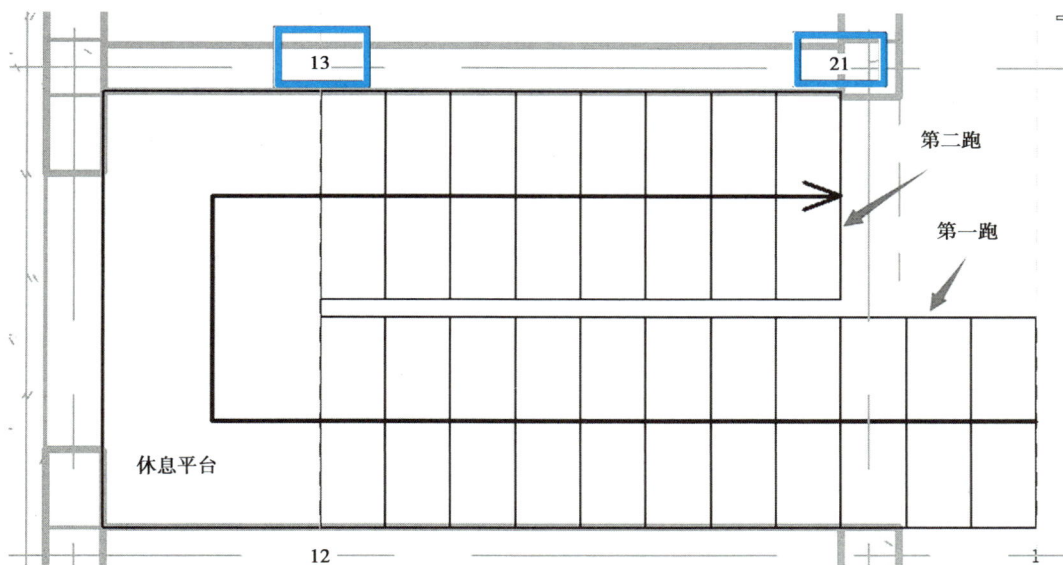

图 7.1.15

图 7.1.16

任务评价

教师详细记录各组学生学习表现(纪律情况、讨论情况、展示情况、工作成果),指导学生进行组间评价。教师给出各组平均分,学生组内互评给出每个成员本次任务的成绩,肯定优点的同时,指出问题并给出改进建议(相关表格参见附录1)。

任务巩固

选择题

1. 在绘制楼梯时,在类型属性中设置"最大踢面高度"为 150 mm,楼梯到达的高度为3 000 mm,如果设置楼梯图元属性中"所需踢面数"为 18,则(　　　)。

A. 给出警告,并以 18 步绘制楼　　　　　　B. 给出警告,并以 20 步绘制楼梯

C. 给出警告,并退出楼梯绘制　　　　　　D. Revit 不允许设置为此值

2. **按构件创建的楼梯由哪几个主要部分组成?**(　　　)

A. 梯段、平台和栏杆扶手　　　　　　　　B. 踢面、踏面和栏杆扶手

C. 梯段、踏面和踢面　　　　　　　　　　D. 梯段、路径和栏杆扶手

3. 下列不属于"定位线"参数选择的是(　　　)。

A. 梯段:左　　　　B. 梯段:右　　　　C. 梯段:中　　　　D. 梯梁:中

任务 7.2　栏杆扶手的创建

任务描述

根据案例项目施工图,基于已完成的楼梯、楼板模型,完成扶手栏杆的识读并进行模型创建。

任务目标

知识目标	掌握栏杆扶手的识读方法; 掌握栏杆扶手的创建方法与步骤
能力目标	能够根据图纸内容创建栏杆扶手模型
素养目标	养成规范、严谨的工作态度

任务实施

任务分工

根据学生座位,将学生分为 5~8 人一组,由小组成员讨论设置组号,并推选小组组长,完成分组表格(也可按照前面任务的分组延续进行)。

班级			组号			指导教师		
成员	学号		姓名			学号		姓名
			（组长）					
任务分工								

任务导航1

绘制栏杆扶手前,先对建筑图纸中栏杆扶手的基本信息进行识读。

引导问题1:在施工图纸中,楼梯栏杆扶手所在平面区域对应的轴号是_____。

引导问题2:室外阳台栏杆扶手所在平面区域对应的轴号是_____,底标高是_____。

知识链接1

7.2.1　识读栏杆扶手

步骤1:在建筑施工图中找到栏杆扶手的位置(图7.2.1、图7.2.2)。

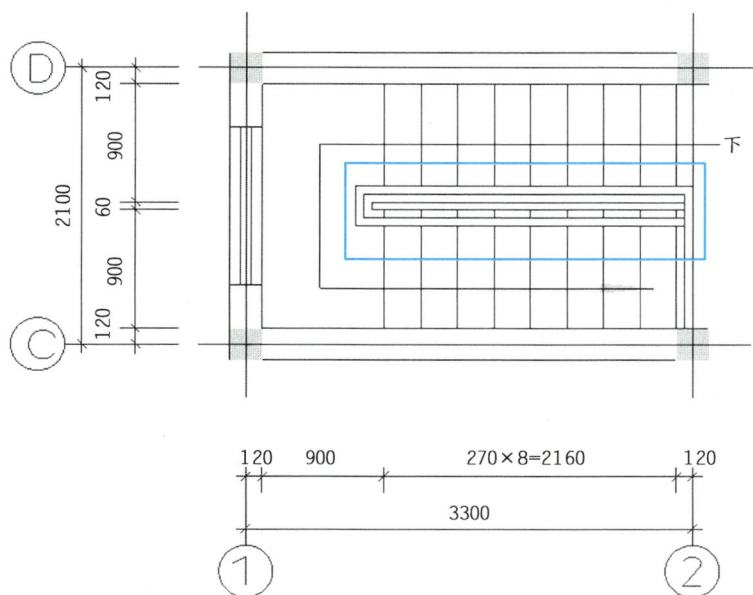

楼梯二层平面图

图7.2.1

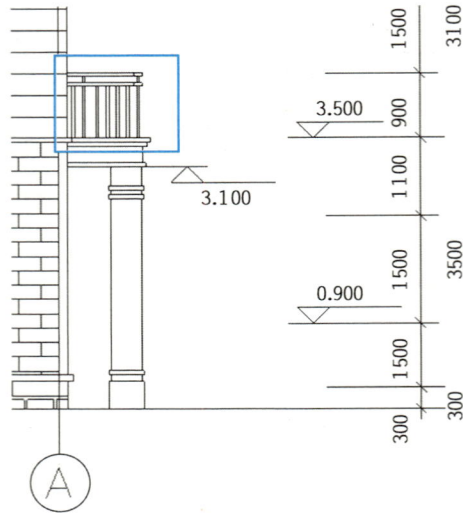

图 7.2.2

步骤 2：识读斜楼梯栏杆扶手详图（图 7.2.3），扶栏总高度 1 050 mm，横向栏杆的高度分别为 150 mm 和 840 mm，竖向栏杆间距是 110 mm，材质尺寸均为 35 mm×35 mm 钢管。扶手材质尺寸为木扶手 100 mm×60 mm。

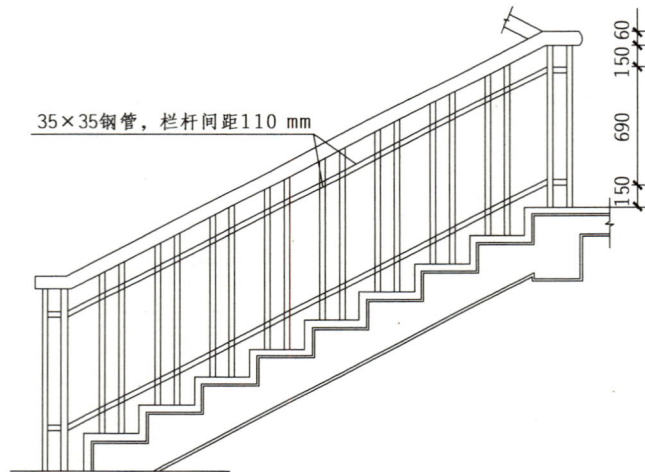

35×35钢管，栏杆间距110 mm

斜楼梯栏杆扶手详图

图 7.2.3

识读水平扶手栏杆详图（图 7.2.4），扶栏总高度 1 050 mm，横向栏杆的高度分别为 100 mm 和 890 mm，材质尺寸均为 35 mm×35 mm 钢管。扶手材质尺寸为木扶手栏杆 100 mm×60 mm。

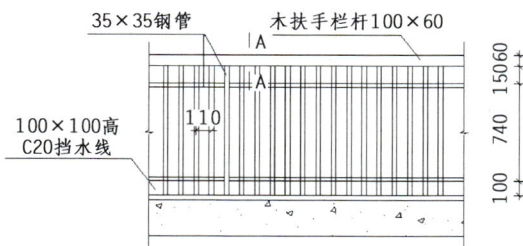

水平栏杆扶手详图

图 7.2.4

知识链接 2

7.2.2　扶手栏杆的创建

步骤 1:扶手栏杆的绘制。

单击"建筑"→"栏杆扶手"→"放置在楼梯/坡道上"(图 7.2.5)。

图 7.2.5

在属性面板中单击"编辑类型"(图 7.2.6),进入"类型属性"界面。

图 7.2.6

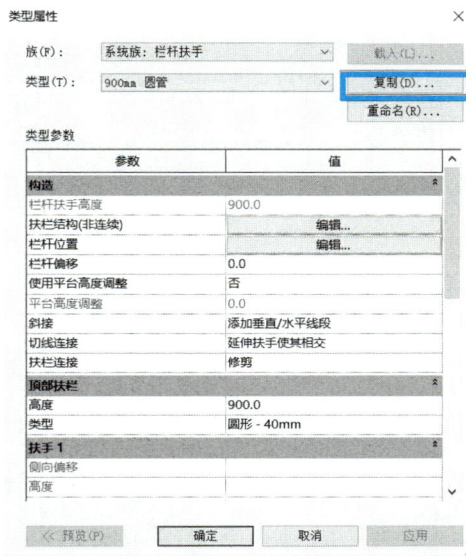

图 7.2.7

在"类型属性"界面单击"复制"按钮(图 7.2.7),可修改栏杆扶手的名称(图 7.2.8),完成后单击"确定"按钮。

步骤2:扶手栏杆的参数设置。

在"类型属性"界面的"类型参数"中找到"扶栏结构(非连续)",然后进行扶栏结构的编辑(图7.2.9)。

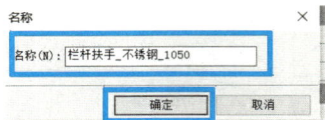

图7.2.8

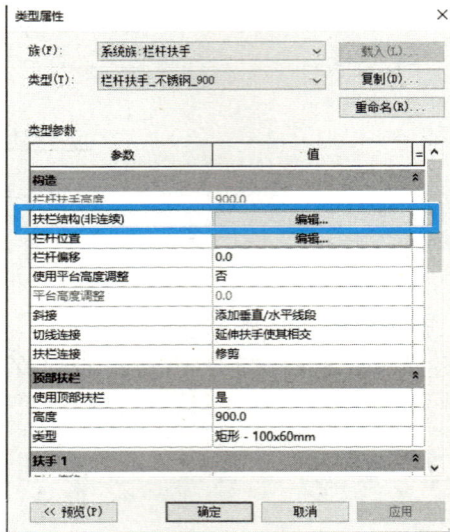

图7.2.9

对应"值"列位置单击"编辑…",根据斜楼梯扶手栏杆详图内容修改参数(图7.2.10),完成后单击"确定"按钮。

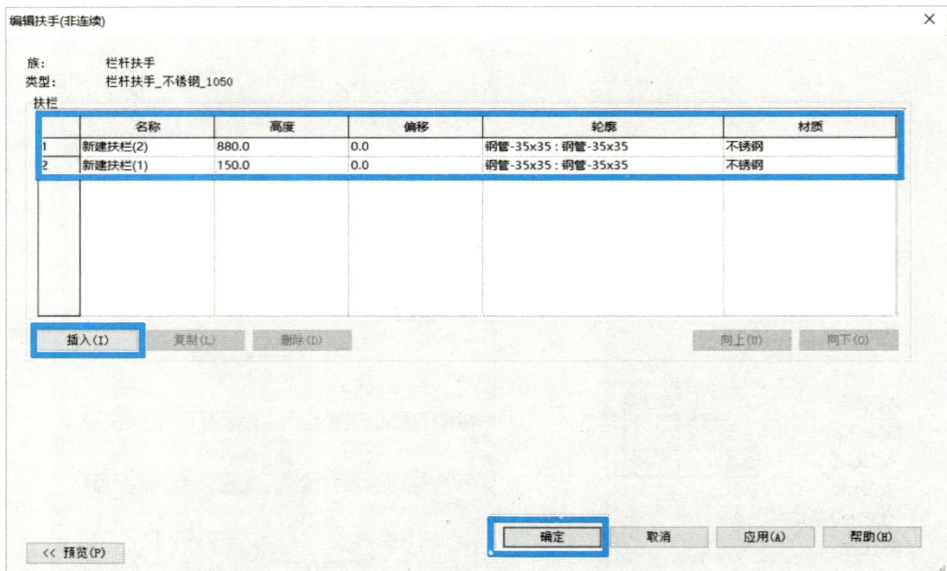

图7.2.10

在"类型属性"界面进行栏杆位置的编辑(图7.2.11)。

图 7.2.11

根据斜楼梯栏杆扶手详图内容修改参数(图 7.2.12),完成后单击"确定"按钮。

图 7.2.12

在"类型属性"界面进行顶部扶栏的参数修改(图 7.2.13),完成后单击"确定"按钮。

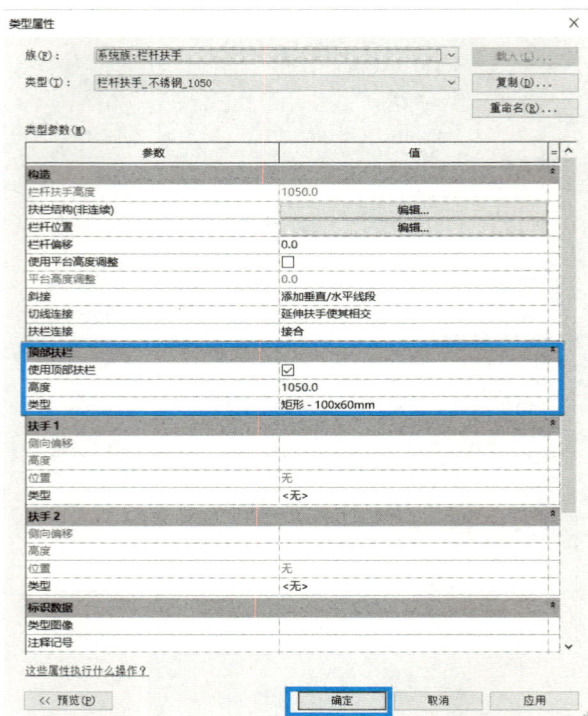

图 7.2.13

步骤 3:栏杆扶手的绘制。

单击相对应的楼梯(图 7.2.14)。

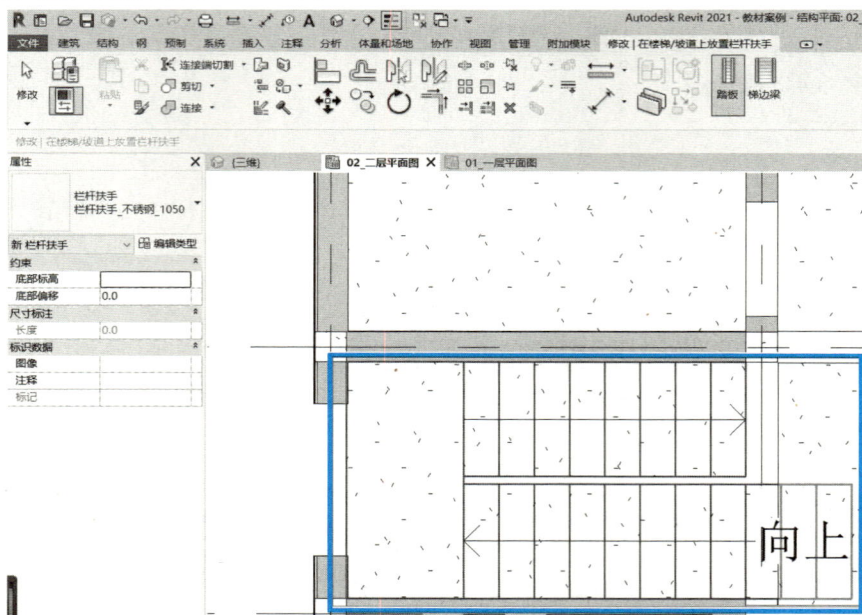

图 7.2.14

　　栏杆扶手绘制完成后(图7.2.15),删除不需要的栏杆扶手(图7.2.16),楼梯的栏杆扶手创建完成。

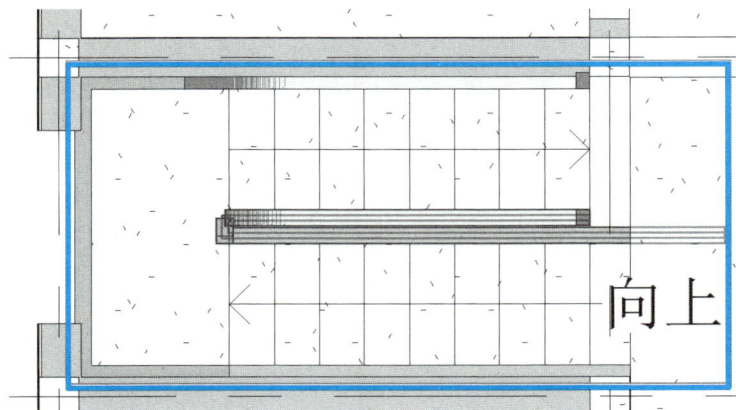

图 7.2.15

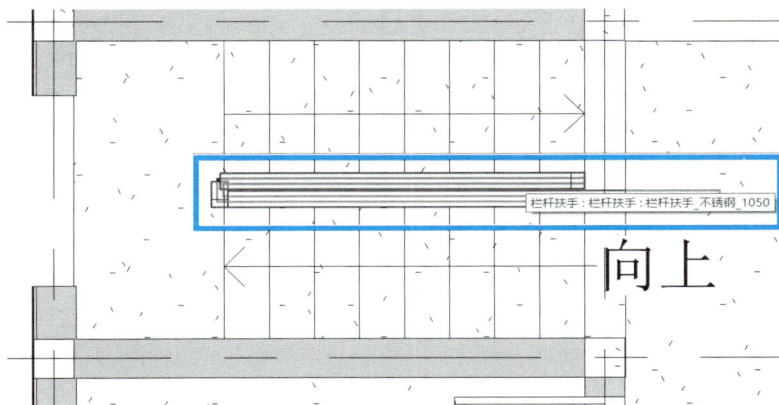

图 7.2.16

　　单击三维视图进行三维查看(图7.2.17)。

图 7.2.17

练一练

1.精读工作图纸,明确要求;

2.分析要求,个人或按组草拟方案,完善方案并实施(可参考附录2)。

任务评价

教师详细记录各组学生学习表现(纪律情况、讨论情况、展示情况、工作成果),指导学生进行组间评价。教师给出各组平均分,学生组内互评给出每个成员本次任务的成绩,肯定优点的同时,指出问题并给出改进建议等(相关表格参见附录1)。

任务巩固

1.低层、多层住宅的阳台栏杆扶手净高不应低于＿＿＿＿＿＿＿＿。[《住宅设计规范》(GB 50096—2011)]

2.临空高度在24 m及以上(包括中高层住宅)时,栏杆扶手高度不低于＿＿＿＿＿＿。[《民用建筑设计统一标准》(GB 50352—2019)]

3.根据人体工程学原理,栏杆垂直净距应小于＿＿＿＿＿＿＿＿,才能防止儿童钻出。[《住宅设计规范》(GB50096—2011)]

4.根据所学步骤创建阳台栏杆扶手(水平栏杆扶手)。

项目 8 屋顶的创建

任务 8.1 迹线屋顶与拉伸屋顶的创建

任务描述

根据案例项目施工图,在完成柱、梁、墙、门窗、楼板等主体结构模型创建的基础上,完成屋顶图纸的识读并进行模型创建。屋顶是建筑的重要组成部分,Revit 提供了多种建模方式,可以通过迹线屋顶、拉伸屋顶、面屋顶等方式创建常规屋顶。对于复杂的特殊屋顶,需要通过内建模型的方式来创建。

任务目标

知识目标	1.识读施工图纸屋顶类型、材质、厚度、标高信息; 2.设置屋顶类型属性,新建屋顶族类型; 3.迹线屋顶草图模式的屋顶轮廓绘制; 4.拉伸屋顶工作面的设置与选择,拉伸起点和拉伸终点的设置; 5.编辑迹线屋顶和拉伸屋顶; 6.墙和坡屋顶的连接方法
能力目标	1.能掌握屋顶施工图的识读方法,会准确识读图纸信息; 2.能掌握屋顶族类型的选择方法,能新建屋顶族类型并设置屋顶类型参数; 3.能掌握用迹线模式创建屋顶模型的方法; 4.能掌握用拉伸模式创建屋顶模型的方法; 5.能使用墙齐屋顶的功能使墙与坡屋顶准确连接
素养目标	1.树立严谨、务实、认真的学习和工作态度; 2.树立良好的职业道德和社会责任意识; 3.培养工匠精神,为成为"大国工匠"而不懈奋斗

任务实施

任务分工

根据学生座位,将学生分成5~8人一组,由小组成员讨论设置组号,并推选小组组长,完成分组表格。

班级		组号		指导教师	
成员	学号	姓名		学号	姓名
		(组长)			
任务分工					

任务导航1

引导问题1:坡度1:2使用三角函数与反三角函数方法换算为角度值是_____。

引导问题2:识读Ⓐ~Ⓕ轴、①~④轴线之间的屋顶轮廓,Ⓐ~Ⓕ轴间距为_____ mm,①~④轴间距为_____ mm。

引导问题3:屋顶伸出Ⓐ轴与Ⓕ轴各_____ mm,坡度为_____。

8.1.1 屋顶的识读

绘制屋顶前,先对建筑图纸中屋顶的基本信息进行识读。

步骤1:打开建筑图,在图纸中找到"屋顶平面图",识读Ⓐ~Ⓕ轴、①~④轴线之间的屋顶轮廓,Ⓐ~Ⓕ轴间距为10 500 mm,①~④轴间距为9 100 mm。

步骤2:识读屋顶,伸出Ⓐ轴与Ⓕ轴各720 mm;识读坡度符号,坡度为1:2。

步骤3:根据图示坡度与坡度方向,把坡度1:2换算为Revit软件可以识别的角度值26.57°,如图8.1.1所示。

任务导航2

引导问题4:Revit创建屋顶模型常用的方式有2种,分别是_____和_____。

引导问题5:绘制迹线屋顶主要步骤有_____个,分别是:_____。

引导问题6:绘制拉伸屋顶主要步骤有_____个,分别是:_____。

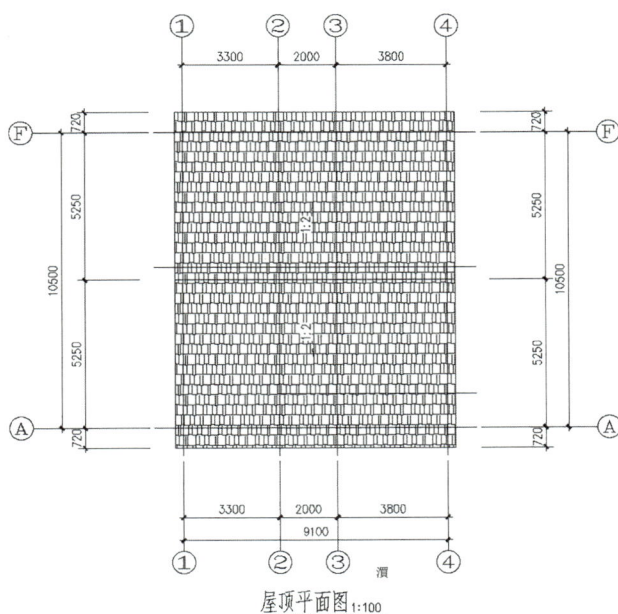

图 8.1.1

创建迹线屋顶

8.1.2　屋顶的绘制与编辑

1）迹线屋顶的绘制和编辑

步骤 1：在项目浏览器中，把视图切换到"03-屋顶平面"。在"建筑"面板中的"屋顶"面板下拉列表中选择"迹线屋顶"命令，把屋顶族定义为"基本屋顶：屋顶-120"，进入绘制屋顶轮廓的迹线模式，如图 8.1.2 所示。

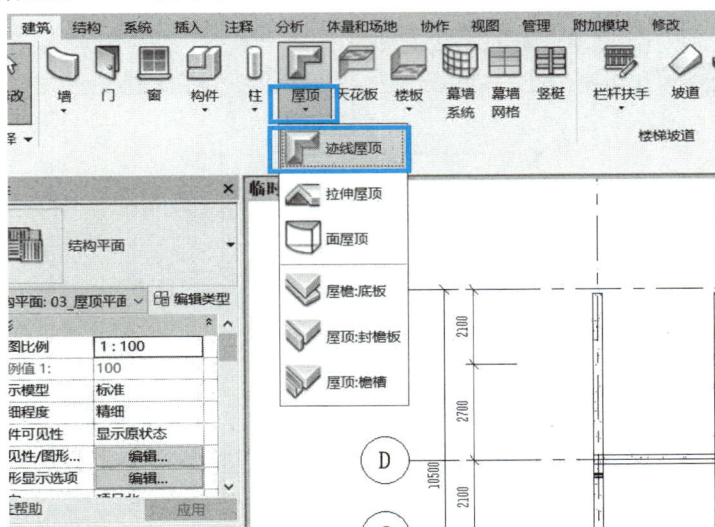

图 8.1.2

步骤2：进入迹线模式，绘制屋顶轮廓。单击鼠标左键，将取消选中命令栏下方的"定义坡度"前面小方框中的"√"，使用直线的方式绘制屋顶轮廓，如图8.1.3所示。

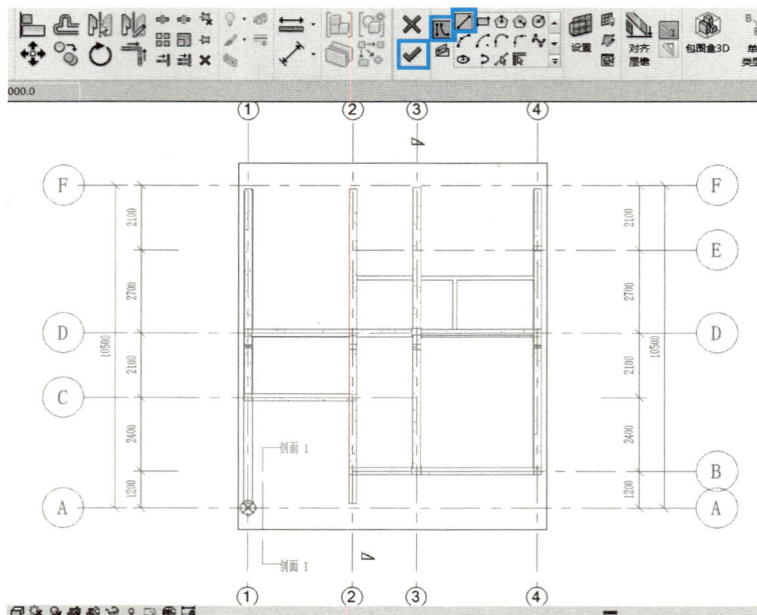

图8.1.3

步骤3：连续按2次键盘上的"Esc"键，退出迹线绘制模式，进入轮廓线编辑模式，分别选中Ⓕ轴线一侧与Ⓐ轴线一侧的屋顶轮廓线，在参数栏中勾选"定义坡度"，并在迹线旁边的文本框中输入坡度值26.57°，如图8.1.4所示。

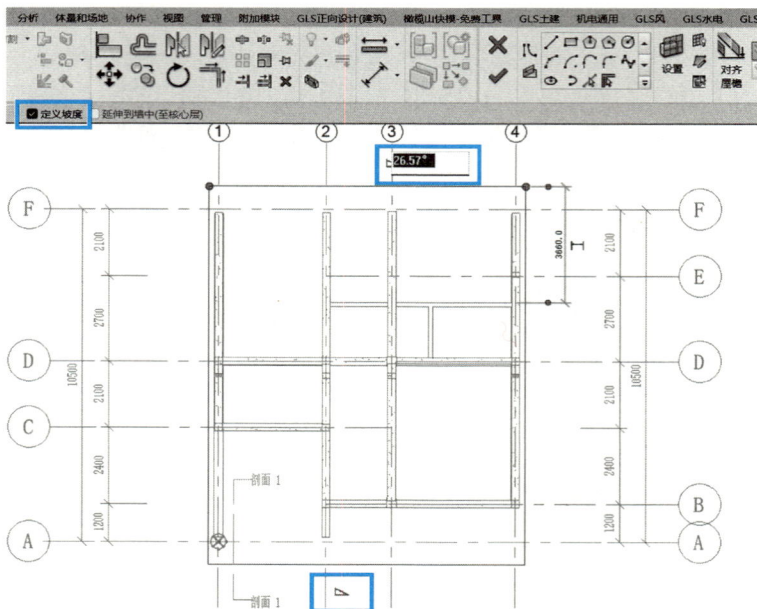

图8.1.4

步骤 4：完成轮廓绘制后，单击模式面板中的"√"，生成坡屋顶，并在屋顶"属性"中将"自标高度偏移值"修改为"-434.8"，完成屋顶的创建，如图 8.1.5 所示。

完成后的屋顶如图 8.1.6 所示。

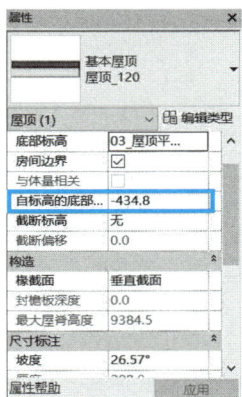

图 8.1.5

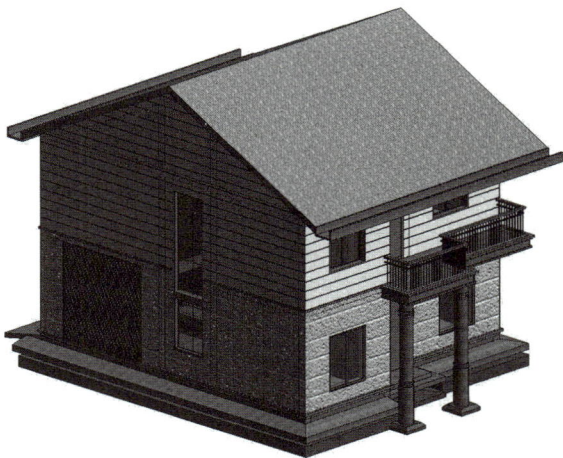

图 8.1.6

创建拉伸屋顶

2）拉伸屋顶的创建和编辑

步骤 1：在项目浏览器中，将视图切换到"03-屋顶平面"。在"建筑"选项卡的"屋顶"面板下拉列表中选择"拉伸屋顶"命令，把屋顶族定义为"基本屋顶：屋顶-120"，进入绘制拉伸屋顶草图模式，如图 8.1.7 所示。

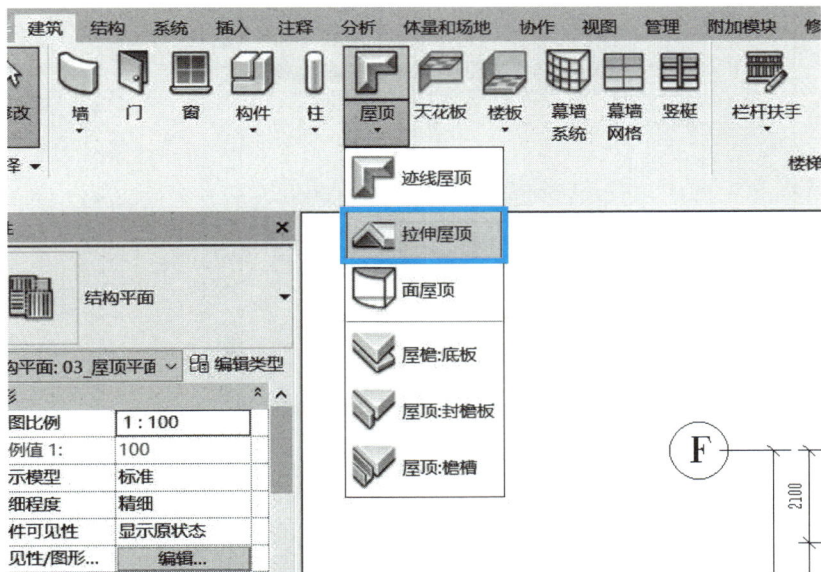

图 8.1.7

步骤2:在①轴线左侧绘制拉伸屋顶起点参照面,拾取参照面,如图8.1.8、图8.1.9所示。

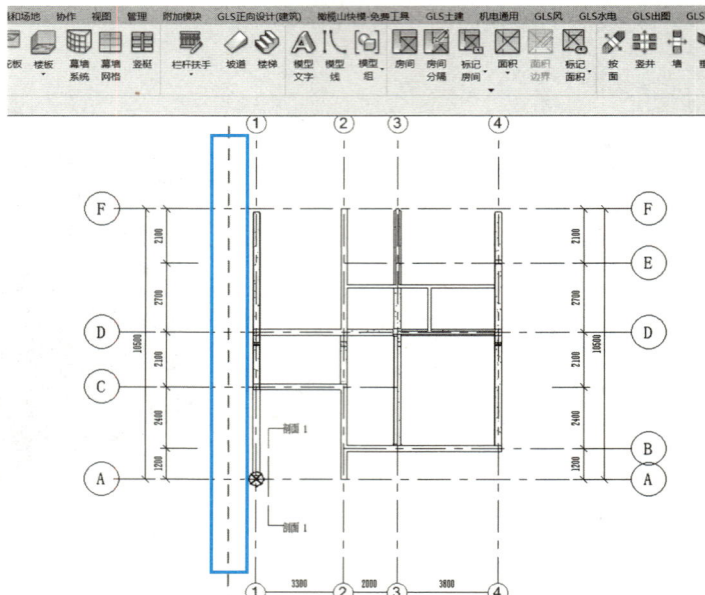

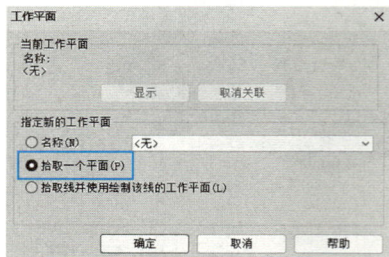

图8.1.8

图8.1.9

步骤3:在弹出的对话框中,选择转到"立面:西"视图,如图8.1.10所示。

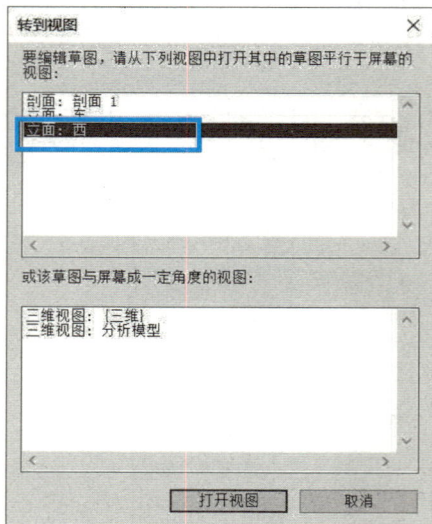

图8.1.10

步骤4:绘制拉伸屋顶草图轮廓,在"属性"中把拉伸起点参数设置为"0.0",把拉伸终点参数设置为"9640.0",如图8.1.11所示。

步骤5:参数设置完成后,单击模式中的"√",完成拉伸屋顶的创建,如图8.1.12所示。

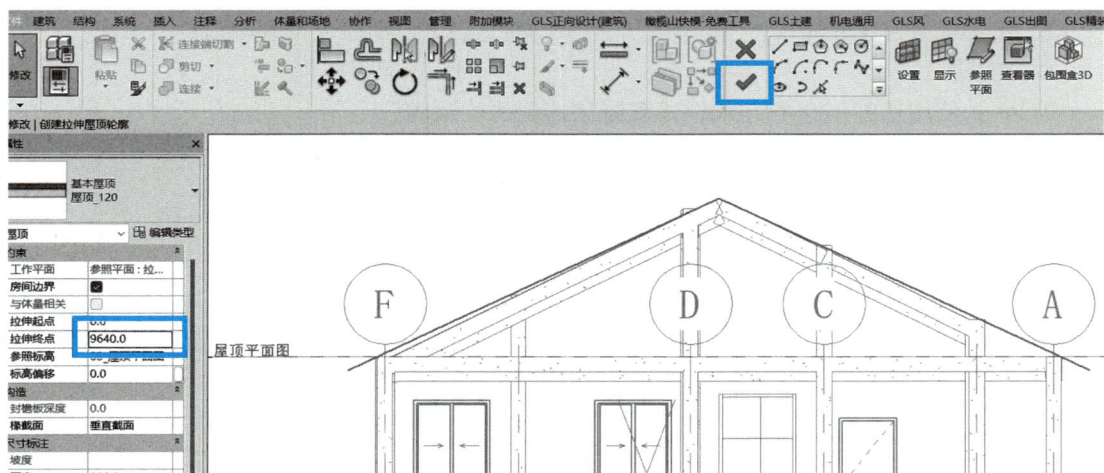

图 8.1.11

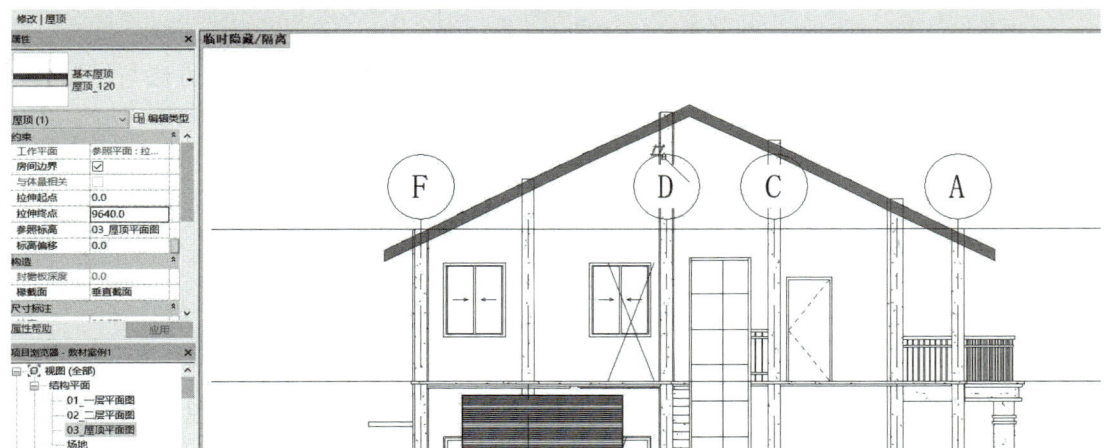

图 8.1.12

练一练

1. 精读工作图纸,明确要求;

2. 分析要求,个人或按组草拟方案,完善方案并实施(可参考附录 2)。

任务评价

教师详细记录各组学生学习表现(纪律情况、讨论情况、展示情况、工作成果),指导学生进行组间评价。教师给出各组平均分,下课后学生组内互评给出每个成员本次任务的成绩。肯定优点的同时,指出问题并给出改进建议等(相关表格参考附录 1)。

任务巩固

一、选择题

1. Revit 创建屋顶模型常用的方式是( )。

A. 迹线屋顶和拉伸屋顶　　　　　　　　　B. 平屋顶
C. 坡屋顶　　　　　　　　　　　　　　　D. 老虎窗屋顶

2. Revit 使用迹线屋顶的方式创建坡屋顶的主要步骤为(　　　)。

A. 定义坡度→屋顶标高→迹线模式绘制草图轮廓→生成坡屋顶
B. 屋顶标高→迹线模式绘制草图轮廓→定义坡度→生成坡屋顶
C. 迹线模式绘制草图轮廓→屋顶标高→定义坡度→生成坡屋顶
D. 屋顶标高→定义坡度→迹线模式绘制草图轮廓→生成坡屋顶

3. Revit 创建拉伸屋顶的主要步骤为(　　　)。

A. 拾取工作面→切换视图→绘制轮廓→生成屋顶
B. 绘制轮廓→拾取工作面→切换视图→生成屋顶
C. 切换视图→拾取工作面→绘制轮廓→生成屋顶
D. 切换视图→绘制轮廓→拾取工作面→生成屋顶

二、操作题

1. 根据施工图,绘制案例图纸中的坡屋顶。

2. 根据自己所掌握的知识体系,对迹线屋顶与拉伸屋顶的知识点、绘制方法与绘制技巧进行融会贯通,与同学讨论交流,并能绘制更复杂的坡屋顶。

任务 8.2　屋檐的创建

任务描述

根据案例项目施工图,基于完成的屋顶模型,完成屋檐详图的识读。绘制屋檐轮廓族,并根据屋檐图纸和详图,完成屋檐的模型创建。

任务目标

知识目标	1. 识读施工图纸屋檐构件类型、屋檐材质、屋檐剖面轮廓详图等信息; 2. 设置屋檐类型属性,新建屋檐族类型; 3. 识读屋檐轮廓数据,创建屋檐轮廓族; 4. 修改、编辑屋檐,替换屋檐轮廓族
能力目标	1. 能掌握屋檐施工图的识读方法,会准确识读图纸信息; 2. 能掌握屋檐系统族与轮廓族族类型的选择方法,能新建屋檐轮廓族类型并保存和载入轮廓族; 3. 能掌握屋檐模型的创建方法
素养目标	1. 树立严谨、务实、认真的学习和工作态度; 2. 树立良好的职业道德和社会责任意识; 3. 学习工匠精神,爱岗敬业,团结合作,为成为"大国工匠"而不懈奋斗

任务实施

任务分工

根据学生座位,将学生分成5~8人一组,由小组成员共同讨论设置组号,并推选小组组长,完成分组表格(也可按照前面任务的分组延续进行)。

班级			组号		指导教师	
成员	学号		姓名	学号		姓名
			(组长)			
任务分工						

任务导航 1

在绘制屋檐前,需要对屋檐大样图进行识读。

引导问题1:屋檐的主要功能是_____。

引导问题2:屋檐上的排水沟称为檐沟,檐沟分为_____和_____,是落水系统的组成部分,需要搭配竖向落水管完成落水和排水。

8.2.1 屋檐图纸的识读

在建筑图中,找到屋檐详图。图中屋檐高度 H 和屋檐宽度 B 的具体数值可自行设计定义,如图8.2.1所示。

8.2.2 屋檐的绘制与编辑

步骤1:绘制屋檐轮廓族。单击"文件"→"新建",在弹出的二级菜单中,单击新建"族",如图8.2.2所示。

步骤2:选择"公制轮廓"族样板,创建屋檐轮廓族,如图8.2.3所示。

屋檐的创建

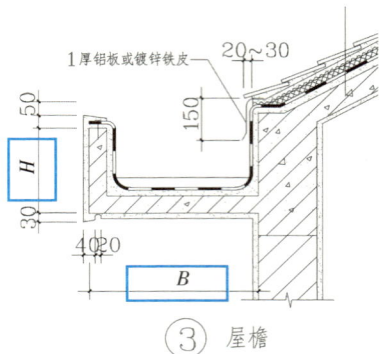

图 8.2.1

图 8.2.2

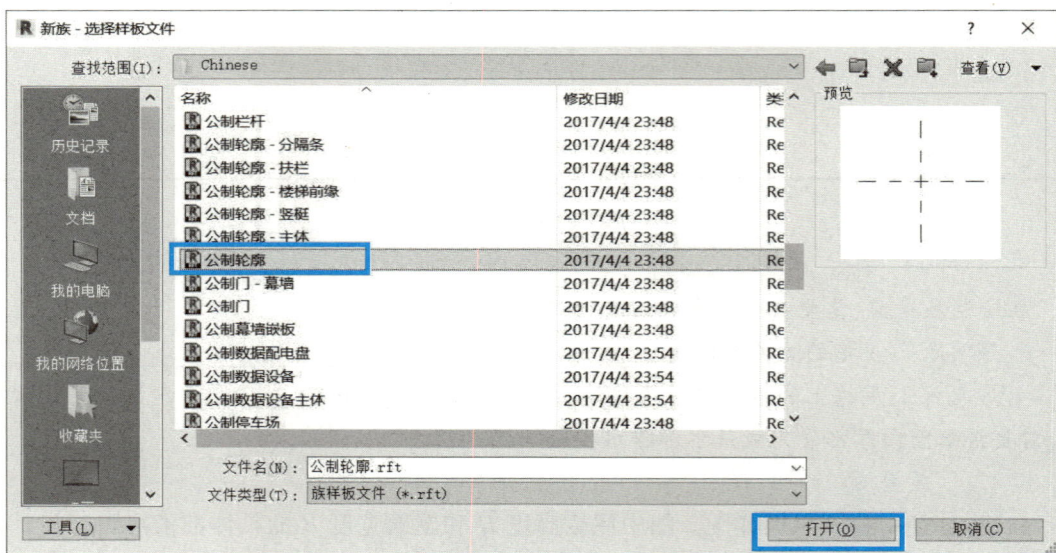

图 8.2.3

步骤3：按照屋檐详图，使用直线绘制屋檐轮廓族，把高度 H 的数值定义为"240"，把宽度 B 的数值定义为"620"。屋檐轮廓绘制完成后，保存族并命名为"屋檐"，载入项目中，如图 8.2.4 所示。

步骤4：单击"建筑"→"屋顶"→"屋顶:檐槽"，如图 8.2.5 所示。

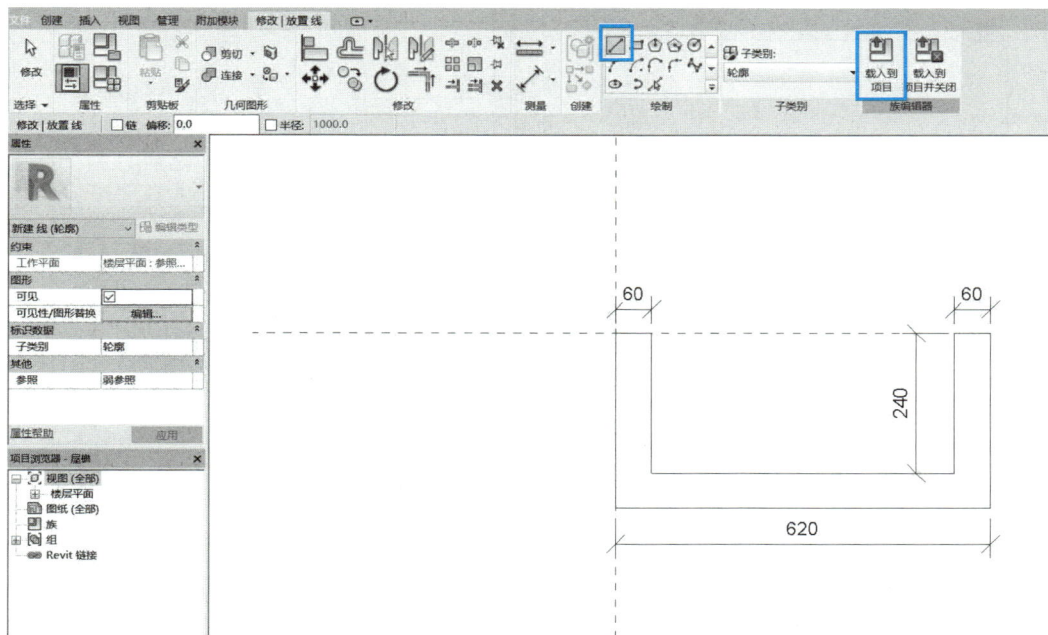

图 8.2.4

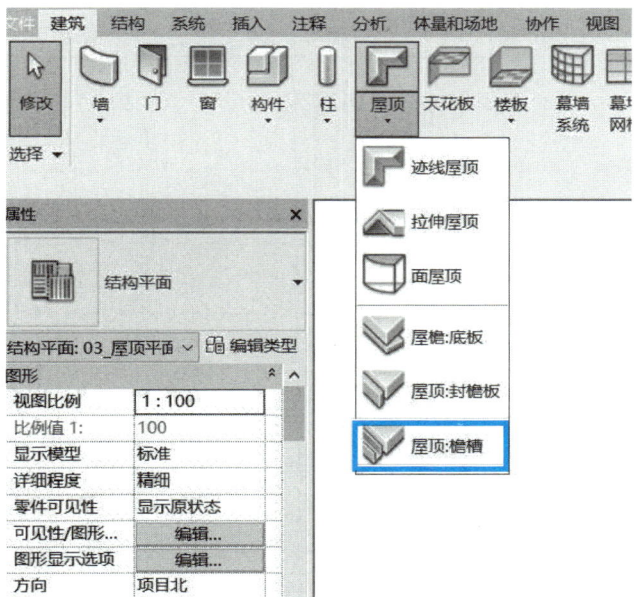

图 8.2.5

步骤 5：在檐沟"属性"中单击"编辑类型"，打开"类型属性"对话框，在"轮廓"参数中，把屋檐轮廓族选为步骤 3 载入的屋檐族，单击"确定"按钮，进入屋檐绘制状态，如图 8.2.6 所示。

步骤 6：单击屋顶平面视图中需要创建屋檐的屋顶轮廓边线，自动生成檐沟，如图 8.2.7 所示。

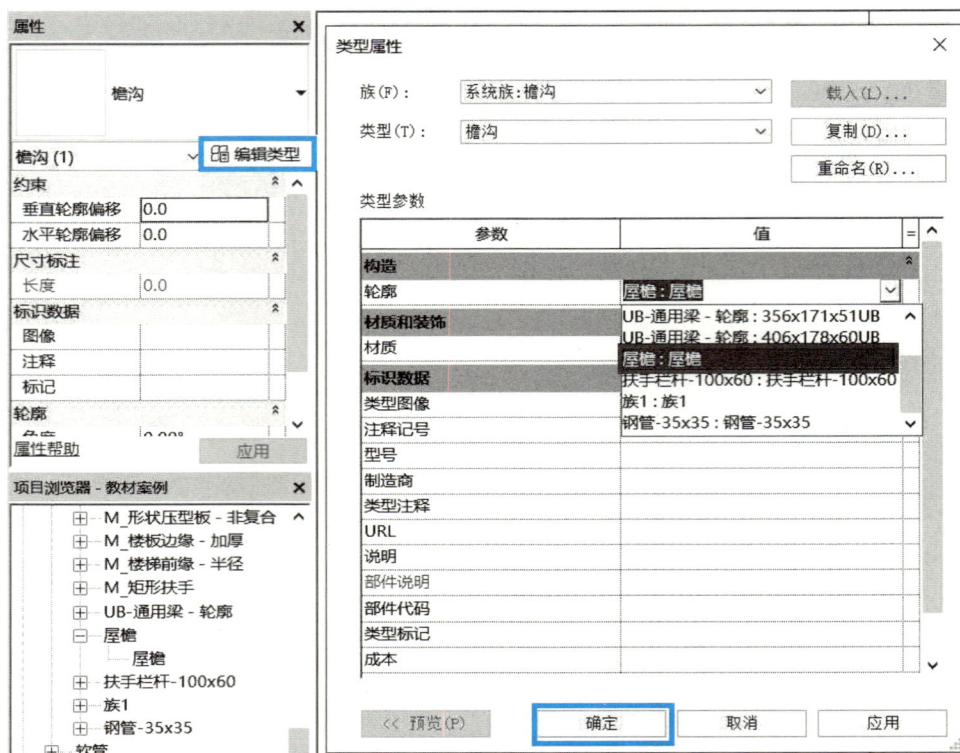

图 8.2.6

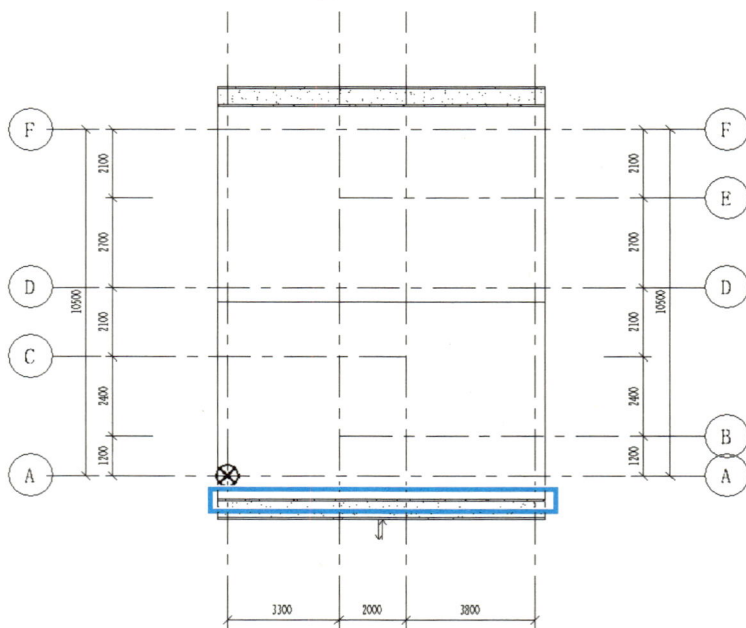

图 8.2.7

练一练

1.精读工作图纸,明确要求;

2.分析要求,个人或按组草拟方案,完善方案并实施(可参考附录2)。

任务评价

教师详细记录各组学生学习表现(纪律情况、讨论情况、展示情况、工作成果),指导学生进行组间评价。教师给出各组平均分,下课后学生组内互评给出每个成员本次任务的成绩。肯定优点的同时,指出问题并给出改进建议等(相关表格参见附录1)。

任务巩固

一、选择题

1.下列属于 Revit 屋顶附属构件的是(　　　)。

A.坡屋顶　　　　　　　　　　　　　B.拉伸屋顶

C.屋顶:檩条　　　　　　　　　　　D.屋顶:屋檐

2.关于屋檐的创建方法,下列说法不正确的是(　　　)。

A.屋檐在屋顶的基础上创建　　　　B.创建屋檐必须创建屋檐轮廓族

C.创建屋檐无须创建屋檐轮廓族　　D.生成屋檐需要单击屋顶轮廓边线

3.创建屋檐的主要步骤为(　　　)。

A.载入族→绘制屋檐轮廓族→屋顶:屋檐命令→单击屋顶轮廓

B.屋顶:屋檐命令→绘制屋檐轮廓族→载入族→单击屋顶轮廓

C.绘制屋檐轮廓族→载入族→屋顶:屋檐命令→单击屋顶轮廓

D.单击屋顶轮廓→绘制屋檐轮廓族→载入族→屋顶:屋檐命令

二、操作题

1.对照建筑施工图中的屋檐详图,绘制案例图纸中的屋檐。

2.屋檐:底板、屋顶:封檐板建模方法和屋檐建模方法一致,请同学们自行绘制。

项目 9 内建模型和场地建模

任务 9.1 内建模型的创建

任务描述

根据案例项目施工图,完成内建模型的识读并进行模型创建。

任务目标

知识目标	掌握施工图与详图的识读
能力目标	掌握内建体量的创建及编辑方式
素养目标	养成细心的读图、识图素养,识读数据保证准确无误,修改模型时有耐心,反复核对

任务实施

任务分工

根据学生座位,将学生分成 5~8 人一组,由小组成员讨论设置组号,并推选小组组长,完成分组表格(也可按照前面任务的分组延续进行)。

班级			组号			指导教师	
成员	学号	姓名			学号		姓名
			(组长)				
任务 分工							

任务导航1

创建内建模型前,首先对内建模型基本信息进行识读,本节任务主要讲解创建内建模型的方法与步骤,模型数据可以从图纸上获取,也可以自定义。

引导问题1:内建模型与族模型分别有＿＿＿＿＿＿＿＿＿＿＿＿＿＿几种。

知识链接1

9.1.1   拉伸

步骤1:新建一个建筑样板项目,单击"建筑"→"构件"→"内建模型",在弹出的"族类别和族参数"对话框中选中"常规模型",如图9.1.1所示。注意:这里可以根据你要绘制的模型类别来选择模型,也可以随意选择。

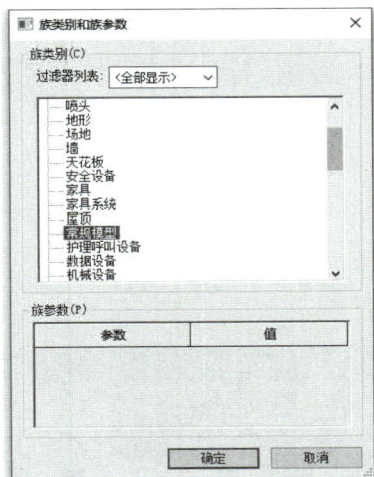

图9.1.1

步骤2:确定后在弹出的"名称"对话框中输入"1",单击"确定"按钮,如图9.1.2所示。

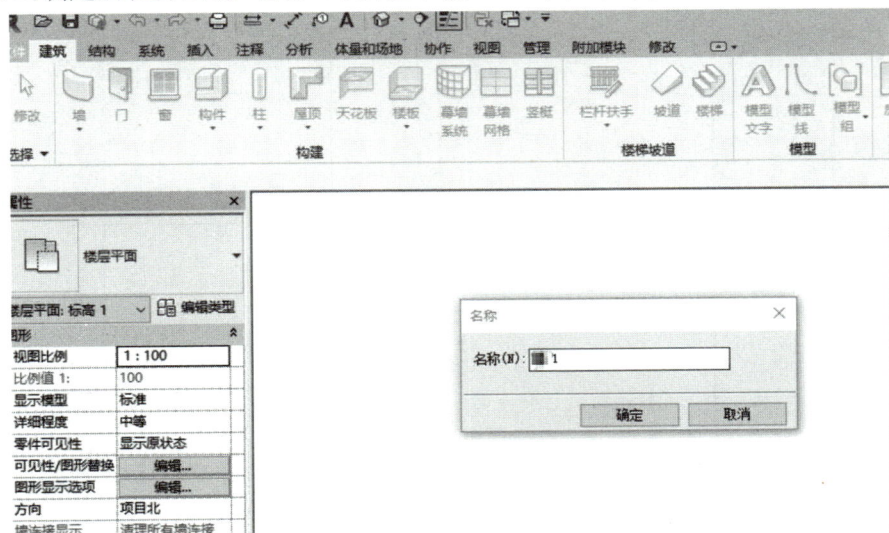

图9.1.2

步骤3:选择"创建"选项卡→"形状"→"拉伸",进入拉伸创建界面,如图9.1.3所示。

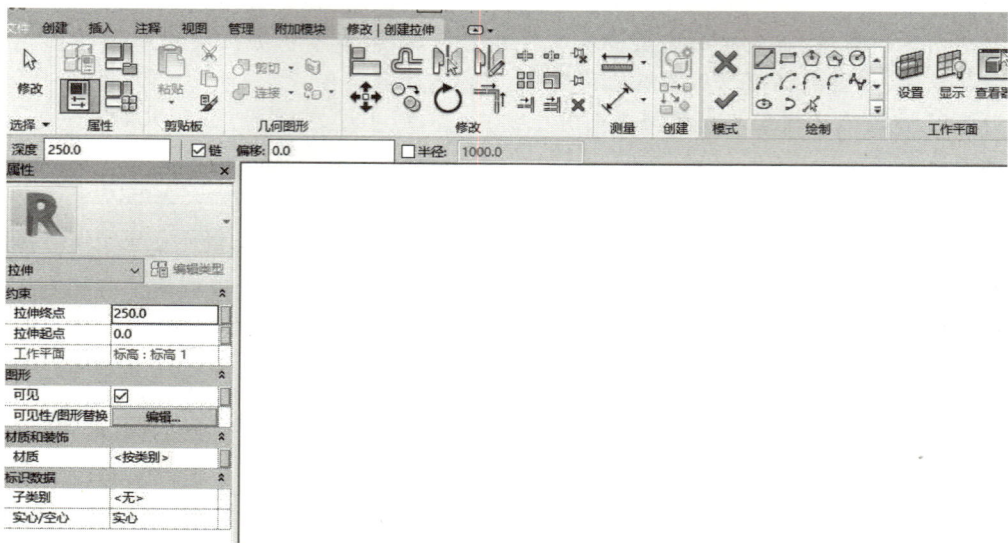

图9.1.3

步骤4:在"修改|创建拉伸"选项卡中选择"绘制"→"矩形",创建一个任意尺寸的矩形,如图9.1.4所示。

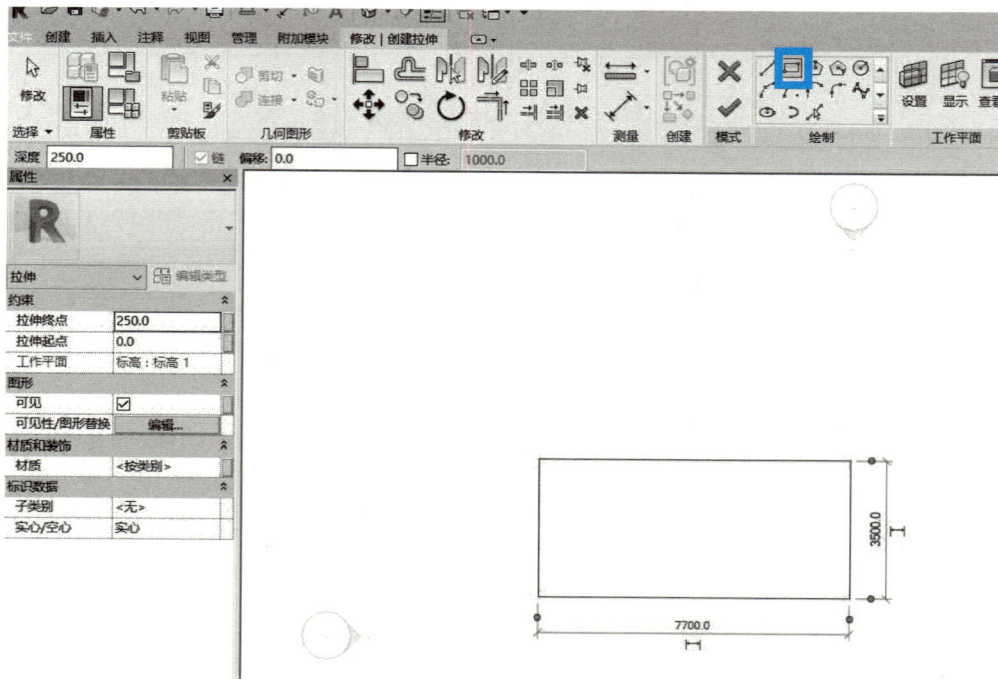

图9.1.4

步骤5:在"属性"栏中找到"拉伸终点"并修改为"1000.0",如图9.1.5所示。

步骤6:在"修改|创建拉伸"选项卡中选择"模式"→单击绿色"√"完成创建,切换至三

维视图,如图 9.1.6 所示。

注意:这里的长方体高度就是前面输入的拉伸终点参数。

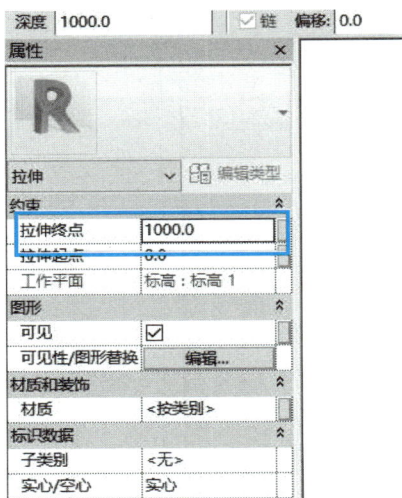

图 9.1.5

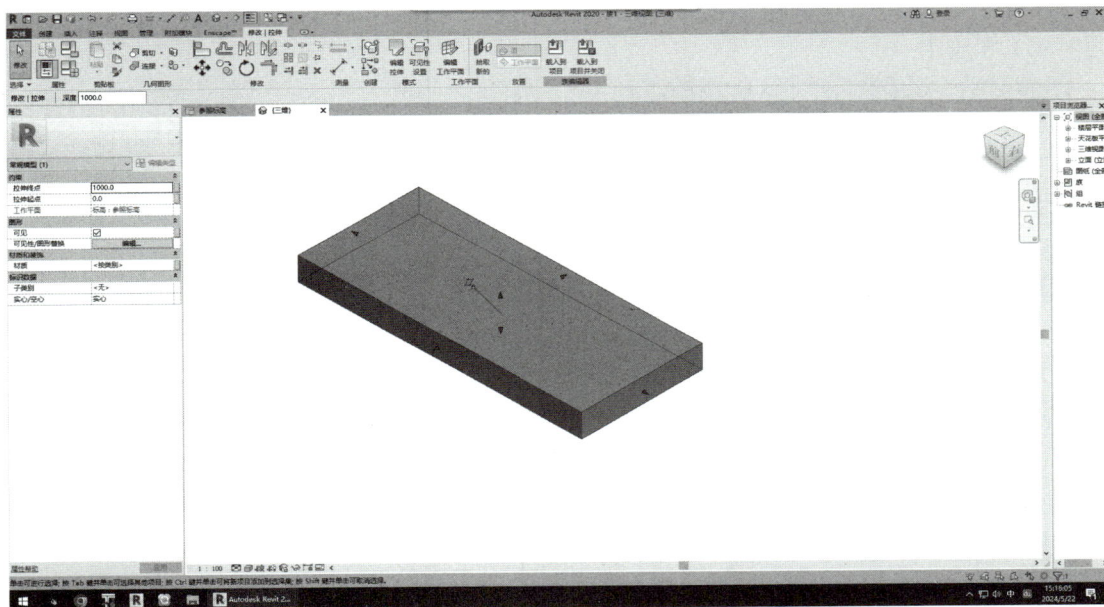

图 9.1.6

任务导航 2

引导问题 2:融合操作中,主要用到的界面工具有"项目浏览器"、_____和_____。

知识链接 2

9.1.2   融合

步骤 1:接上一任务,删除拉伸的长方体,在项目浏览器中选择"工作平面"→"标高 1",在

"创建"选项卡中选择"形状"→"融合",进入融合创建界面,如图 9.1.7 所示。

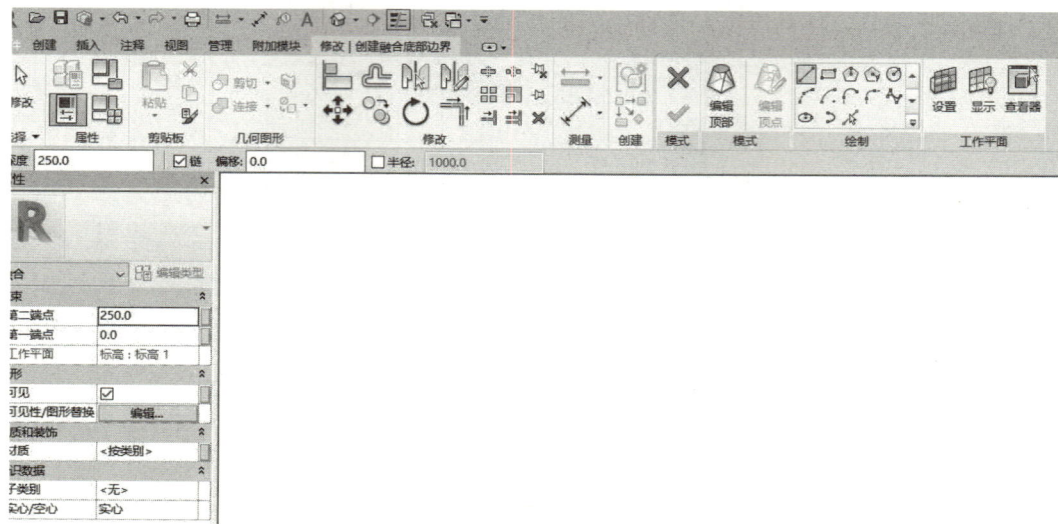

图 9.1.7

步骤 2:在"修改|创建融合底部边界"选项卡选择"绘制"→"矩形",创建任意尺寸矩形,如图 9.1.8 所示。

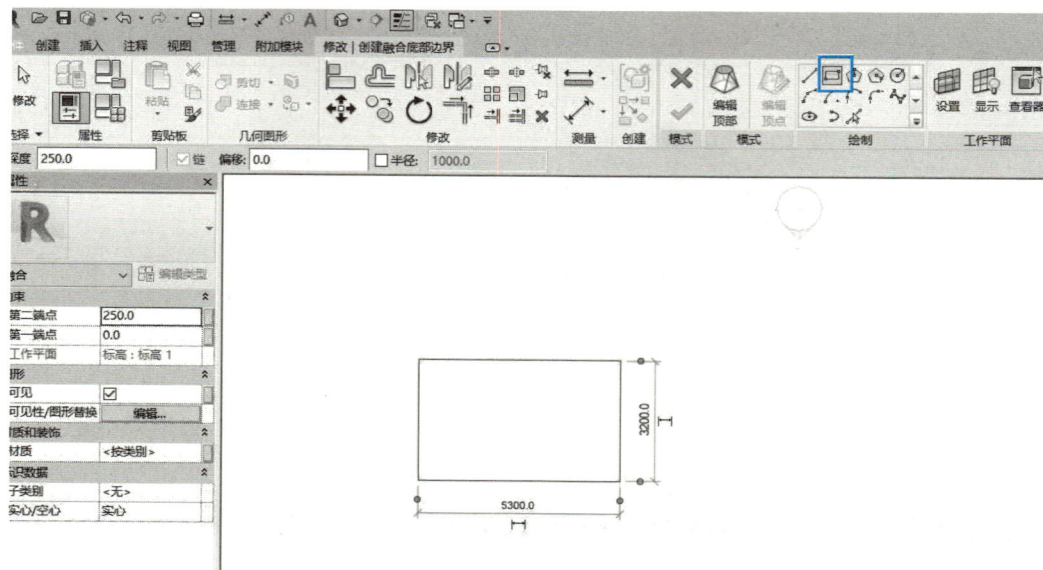

图 9.1.8

步骤 3:在"修改|创建融合底部边界"选项卡选择"模式"→"编辑顶点"→"绘制"→"圆形",创建任意尺寸圆形,如图 9.1.9 所示。

步骤 4:在"属性"栏选择"约束",将"第二端点"修改为"3000.0",在"修改|融合"选项卡中选择"模式"→单击绿色"√"完成创建,切换至三维视图,如图 9.1.10 所示。

注意:在这里,点端点就是顶部与底部的距离。

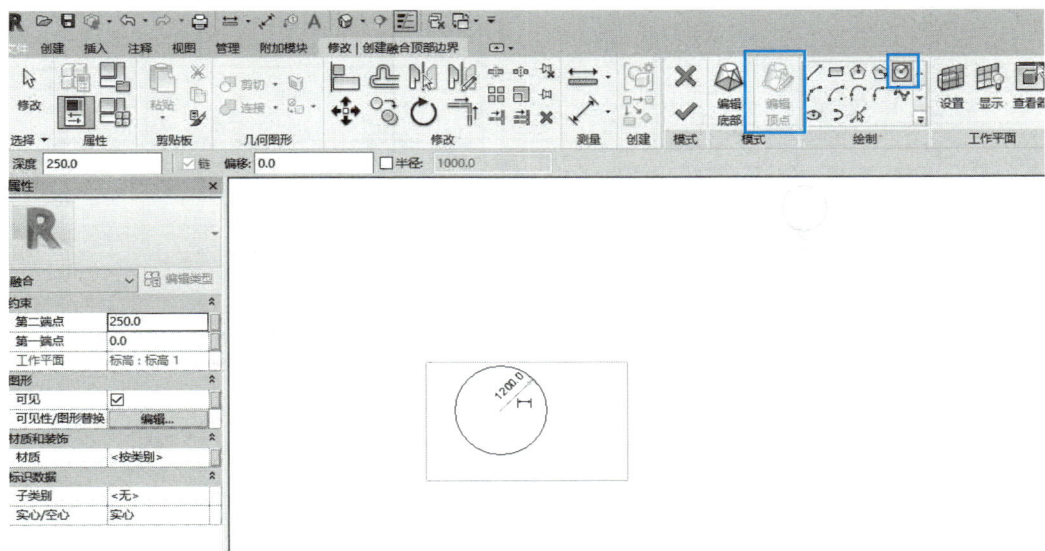

图 9.1.9

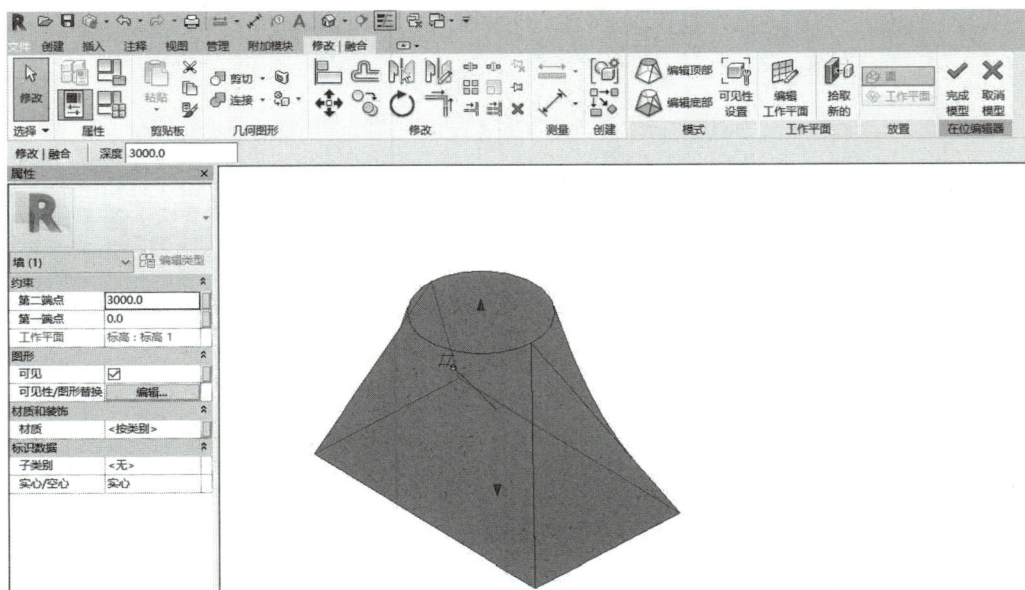

图 9.1.10

知识链接 3

9.1.3　旋转

步骤 1：接上一任务删除融合的模型，在项目浏览器中选择"工作平面"→"标高 1"，在"创建"选项卡中选择"形状"→"旋转"，进入创建旋转界面，如图 9.1.11 所示。

步骤 2：在"修改｜创建旋转"选项卡选择"绘制"→"边界线"→"矩形"，创建任意尺寸矩形，如图 9.1.12 所示。

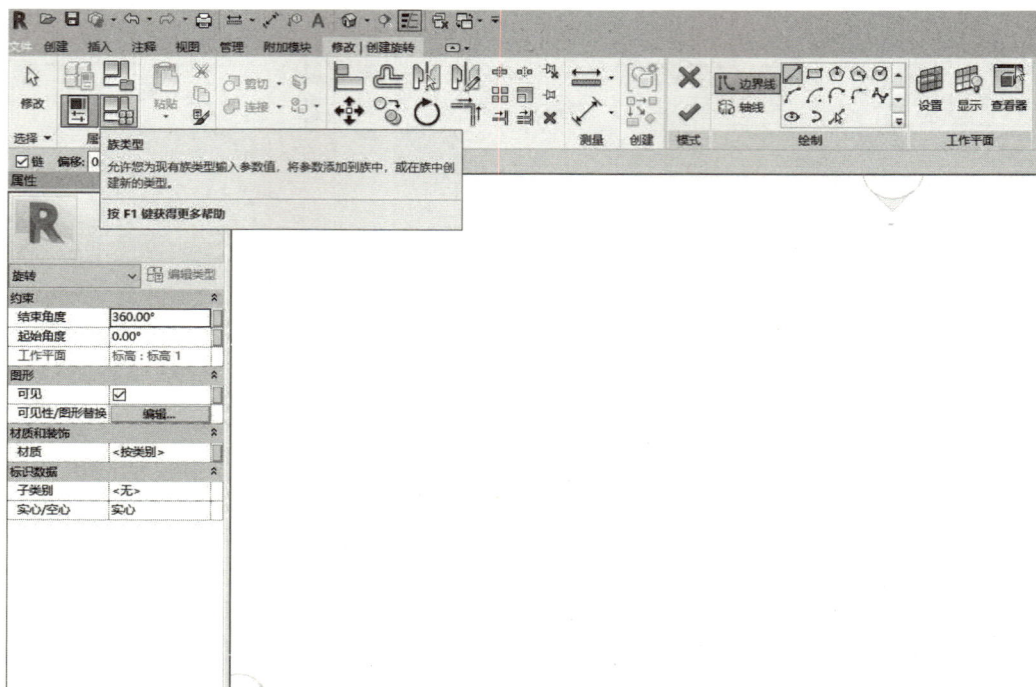

图 9.1.11

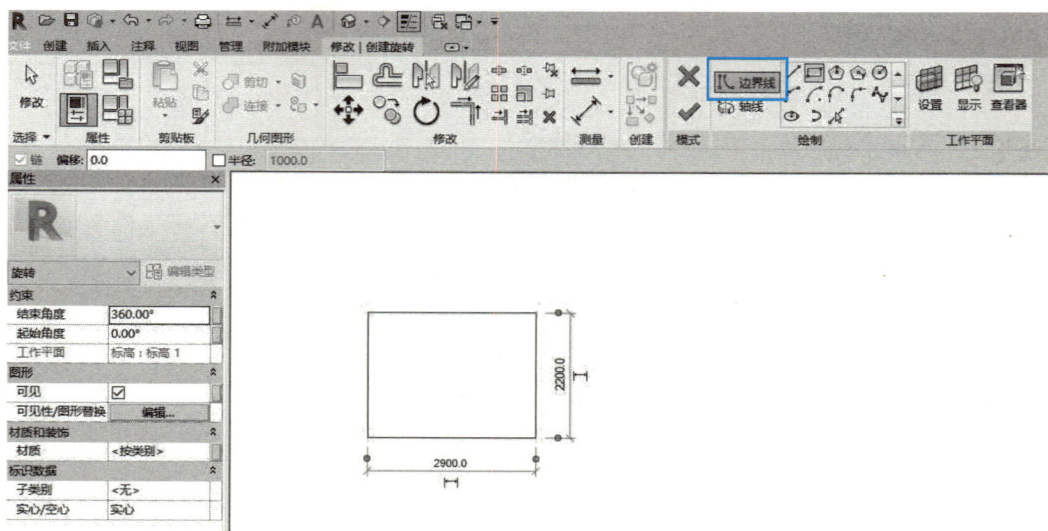

图 9.1.12

步骤 3:在"修改|创建旋转"选项卡选择"绘制"→"轴线"→"直线",绘制一根让矩形围绕其旋转的轴线,如图 9.1.13 所示。

步骤 4:在"属性"栏选择"约束"→"结束角度"→"起始角度",可以将角度修改为你想要的角度;在"修改|旋转"选项卡中选择"模式",单击绿色"√"完成创建,切换至三维视图,如图 9.1.14 所示。

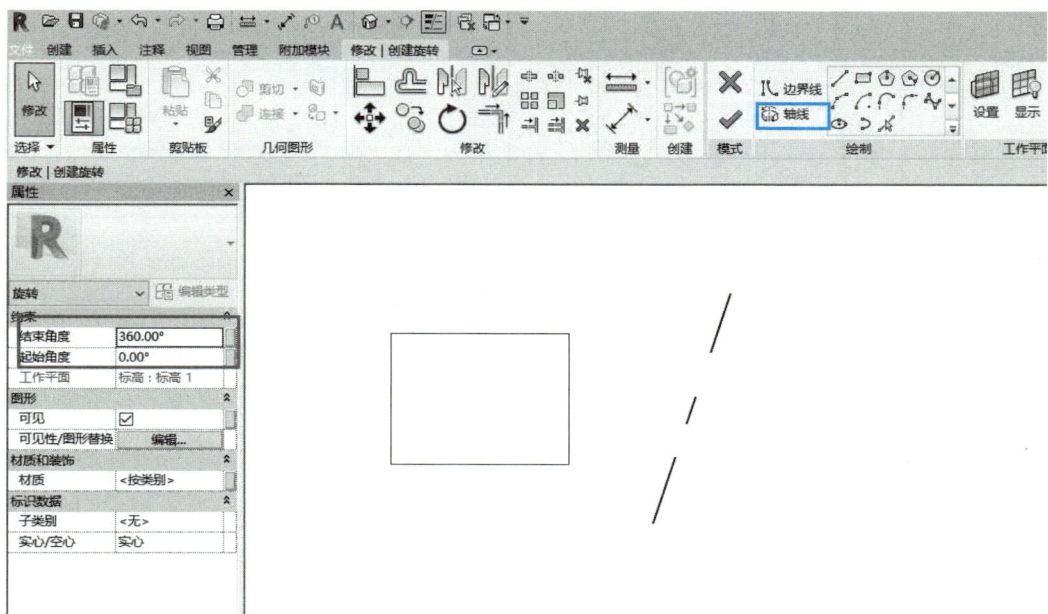

图 9.1.13

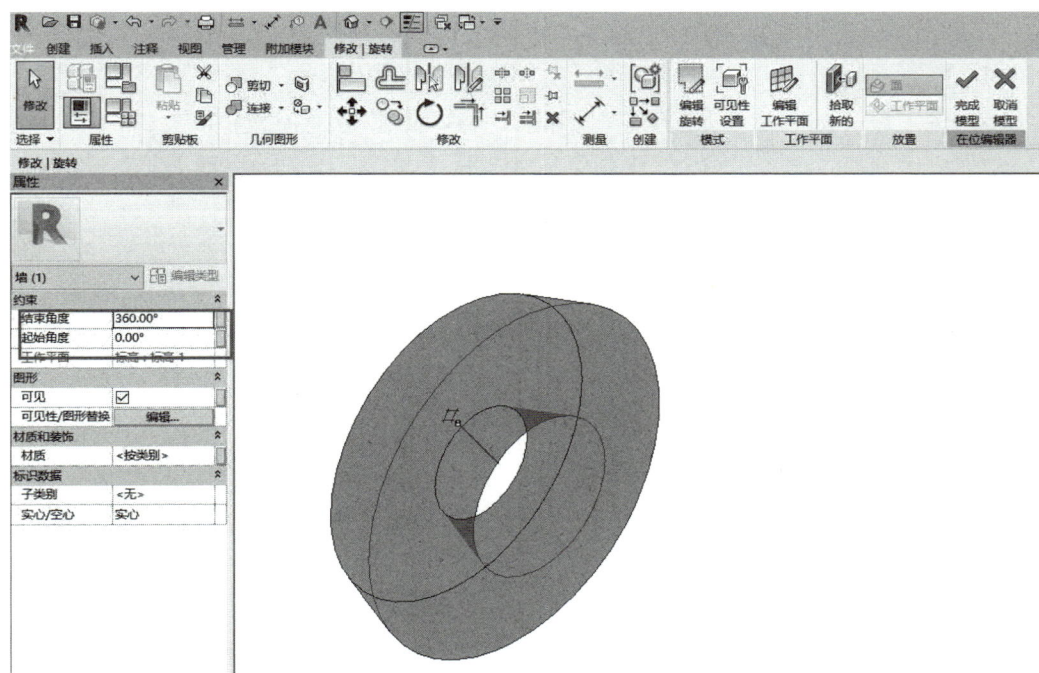

图 9.1.14

知识链接 4

9.1.4　放样

步骤 1:接上一任务删除旋转的模型,在项目浏览器中选择"楼层平面"→"标高 1",在

"创建"选项卡中选择"形状"→"修改|放样",进入放样创建界面,如图9.1.15所示。

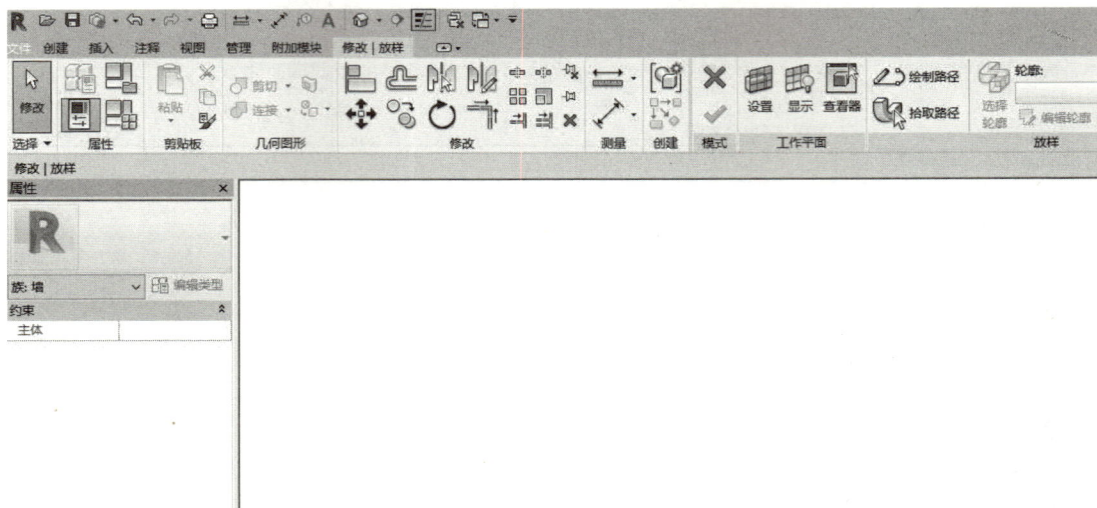

图9.1.15

步骤2:在"修改|放样"选项卡中选择"放样"→"绘制路径"→"绘制"→"直线",绘制一条任意路径,在"修改|放样"选项卡中选择"模式",单击绿色"√"完成创建,如图9.1.16所示。

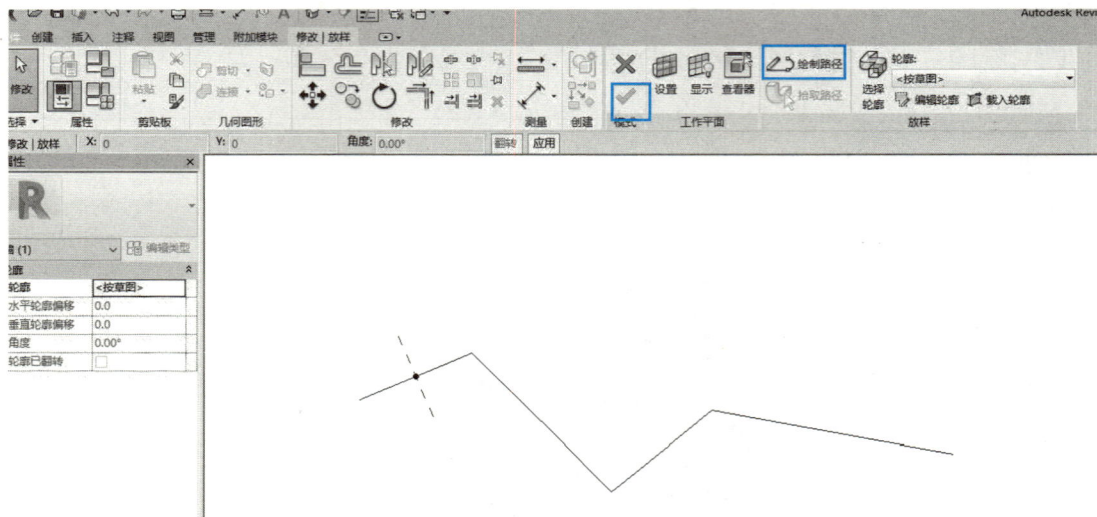

图9.1.16

步骤3:在"修改|放样"选项卡中选择"放样"→"编辑轮廓",在弹出的"转到视图"对话框中选择"立面:西",打开视图,如图9.1.17所示。

步骤4:在"修改|放样>编辑轮廓"选项卡中选择"绘制"→"直线",创建任意轮廓,在"修改|放样>编辑轮廓"选项卡中选择"模式",单击绿色"√"完成轮廓创建,如图9.1.18所示。

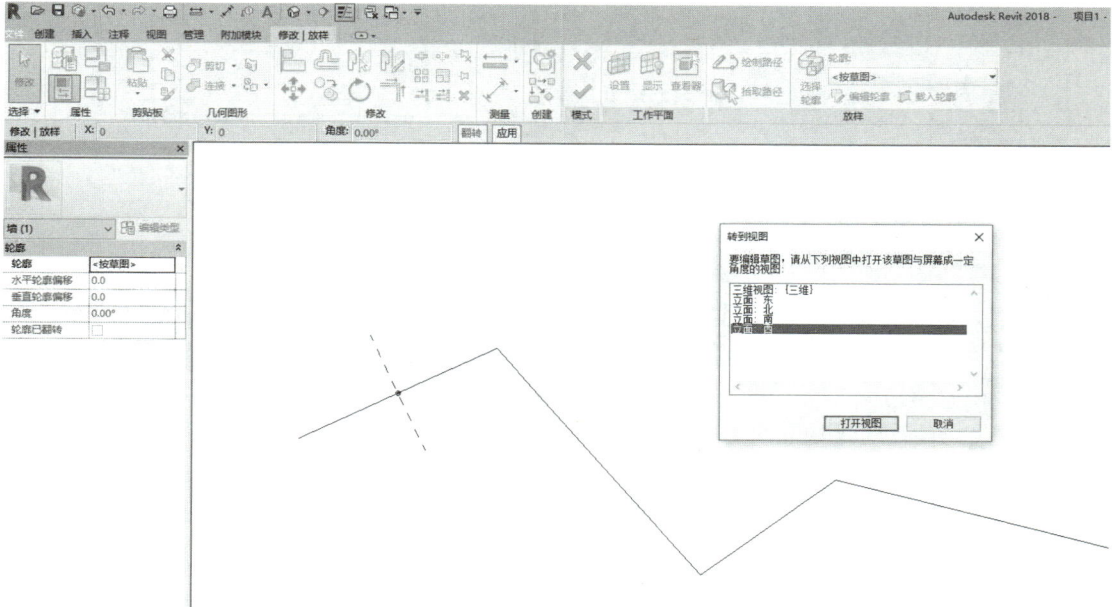

图 9.1.17

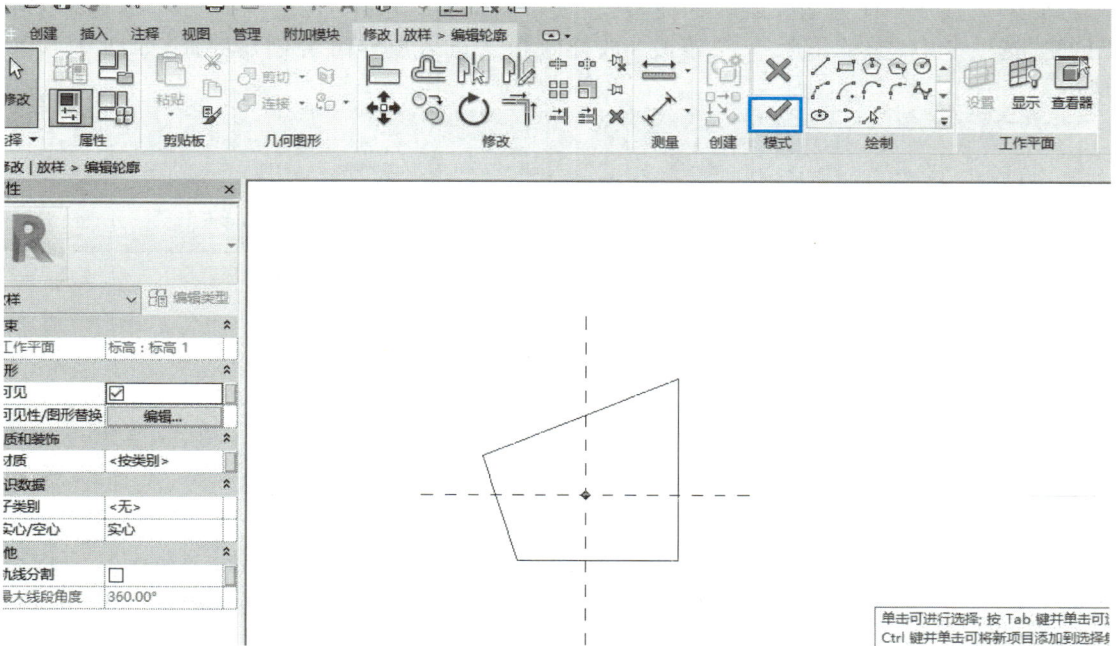

图 9.1.18

步骤 5:在"修改|放样"选项卡中选择"模式",单击绿色"√"完成轮廓创建,切换至三维视图,如图 9.1.19 所示。

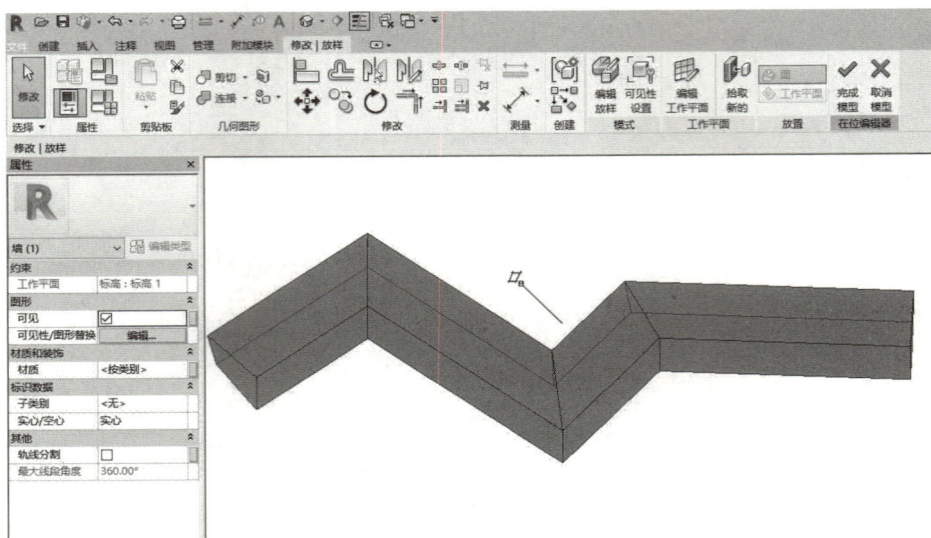

图 9.1.19

知识链接 5

9.1.5　放样融合

步骤 1:接上一任务删除旋转的模型,在项目浏览器中选择"楼层平面"→"标高 1",在"创建"选项卡中选择"形状"→"修改|放样融合",进入放样融合创建界面,如图 9.1.20 所示。

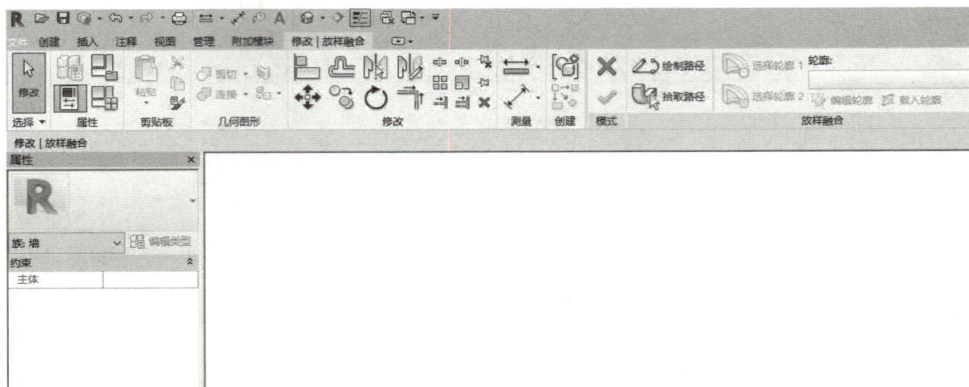

图 9.1.20

步骤 2:在"修改|放样融合"选项卡中选择"放样融合"→"绘制路径"→"绘制"→"样条曲线",绘制一条任意路径;在"修改|创建放样"选项卡中选择"模式",单击绿色"√"完成创建,如图 9.1.21 所示。

步骤 3:在"修改|放样融合"选项卡中选择"放样"→"选择轮廓 1"→"编辑轮廓",在弹出的"转到视图"对话框中选择"立面:西",打开视图,如图 9.1.22 所示。

步骤 4:在"修改|放样融合>编辑轮廓"选项卡中选择"绘制"→"矩形",创建任意矩形轮廓;在"修改|放样>编辑轮廓"选项卡中选择"模式",单击绿色"√"完成第一轮廓创建,如图 9.1.23 所示。

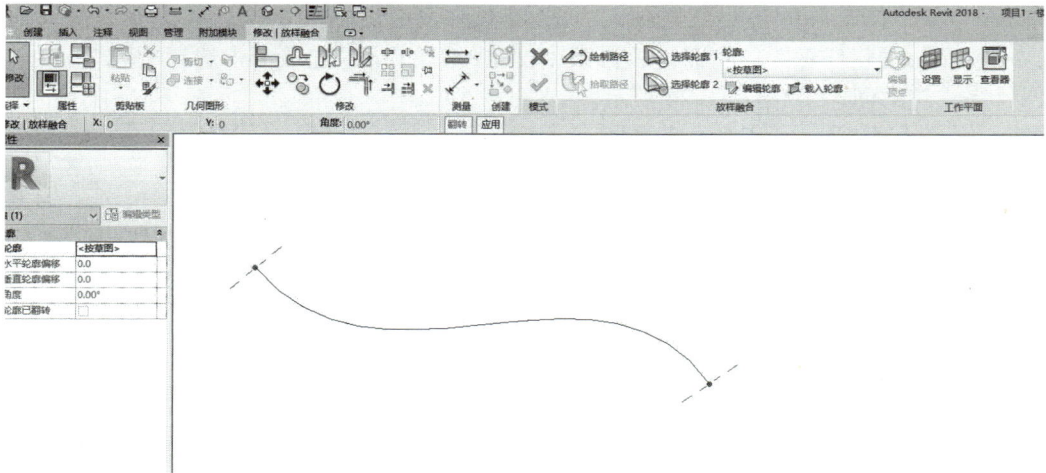

图 9.1.21

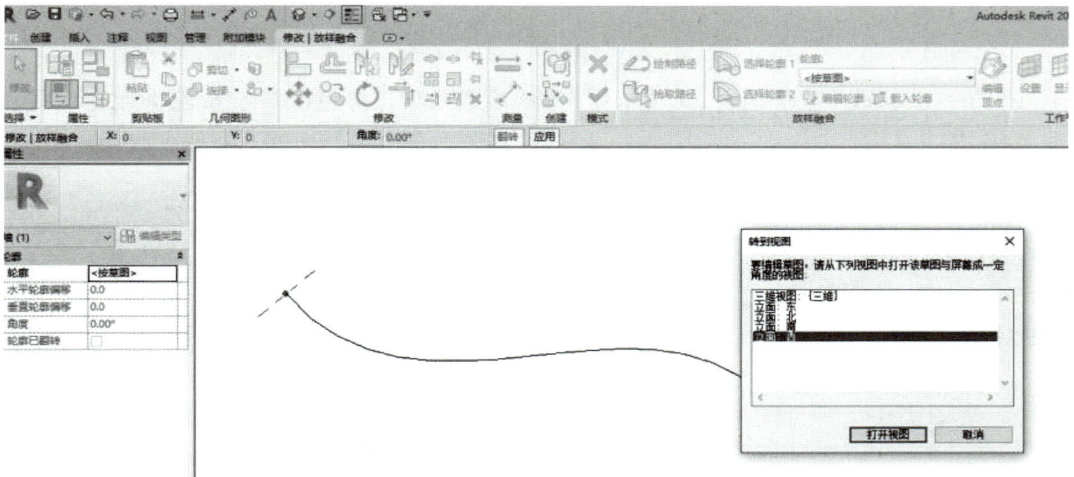

图 9.1.22

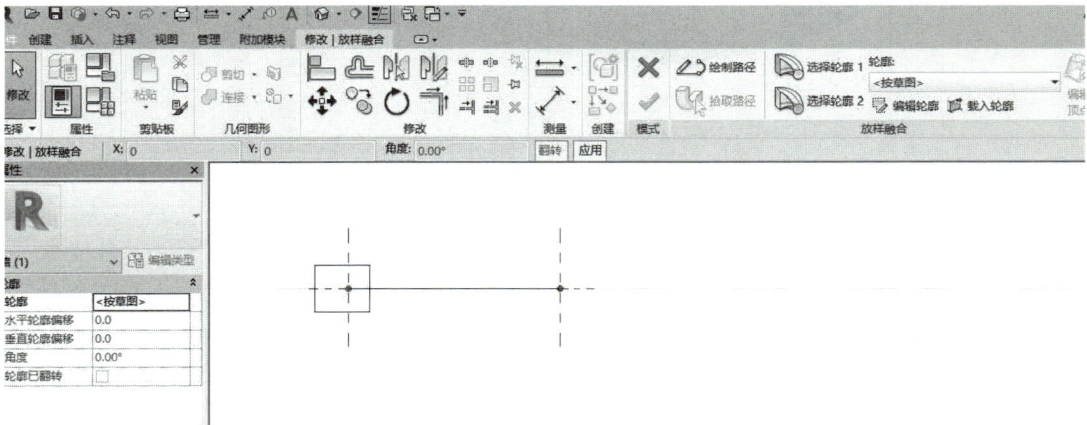

图 9.1.23

步骤5：在"修改│放样融合"选项卡中选择"放样"→"选择轮廓2"→"编辑轮廓"→"绘制"→"圆形"，创建任意圆形轮廓；在"修改│放样>编辑轮廓"选项卡中选择"模式"，单击绿色"√"完成轮廓创建，如图9.1.24所示。

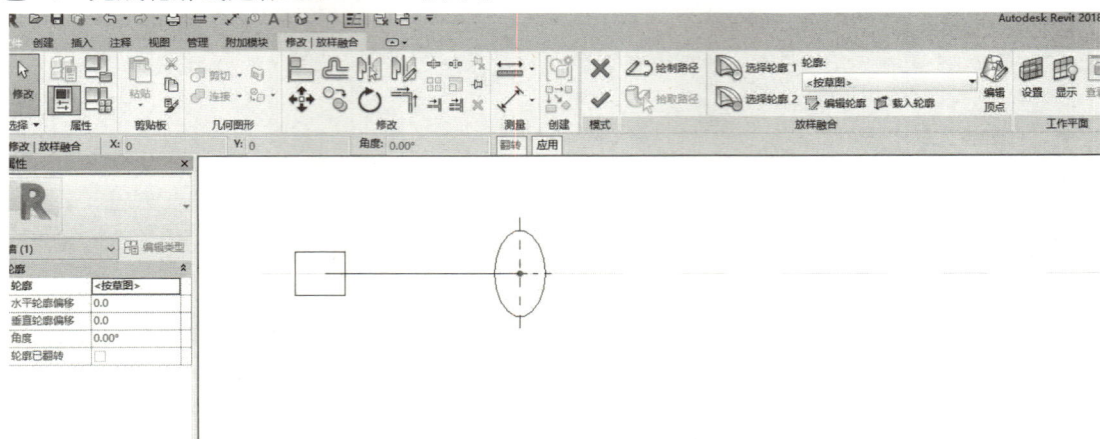

图 9.1.24

步骤6：在"修改│放样融合"选项卡中选择"模式"，单击绿色"√"完成轮廓创建，切换至三维视图，图9.1.25所示。

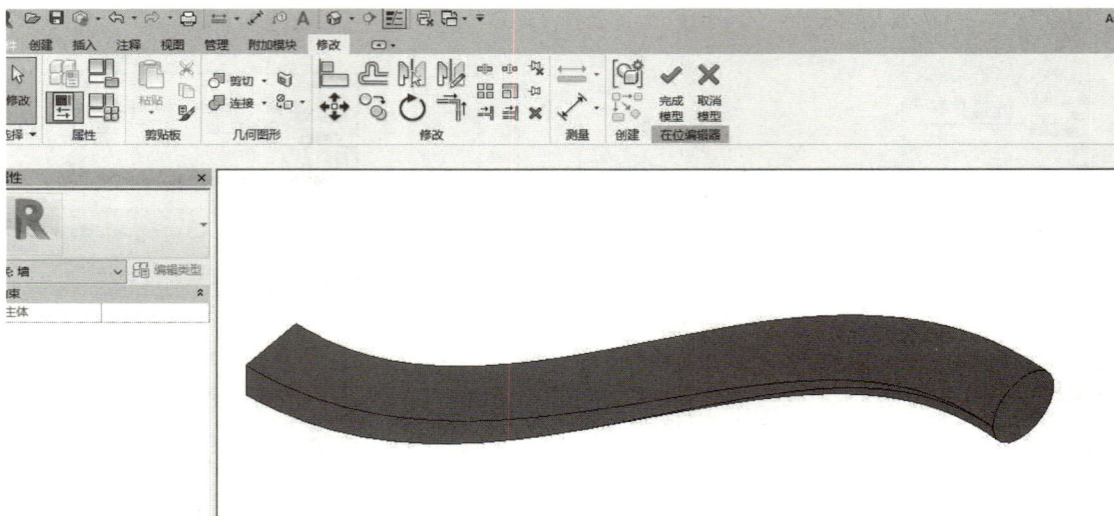

图 9.1.25

知识链接6

9.1.6 空心形状

步骤1：接上一任务删除放样融合的模型，在项目浏览器中选择"楼层平面"→"标高1"，然后随意创建一个构件模型，在"创建"选项卡中选择"形状"→"空心形状"→"空心拉伸"→"绘制"→"矩形"，创建任意一个图形调整拉伸终点，如图9.1.26所示。

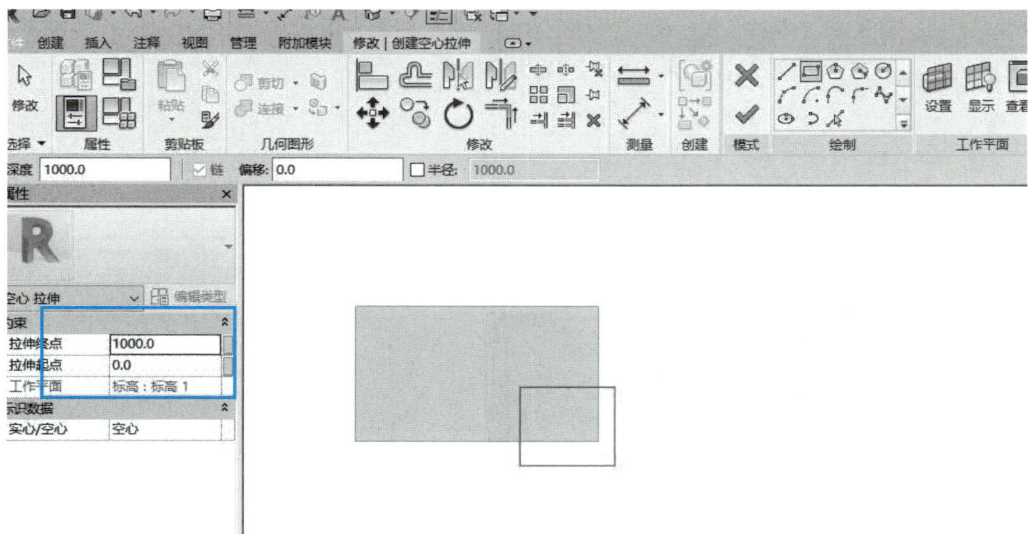

图 9.1.26

步骤 2:单击"修改|创建空心拉伸"→"模式",单击绿色"√"完成创建,切换至三维视图,如图 9.1.27 所示(其他空心绘制方式与实体相同)。

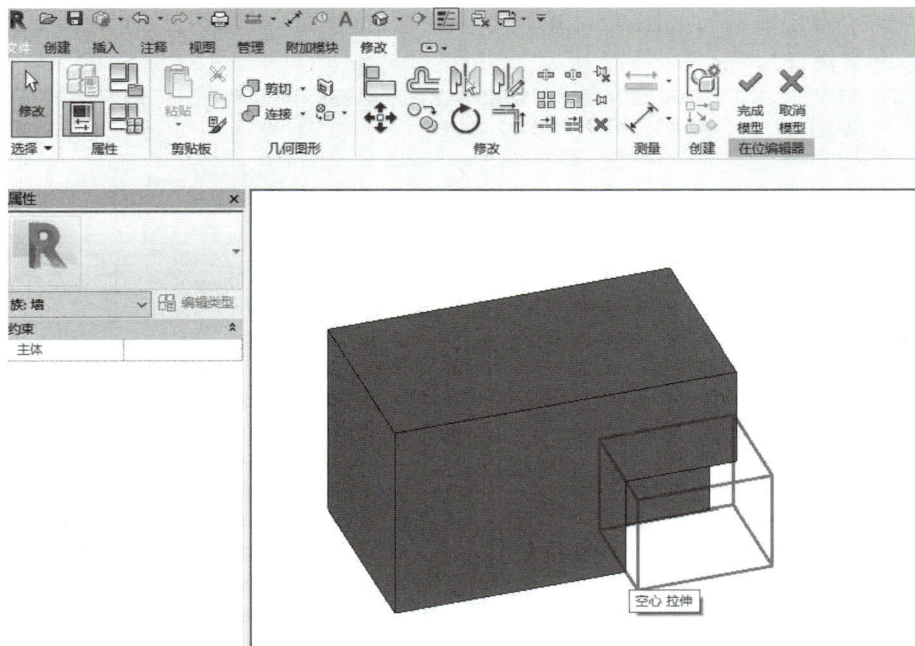

图 9.1.27

知识链接 7

9.1.7　内建模型的绘制与编辑

步骤 1:打开案例模型项目文件,切换到"二层平面视图",找到要创建雨棚的位置,如图 9.1.28 所示。

内建模型的
创建

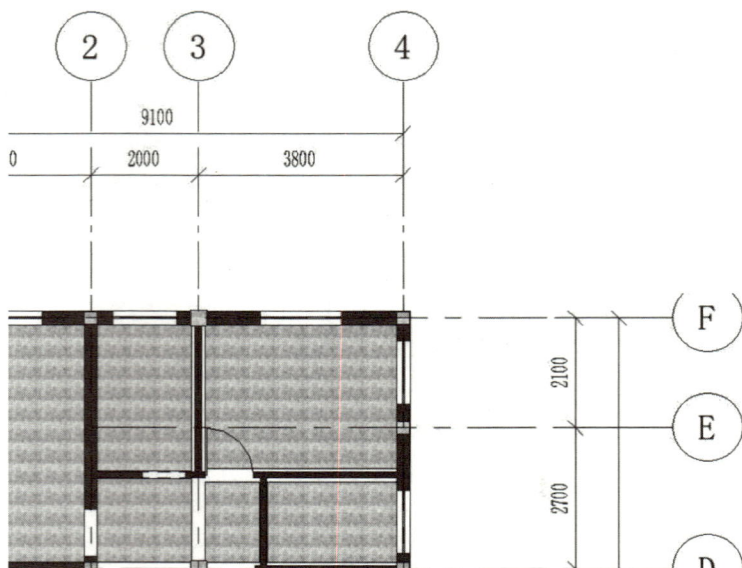

图 9.1.28

步骤 2:单击"建筑"→"构件"→"内建模型",在弹出的"族类别和族参数"对话框中选中"常规模型",如图 9.1.29 所示。注意:这里可以根据要绘制的模型类别来选择,也可以随意选择。

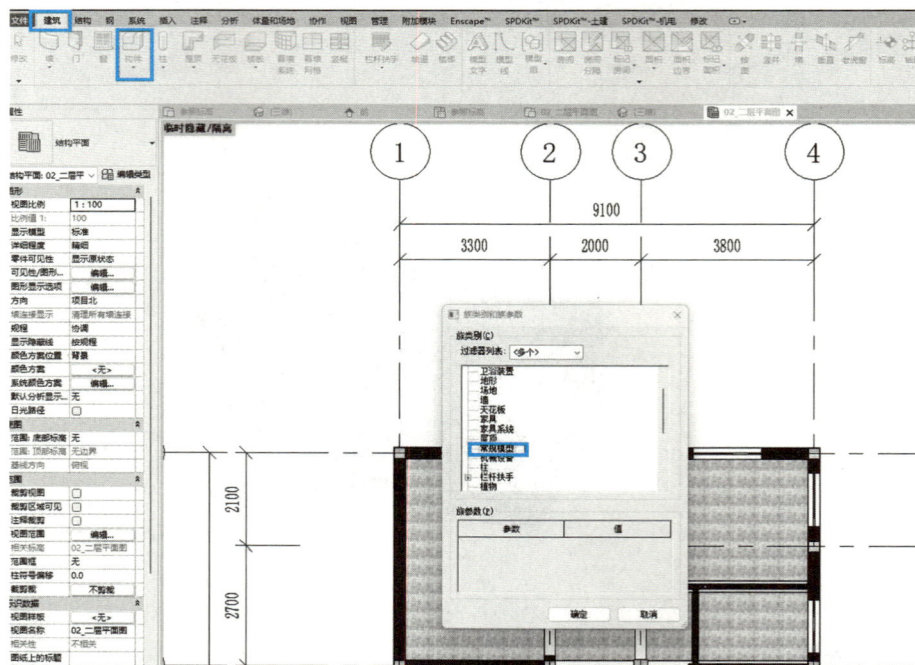

图 9.1.29

步骤 3:确定后在弹出的"名称"对话框中输入"雨棚",然后单击"确定"按钮,如图 9.1.30 所示。

图 9.1.30

步骤 4:单击"创建"→"形状"→"拉伸"→"修改│创建拉伸"→"绘制"→"矩形",根据图中的尺寸创建出雨棚轮廓,在"属性"栏单击"约束",将"拉伸终点"修改为"-800.0","拉伸起点"修改为"-900.0",如图 9.1.31 所示。

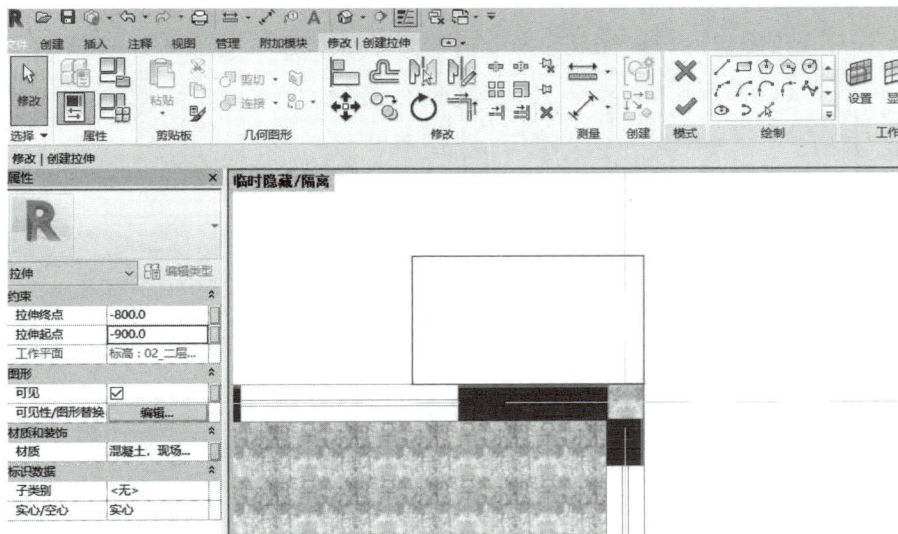

图 9.1.31

注意:这里拉伸终点为雨棚标高,拉伸起点为标高减去雨棚的厚度,由于是在二层平面中创建雨棚,所以雨棚要以二层标高为基准点向下偏移至雨棚标高位置。

步骤 5:在"属性"栏中选择"材料和装饰"→"材质",单击"按类别"后面的 3 个小点,进入"材质浏览器-CRB550"搜索框,并在其中输入"混凝土",找到"混凝土,现场浇注-C25",双击选中材质,如图 9.1.32 所示。

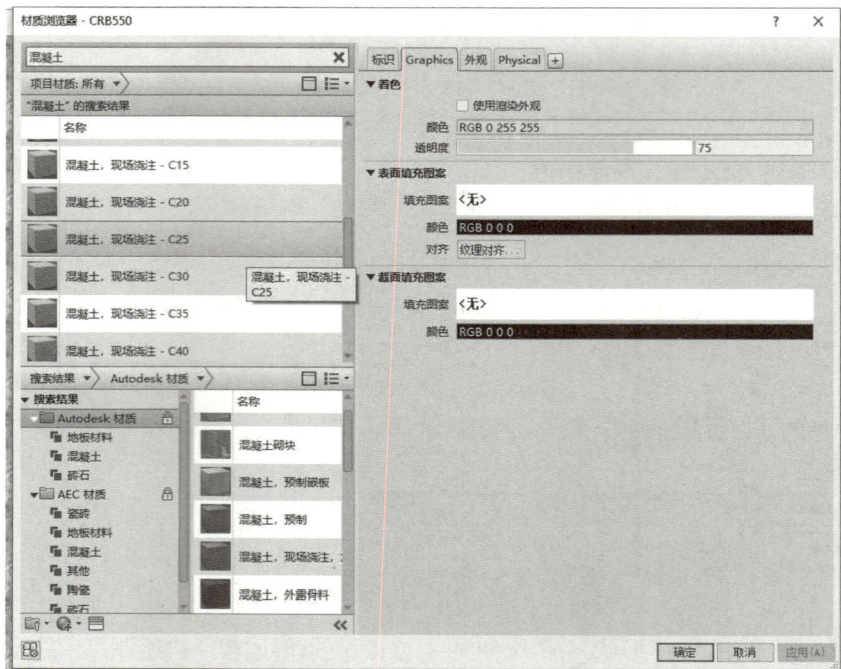

图 9.1.32

步骤 6：单击"修改｜创建拉伸"→"模式"，单击绿色"√"完成雨棚轮廓材质创建。然后单击"修改"→"在位编辑器"→"完成模型"，内建模型创建完成，如图 9.1.33 所示。

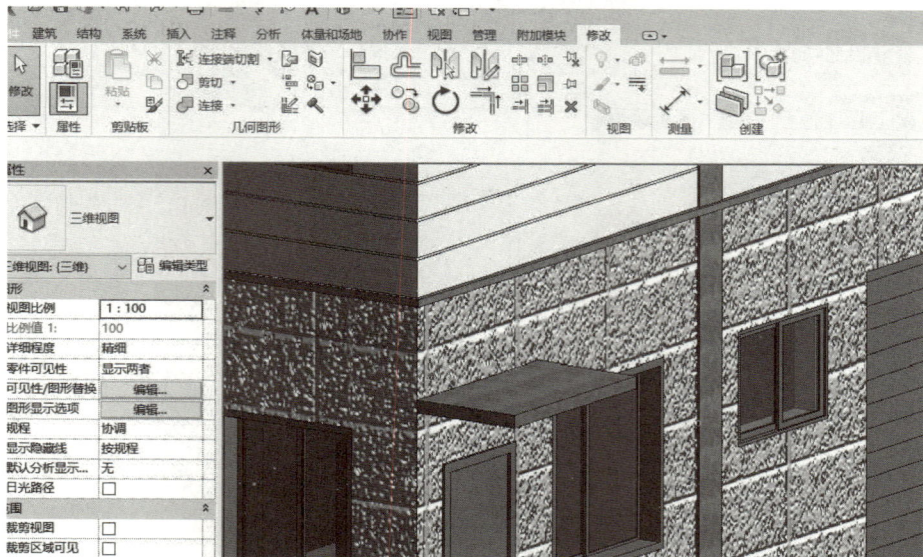

图 9.1.33

练一练

1. 精读工作图纸，明确要求；
2. 分析要求，个人或按组草拟方案，完善方案并实施（可参考附录 2）。

任务评价

教师详细记录各组学生学习表现(纪律情况、讨论情况、展示情况、工作成果),指导学生进行组间评价。教师给出各组平均分,下课后学生组内互评给出每个成员本次任务的成绩。肯定优点的同时,指出问题并给出改进建议等(相关表格参见附录1)。

任务巩固

选择题

1.在内建模型中,材质修改可通过(　　　)完成。

A.选中内建构建,在属性栏中选择添加材质

B.在单击完成模型前,选中内建构建,在属性栏中更改材质

C.创建之前先设置材质

D.无须设置自动匹配

2.内建模型定位,应该注意(　　　)。

A.无须注意自动匹配

B.需在立面图检查

C.需在平面图检查

D.需在平面和两个不同方向的立面分别检查

任务9.2　场地创建

任务描述

根据案例项目设计图纸的要求,完成场地的绘制,并绘制地形。

任务目标

知识目标	1.掌握场地相关信息的识读方法; 2.掌握场地相关要素的构成
能力目标	能够进行场地的创建及编辑
素养目标	养成细心的读图、识图素养

任务实施

任务分工

根据学生座位,将学生分成5~8人一组,由小组成员共同讨论设置组号,并推选小组组长,完成分组表格(也可按照前面任务的分组延续进行)。

班级			组号			指导教师	
成员	学号		姓名		学号		姓名
			（组长）				
任务分工							

任务导航 1

引导问题 1：放置点后，根据场地放置点的描述，要注意选择_____高程和_____高程来绘制。

知识链接 1

9.2.1 场地的绘制

之前已经介绍过很多 Revit 的绘制方法，如门窗的绘制、轴网的绘制等。下面介绍场地平面的绘制。

场地创建

步骤 1：进入 Revit 之后，新建一个建筑工程，单击"体量和场地"，进入场地的绘制，如图 9.2.1 所示。

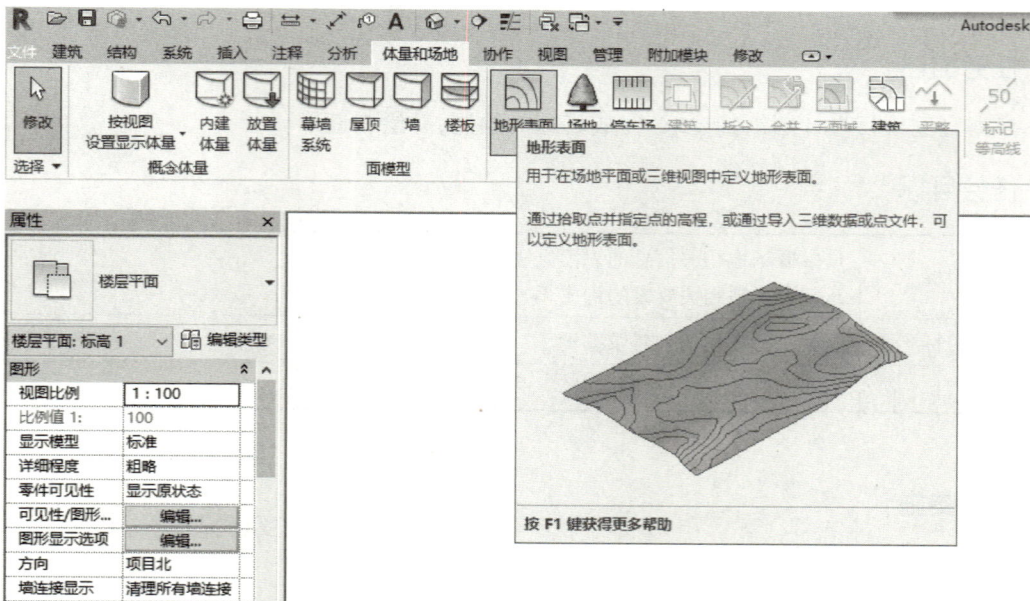

图 9.2.1

步骤 2:绘制场地前,单击"工具",选择"放置 点",选择完放置点之后,就会有一个关于场地放置点的描述,如图 9.2.2 所示。

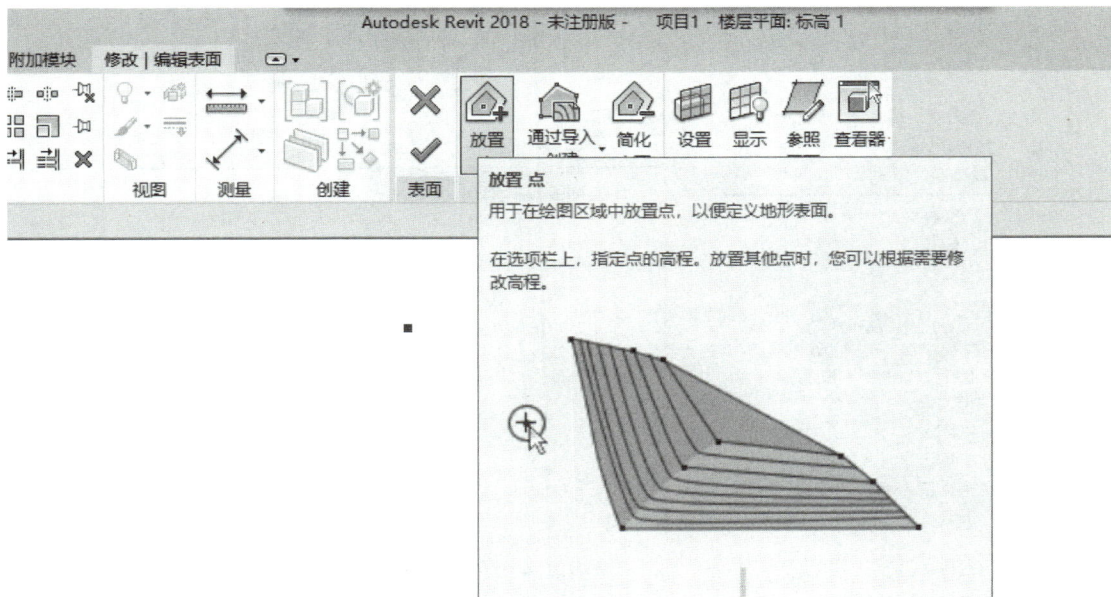

图 9.2.2

步骤 3:在步骤 2 所示界面的左上角选择绝对高程和相对高程进行绘制,如图 9.2.3、图 9.2.4 所示。

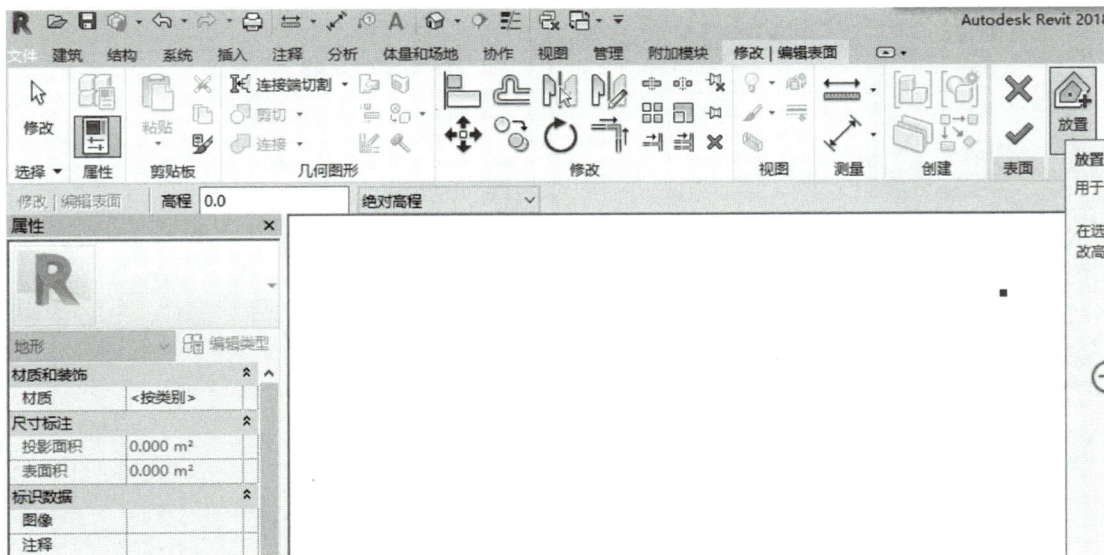

图 9.2.3

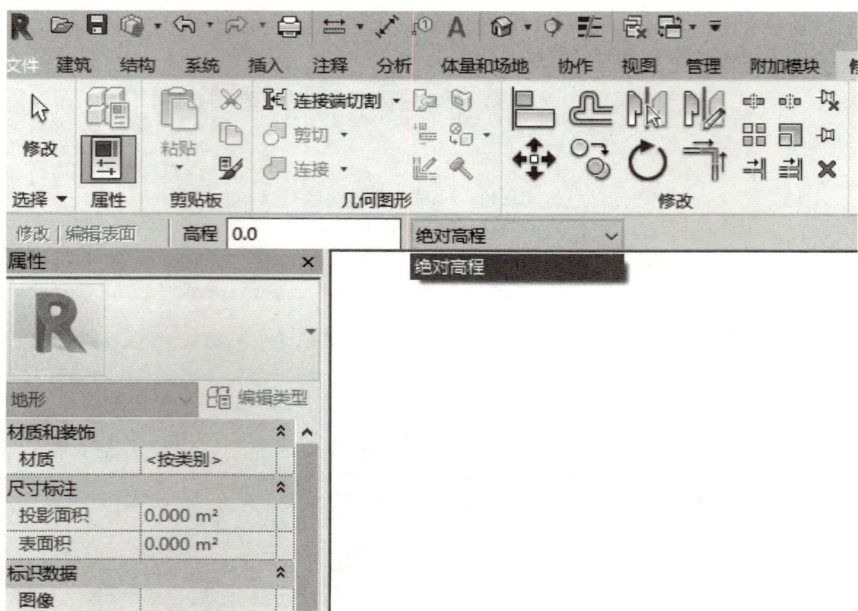

图 9.2.4

步骤 4：若需修改绘制的场地，则单击"编辑类型"，进入如图 9.2.5 所示的界面。

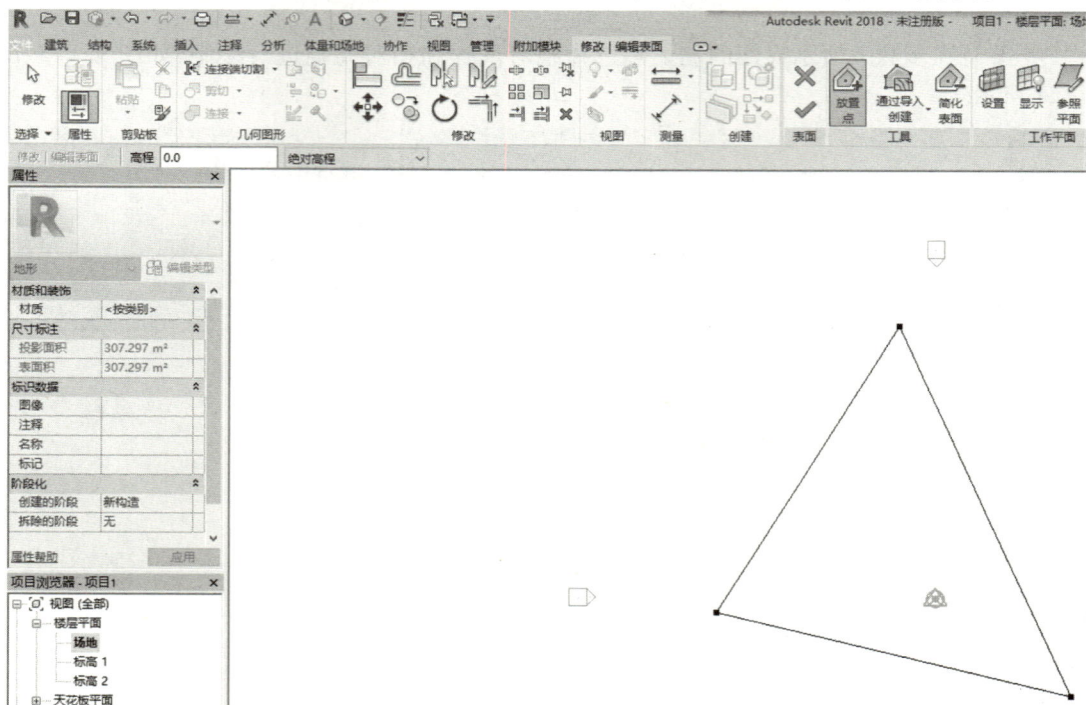

图 9.2.5

步骤 5：在如图 9.2.6 所示的界面可以修改地形的材质、标识、图形、外观、物理、热度等。在图形选项卡下，可选择填充颜色、填充图案等。

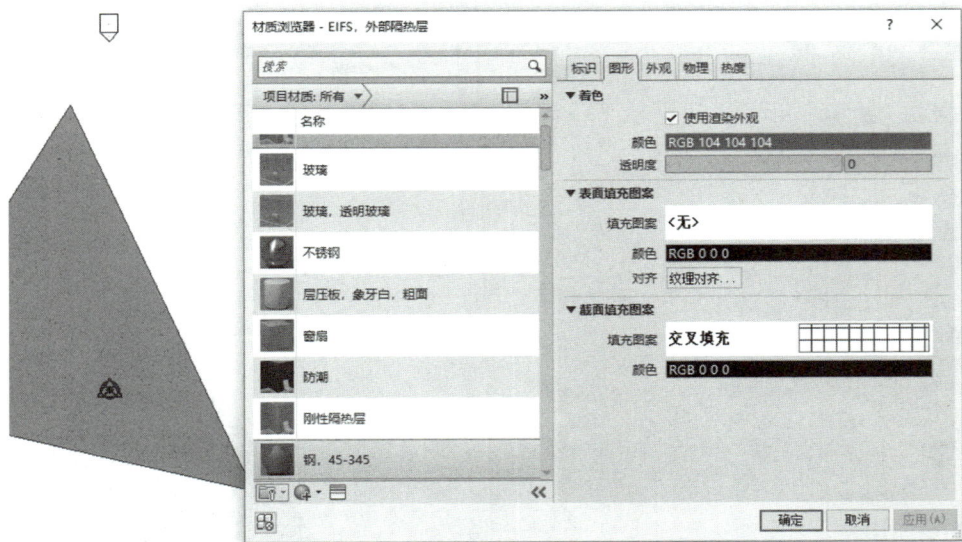

图 9.2.6

步骤 6:随便修改一下,给大家看看,是不是就变得不同了呢? 我们还可以在下面修改显示模式,如图 9.2.7、图 9.2.8 所示。

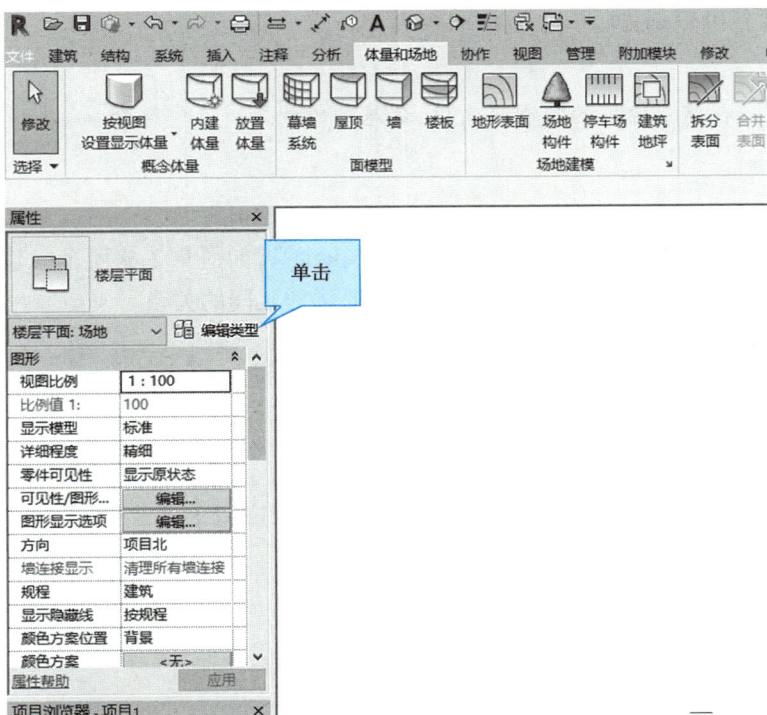

图 9.2.7

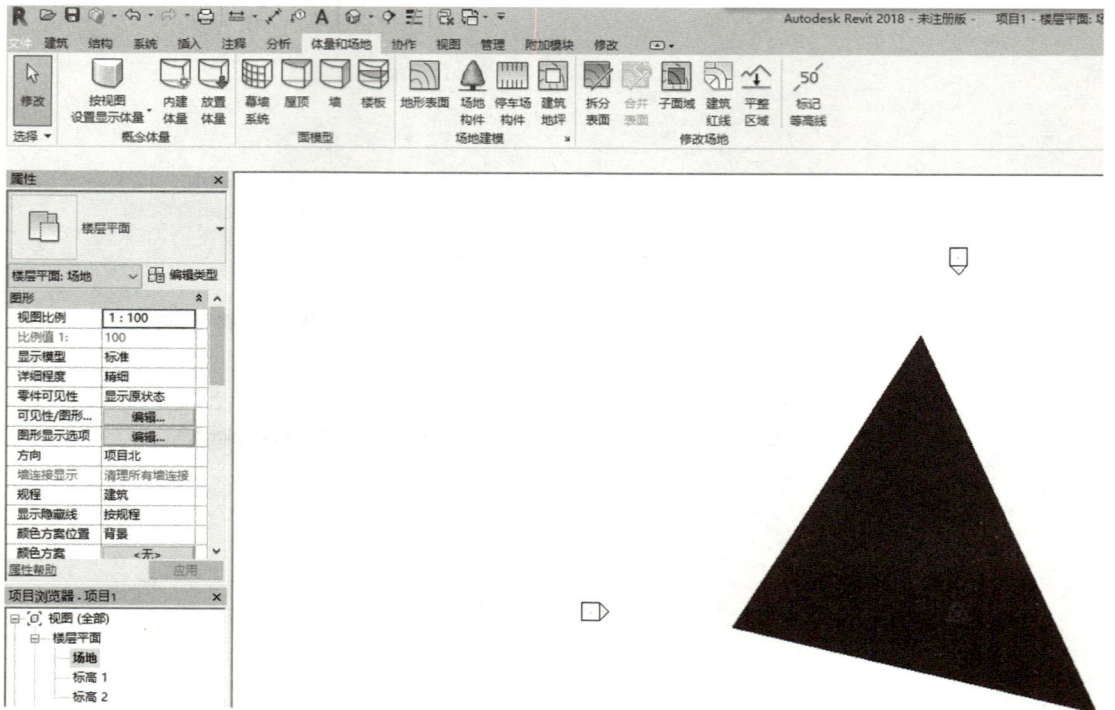

图9.2.8

注意:高低差可根据自己的习惯设置。

任务导航2

引导问题2:在建筑地坪的绘制页面中,最基础的就是_____绘制和_____绘制。

知识链接2

9.2.2　地坪的绘制

步骤1:在"体量和场地"选项卡中单击"建筑地坪",如图9.2.9所示。建筑地坪最好在建筑场地中,这样就可以更好地表现建筑地坪和原场地之间的关系。

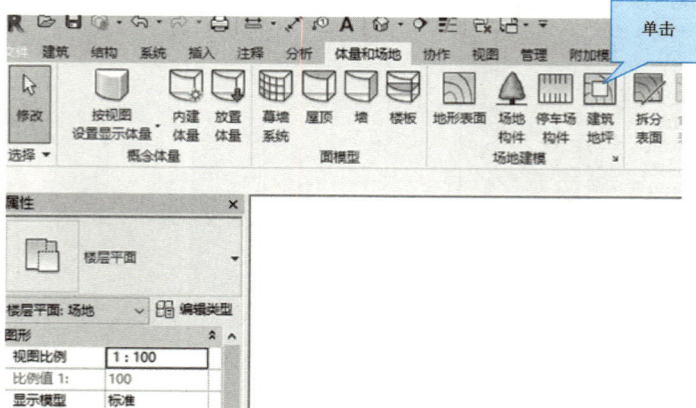

图9.2.9

步骤2:在建筑地坪的绘制页面,可以在右上角选择绘制方式,最基础的就是直线绘制以及形状绘制,单击矩形即可绘制矩形地坪,如图9.2.10所示。

图9.2.10

步骤3:选择地坪绘制方式后,即可单击鼠标拖动矩形进行绘制。绘制完成后,就会出现粉色的提示线条,从而完成地坪绘制,如图9.2.11所示。

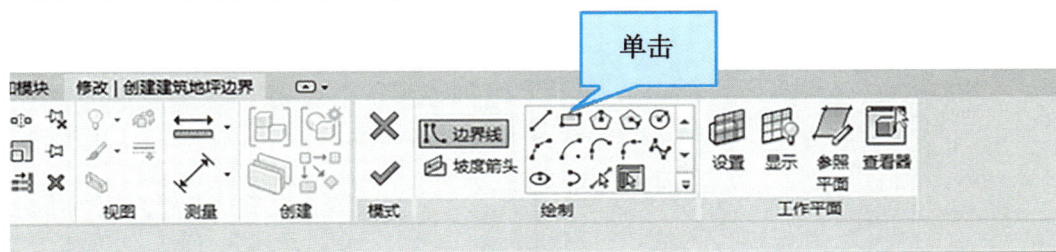

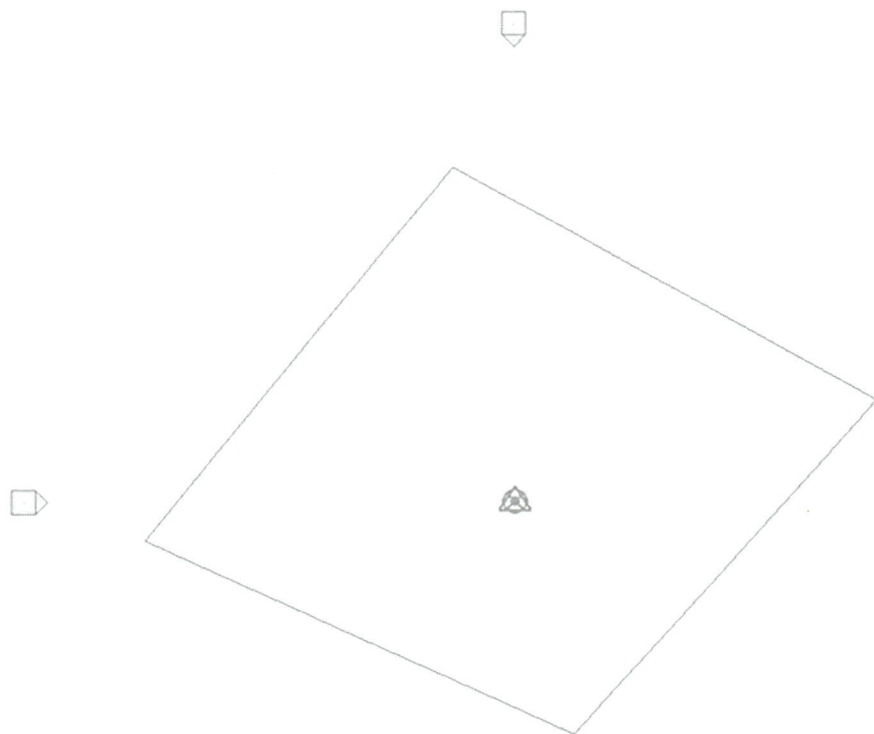

图9.2.11

步骤4：在绘制前，可以在左侧的属性窗口设置地坪的厚度，这样系统就会生成对应厚度的建筑地坪，如图9.2.12 所示。

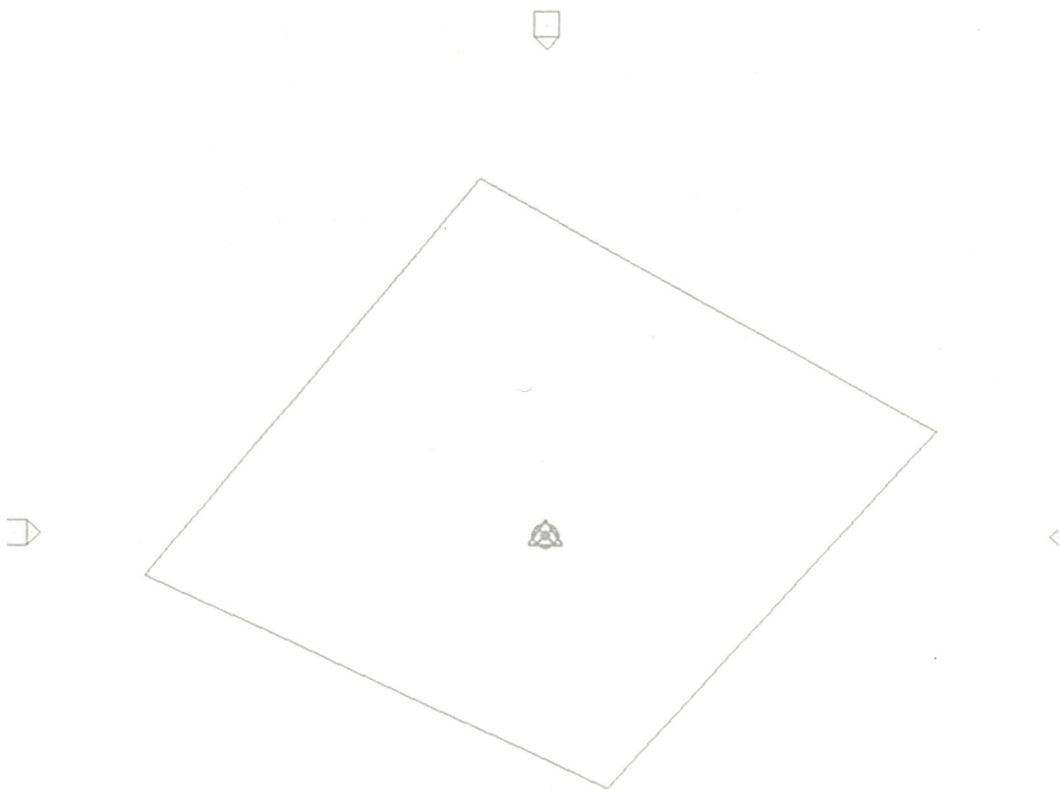

图 9.2.12

步骤5：完成建筑地坪绘制后，单击"√"即可生成建筑地坪，系统也会自动选中地坪。可以在属性中对地坪进行二次修改，如图9.2.13 所示。

完成建筑地坪生成后，即可进入三维视图，在三维模式就可以看到具体的建筑地坪厚度，这样就可以在建筑地坪上进行建筑模型的绘制。

练一练

1. 精读工作图纸，明确要求；

2. 分析要求，个人或按组草拟方案，完善方案并实施（可参考附录2）。

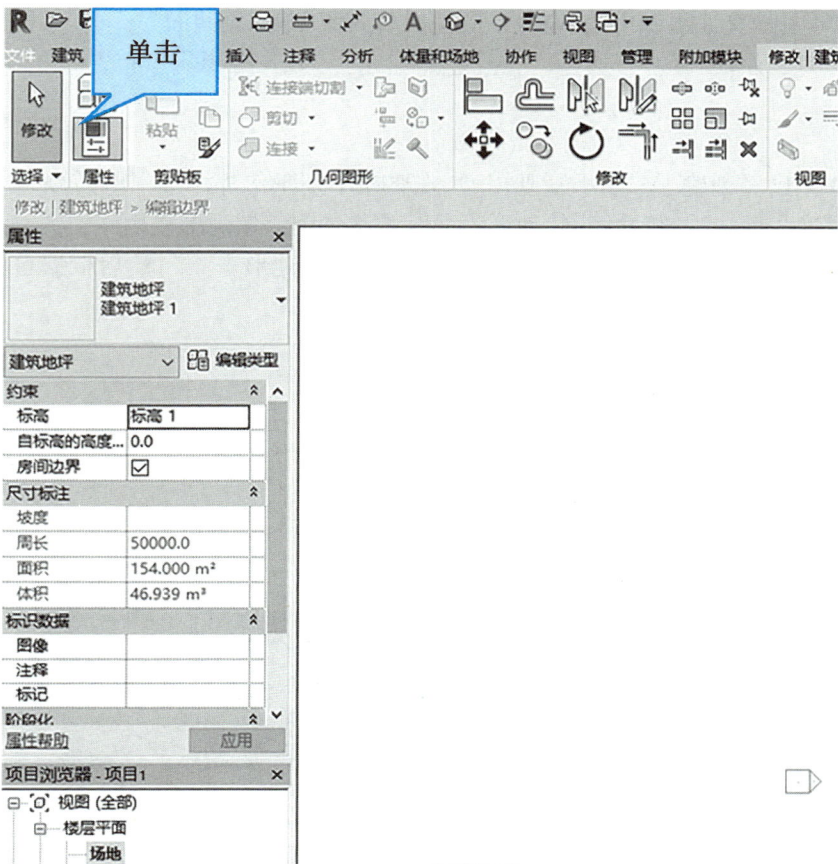

图 9.2.13

任务评价

教师详细记录各组学生学习表现(纪律情况、讨论情况、展示情况、工作成果),指导学生进行组间评价。教师给出各组平均分,下课后学生组内互评给出每个成员本次任务的成绩。肯定优点的同时,指出问题并给出改进建议等(相关表格参见附录1)。

任务巩固

一、选择题

1.在 BIM 场地创建中,不需要考虑的因素是( )。

A.场地现状条件 B.建筑物设计细节 C.场地交通细节 D.场地竖向布置

2.在 BIM 场地设计中,系统族主要用于创建( )。

A.门窗家具 B.墙、屋顶、楼板 C.景观小品 D.管道设备

二、填空题

1.BIM 场地创建过程中,总体布局阶段需要明确_____和_____,合理确定场地内建筑物、构筑物及其他工程设施的相互空间关系。

2.在 BIM 场地交通组织中,应避免不同性质的人流、车流之间的_____,根据初步确定的建、构筑物的位置,进行_____、_____、_____及交通出入口布置。

知识拓展

在 Revit 里已经创建了一个小别墅模型,现要在小别墅室外添加一些道路、树、路灯等装饰,但在放置这些景观时,需要绘制"地形表面",那么如何绘制地形表面呢?

步骤1:选择功能区"体量和场地"→"场地建模"→"地形表面",然后根据自己想要的地貌形状进行绘制,如图 9.2.14、图 9.2.15 所示。

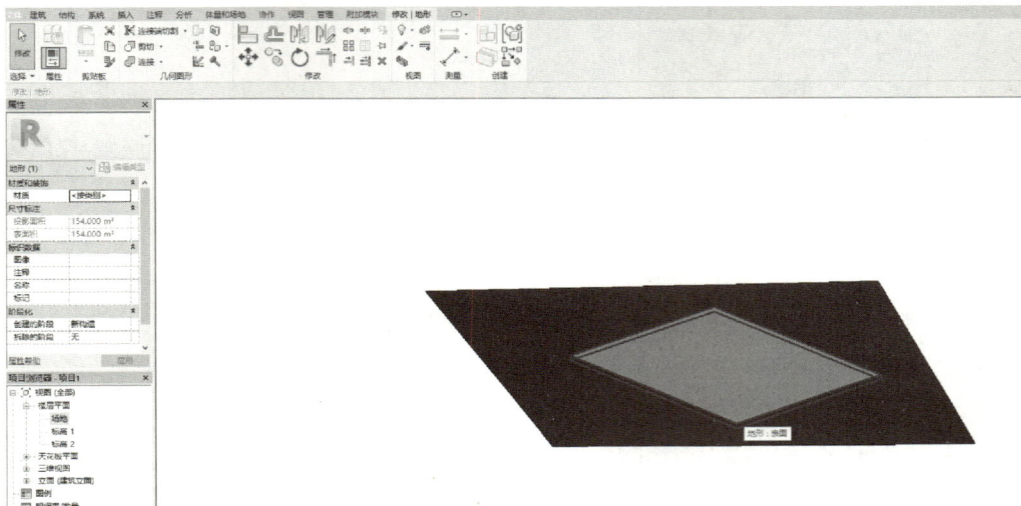

图 9.2.14

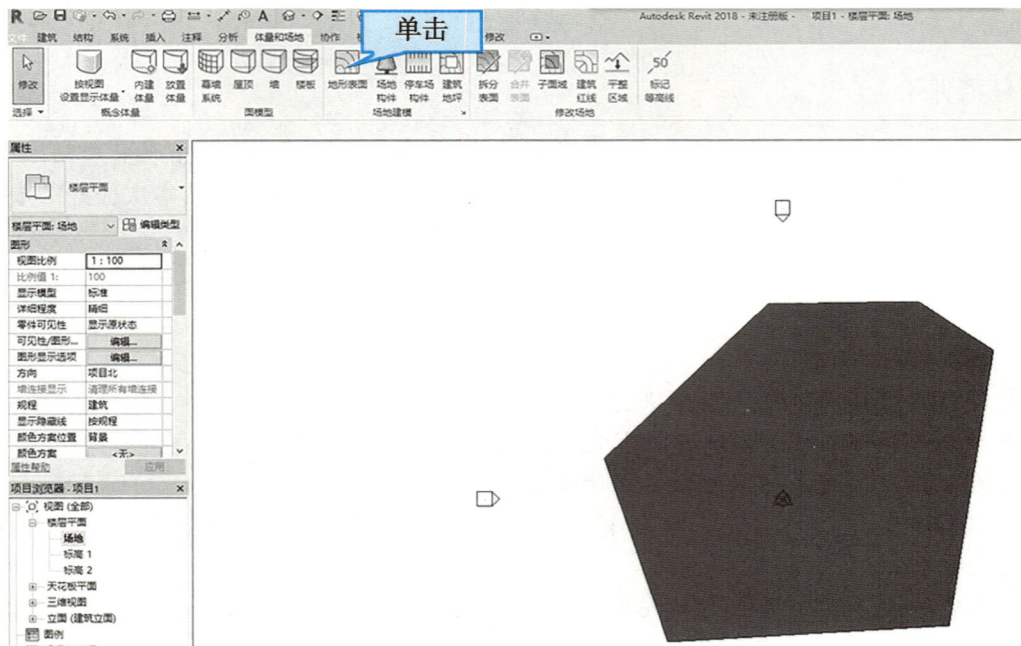

图 9.2.15

步骤 2：根据别墅的大小绘制建筑红线，选择"修改场地"→"建筑红线"工具，绘制出大概范围的建筑面积，如图 9.2.16 所示。

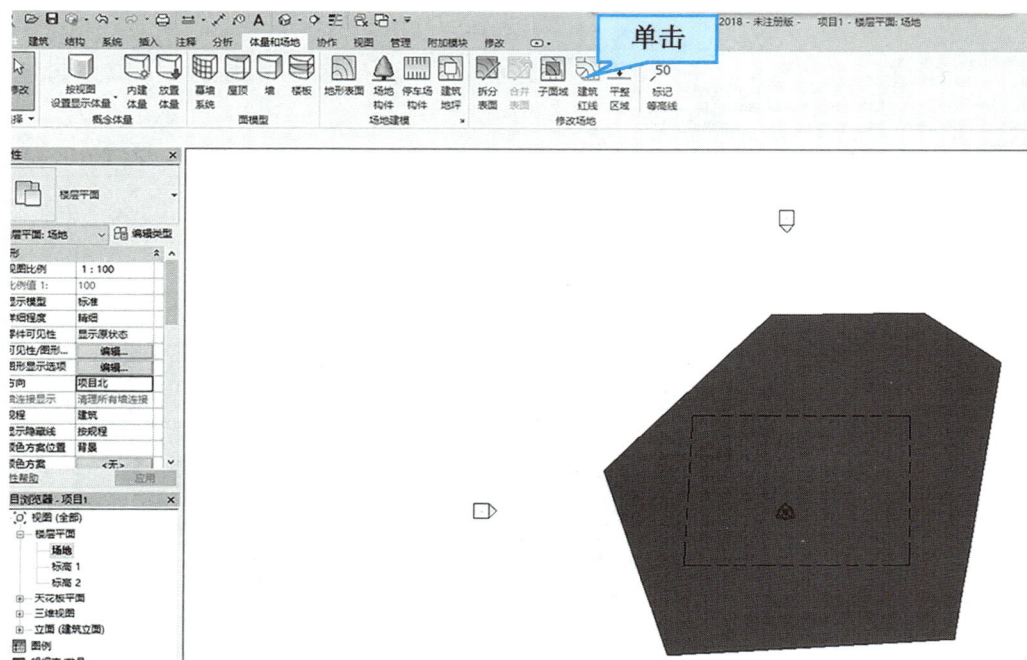

图 9.2.16

步骤 3：需使用"场地建模"→"建筑地坪"工具绘制出平整的"建筑地坪"来放置车，并绘制道路、路灯等装饰，如图 9.2.17 所示。

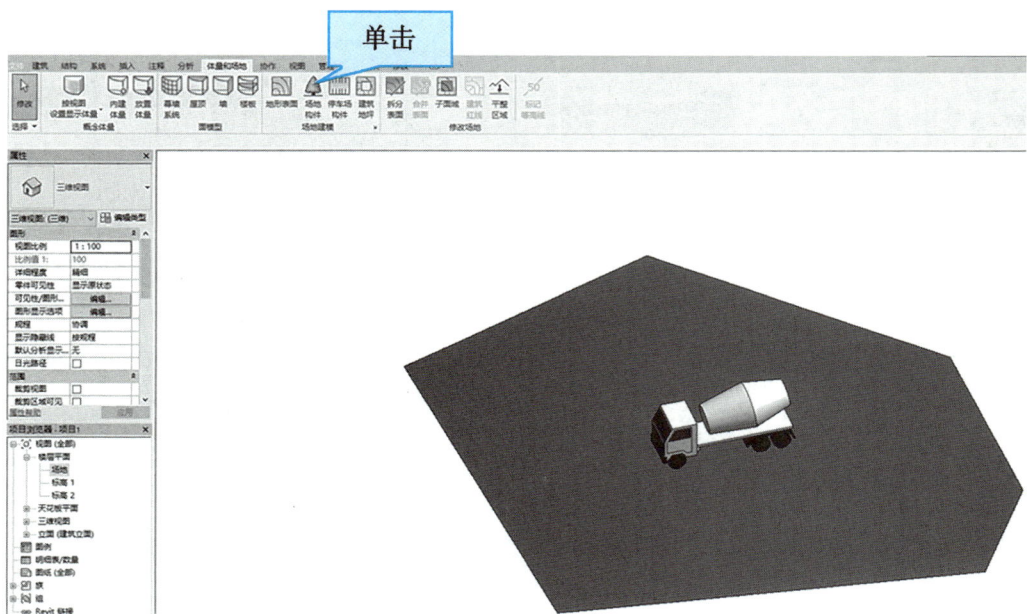

图 9.2.17

步骤4:使用"修改场地"→"子面域"工具绘制出场地道路与小溪,如图9.2.18所示。然后,在属性栏里找到材质,赋予道路材质与小溪材质,如图9.2.19所示。

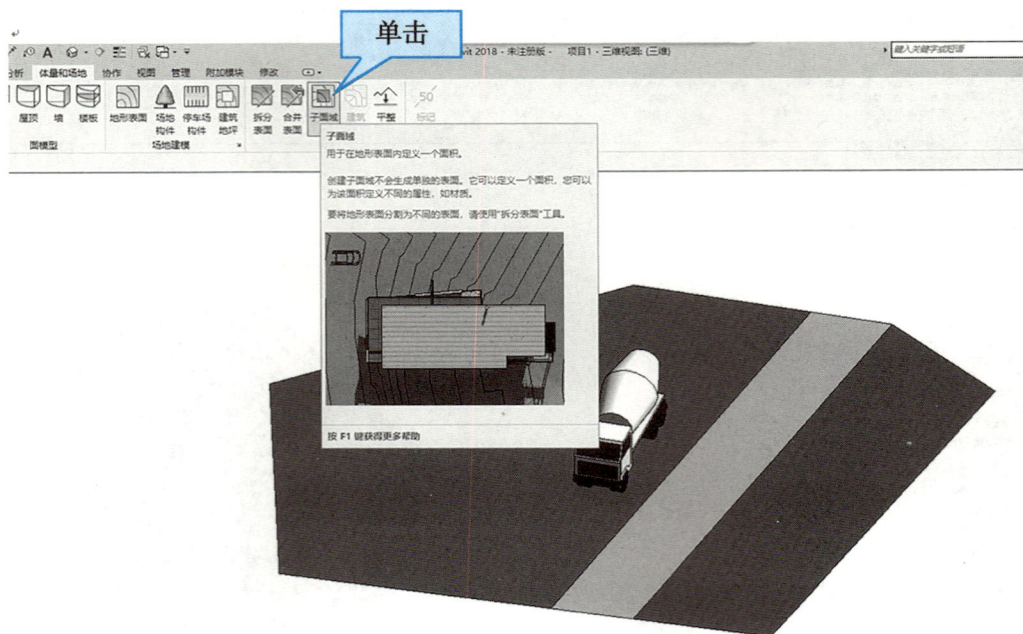

图 9.2.18

图 9.2.19

步骤5:使用"场地建模"→"场地构件"工具布置树、路灯等装饰,如图9.2.20所示。

　　绘制场地其实并不难,只要知道"场地建模"与"修改场地"选项卡中的工具有什么作用,就可以绘制出场景。

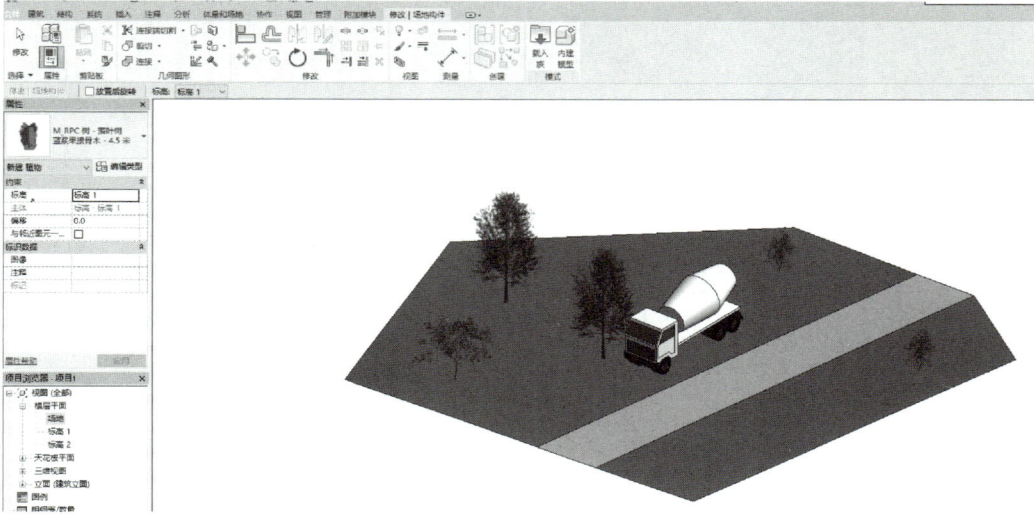

图 9.2.20

项目 10　图表生成和渲染漫游

任务 10.1　房间和颜色方案设置

任务描述

根据案例项目施工图,基于已创建完成的墙体模型,完成房间的创建。

任务目标

知识目标	1. 了解 Revit 软件中房间及面积的概念; 2. 掌握用 Revit 软件创建房间、设置房间颜色方案的方法与步骤
能力目标	1. 能根据施工图纸,正确创建房间、标记房间; 2. 能对所创建的房间进行颜色配置
素养目标	培养满足项目需要的色彩审美能力

任务实施

任务分工

根据学生座位,将学生分成 5~8 人一组,由小组成员讨论设置组号,并推选小组组长,完成分组表格(也可按照前面任务的分组延续进行)。

班级		组号		指导教师	
成员	学号	姓名		学号	姓名
		(组长)			
任务 分工					

任务导航 1

引导问题 1:如何定义房间?

引导问题 2:面积的概念是什么?

知识链接 1

10.1.1　房间和面积的概述

房间是基于图元对建筑模型中的空间进行细分的部分,主要的图元有墙、屋顶、楼板、柱、幕墙系统、房间分割线、建筑地坪等。

面积是对建筑模型中的空间进行再分割形成的,其范围通常比各个房间范围大。不过,面积不一定以模型图元为边界,可以绘制面积边界,也可以拾取模型图元作为边界。添加模型图元时,若面积边界不能自动改变,可以指定面积边界。例如:

①某些面积边界是静态的,即这种面积边界不会自动改变,必须手动修改。

②某些面积边界是动态的,这种边界与基本模型图元保持相连。如果模型图元移动,面积边界将会随之移动。

10.1.2　创建房间

方法 1:在平面视图中,单击"建筑"选项卡的"房间"(图 10.1.1),即可在平面视图中放置房间。放置房间时,如果放置的范围是具有房间边界图元的封闭范围,就会根据封闭空间确定房间的大小;如果放置的范围是不封闭范围,则会提醒房间不在完全闭合的区域中。因此在放置房间之前,先定义房间边界。

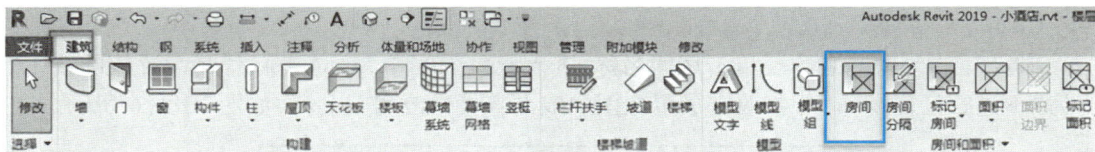

图 10.1.1

方法 2:单击"房间"之后,进入"修改/放置房间"模式,同时可设置自动放置房间,对放置的房间进行标记。选择"自动放置房间"之后,会在当前标高上的所有闭合和边界区域中放置房间,如图 10.1.2 所示。

知识链接 2

10.1.3　创建房间标记

方法 1:逐一进行标记。

单击"标记房间"下拉三角,选择"标记房间",此方法需对房间逐一进行标记,并且标记的房间都有亮显,如图 10.1.3 所示。

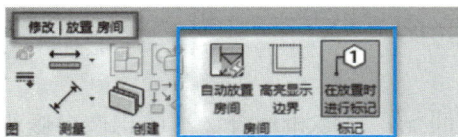

图 10.1.2

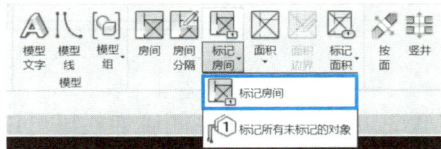

图 10.1.3

方法2:标记所有房间。

单击"标记房间"下拉菜单,选择"标记所有未标记的对象",如图10.1.4所示,软件会弹出如图10.1.5所示的窗口,选择房间标记,可将未标记的都进行一次性标记。

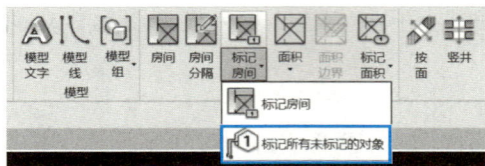

图10.1.4

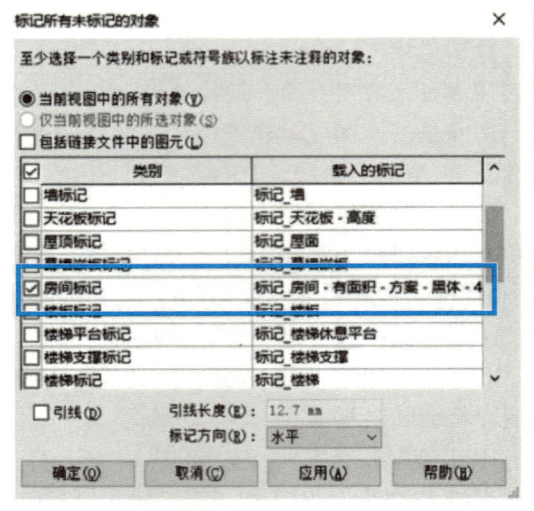

图10.1.5

知识链接3

10.1.4 编辑房间属性

步骤1:修改房间名称。单击房间名称,进入族页面当中,此时我们需要设置族的双击行为为"不进行任何操作"。修改完成可在图中双击直接修改房间名称,如图10.1.6所示。

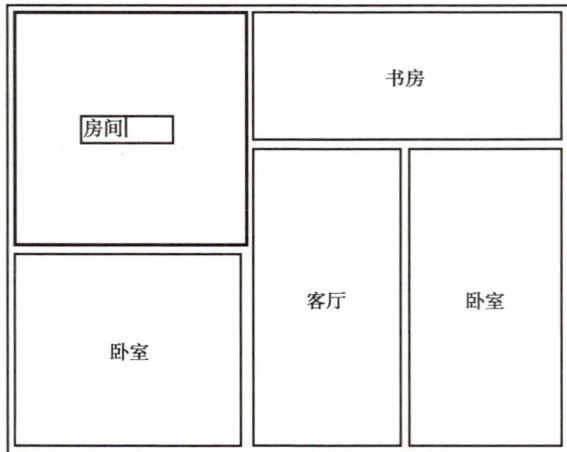

图10.1.6

步骤2:单击房间,在左侧属性栏里可以对房间显示字体和是否显示面积做出修改,如图10.1.7所示。

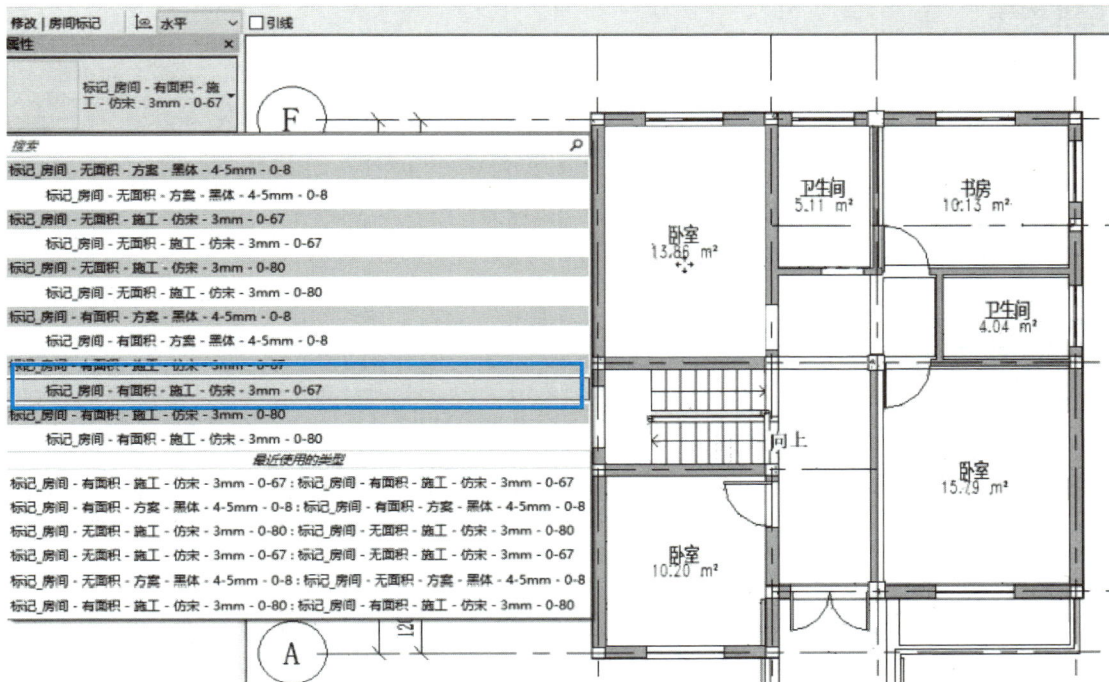

图 10.1.7

知识链接 4

10.1.5　创建房间面积

Revit 中对房间添加编号并标注每个房间的面积,有利于出图后对房间的概况一目了然。

步骤 1:创建好房间后,单击"建筑选项卡"下的"房间和面积"工具,在展开的列表中选择"面积和体积计算",如图 10.1.8 所示。

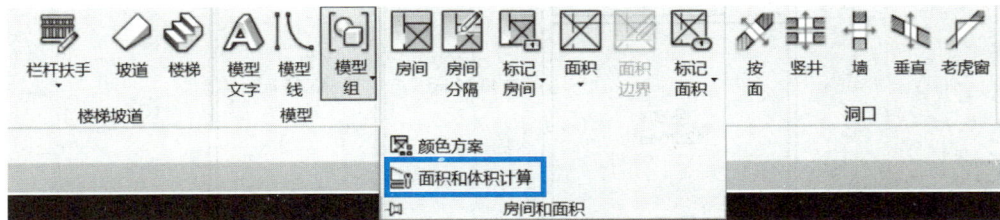

图 10.1.8

步骤 2:弹出"面积和体积计算"对话框,单击"计算",体积计算选择"面积和体积"[不需要计算体积选择"仅按面积(更快)"],房间面积计算选择"在墙面面层(F)",然后单击"确定"按钮,如图 10.1.9 所示。

步骤 3:添加房间标记,选中房间标注,单击左侧属性工具栏,修改标记类型,选择有面积的标记类型,房间中就会显示面积,如图 10.1.10 所示。

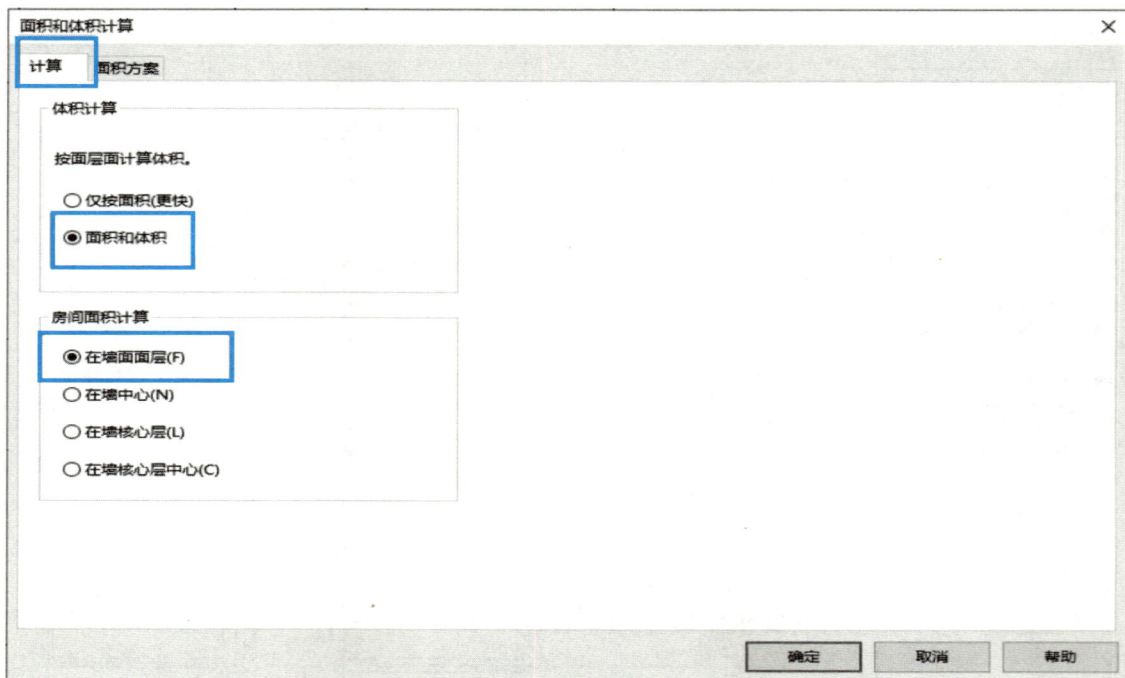

图 10.1.9

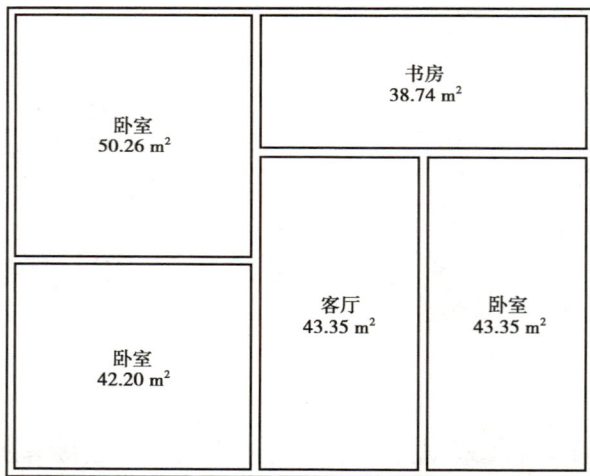

图 10.1.10

知识链接 5

10.1.6　创建与编辑颜色方案

"颜色方案"用于以图形方式表示空间类别,可以按照房间名称、面积、占用或部门创建颜色方案。对于使用颜色方案的视图,颜色填充图例是颜色表示的关键所在。颜色方案可将指定的房间和区域颜色应用到楼层平面视图或剖面视图中;可向已填充颜色的视图中添加颜色填充图例,以表示颜色所代表的含义;还可以根据以下内容的参数值应用颜色方案:房间、面积、空间或分区、管道或风管。

步骤 1:编辑颜色方案。

在"建筑"→"房间和面积"面板中,单击下拉菜单,找到"颜色方案",如图 10.1.11 所示。

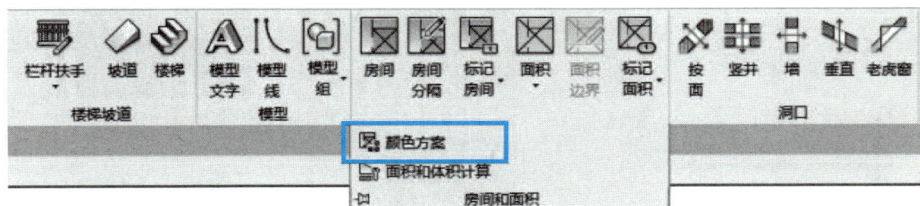

图 10.1.11

打开"编辑颜色方案"对话框,将"类别""标题""颜色"修改为如图 10.1.12 所示,其中"标题"只是给这个颜色方案命名,可改可不改。

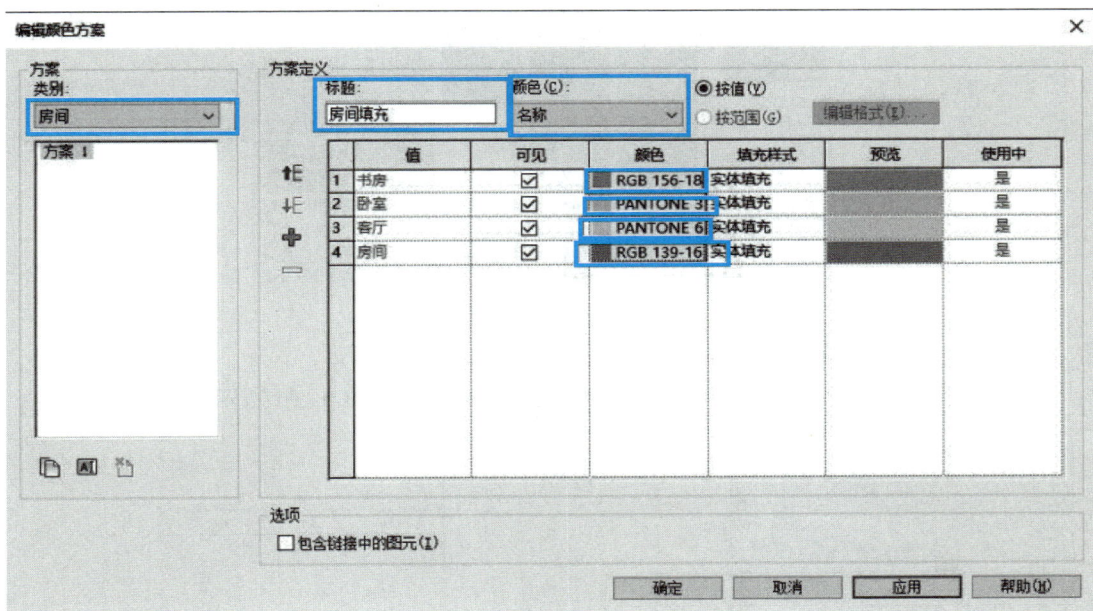

图 10.1.12

单击"颜色"将它修改为"名称"时,表示以房间的名称来填充颜色。这时软件会弹出一个"不保留颜色"对话框,单击"确定"按钮即可,如图 10.1.13 所示。

单击后,软件会自动为各个房间名称定义好颜色的填充方案,也可单击需要修改的颜色对其进行修改,如图 10.1.14 所示。

选择要修改的颜色,也可以单击软件提供的"PANTONE"色卡,通过拖动色卡条,选择对应的色卡,再选择具体色号,如图 10.1.15 所示。颜色设置好之后,单击"应用"→"确定"按钮即可。

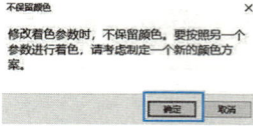

图 10.1.13

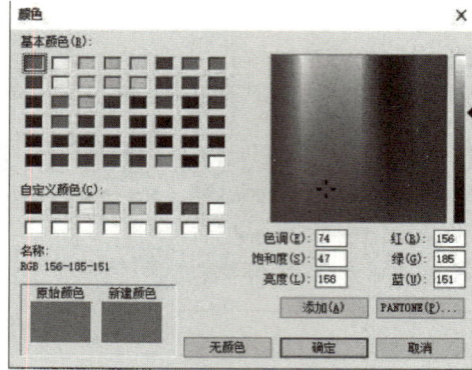

图 10.1.14

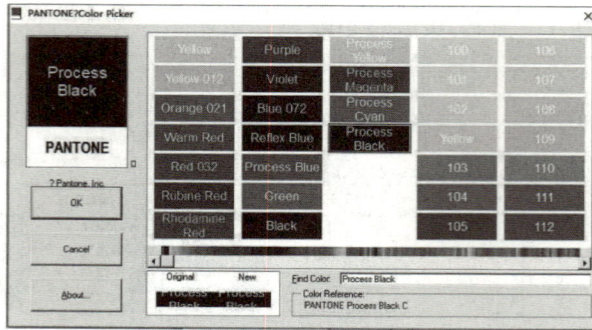

图 10.1.15

步骤 2:指定"颜色方案"。

单击左侧属性编辑框中"颜色方案"后面的"<无>",如图 10.1.16 所示。

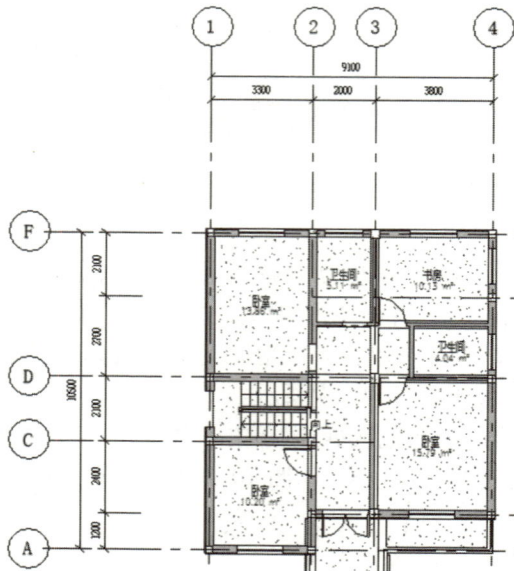

图 10.1.16

选择创建的"房间"类别以及方案,单击"确定"按钮,如图 10.1.17 所示。

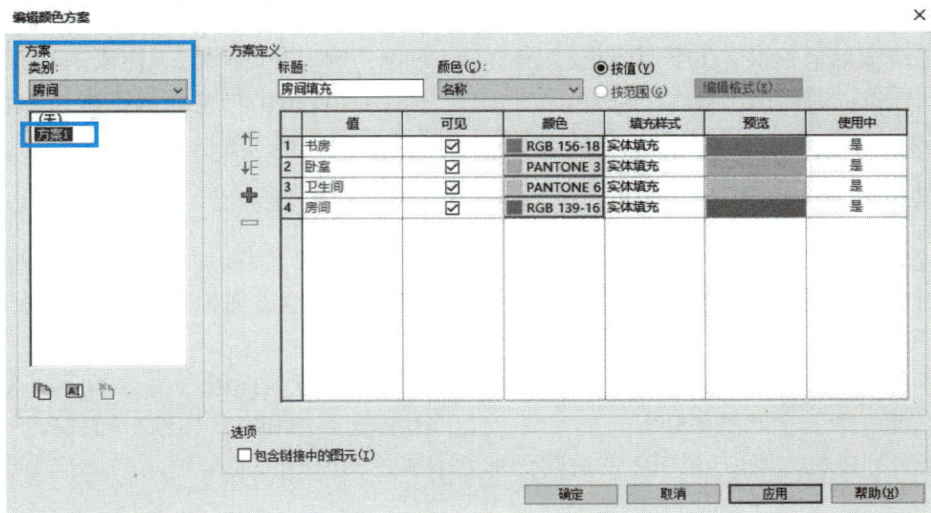

图 10.1.17

步骤 3:添加填充图例。

单击"注释",选择颜色填充面板的"颜色填充图例",如图 10.1.18 所示。

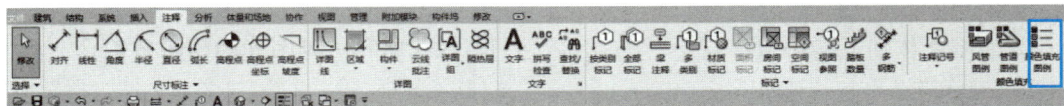

图 10.1.18

在平面图合适的位置,单击"放置",如图 10.1.19 所示。

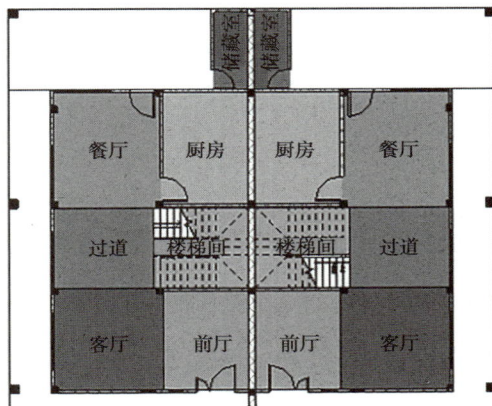

图 10.1.19

练一练

1.精读工作图纸,明确要求;

2.分析要求,个人或按组草拟方案,完善方案并实施(可参考附录 2)。

任务评价

教师详细记录各组学生学习表现(纪律情况、讨论情况、展示情况、工作成果),指导学生进行组间评价。教师给出各组平均分,下课后学生组内互评给出每个成员本次任务的成绩。肯定优点的同时,指出问题并给出改进建议等(相关表格参见附录1)。

任务巩固

一、选择题

1.用"标记所有未标记"命令为平面视图中的家具一次性添加标记,但所需的标记未出现,原因可能是(　　)。("1+X"理论题)

　A.不能为家具添加标记　　　　　　　　B.未载入家具标记

　C.只能一个一个地添加标记　　　　　　D.标记必须和家具构件一同载入

2.编辑好颜色方案后,视图中的房间仍未显示颜色的原因可能是(　　　　)。("1+X"理论题)

　A.未在属性编辑框中对颜色方案进行选择　　B.未标记房间

　C.只能对房间进行逐一配色　　　　　　D.未标注房间面积

3.放置房间的范围必须是(　　)。("1+X"理论题)

　A.闭合图线区域　　　　　　　　　　　B.未闭合的区域

　C.绘制墙体图元的区域　　　　　　　　D.具有房间边界图元的封闭范围

二、操作题

1.对照建筑施工图,对案例图纸中的各房间进行创建,设置房间颜色方案。

2.梳理自己所掌握的知识体系,对创建房间及颜色方案的绘制技巧,与同学交流学习。

任务 10.2 　明细表的创建

任务描述

根据案例项目设计图纸的要求,完成项目所需明细表的分类信息,如使用面积明细表、柱构件明细表、门窗数量明细表等。

任务目标

知识目标	掌握明细表的作用和功能
能力目标	1.能够创建带有图像的明细表; 2.能够进行明细表的高级设置
素养目标	1.具备及时学习新知识、掌握新技能的能力; 2.具有探究解决问题的能力

任务实施

任务分工

根据学生座位,将学生分成 5~8 人一组,由小组成员讨论设置组号,并推选小组组长,完成分组表格(也可按照前面任务的分组延续进行)。

班级		组号		指导教师	
成员	学号	姓名	学号	姓名	
		(组长)			
任务分工					

任务导航 1

创建明细表前,首先对明细表的基本内容进行剖析。

引导问题 1:明细表的分类有_____、_____、_____、_____。

引导问题 2:明细表的编辑方法有_____、_____、_____。

引导问题 3:明细表的创建原则有哪些?

知识链接 1

10.2.1　创建明细表

明细表的功能是统计和计算功能,如门窗、楼梯、设备、管道、柱子、材质的计算,一般有面积明细表、结构柱明细表、门窗数量明细表、幕墙明细表等。

明细表的特性:项目任何阶段都可以创建明细表,项目的修改会影响明细表统计的量,同时明细表也会自动更新并做出修改。

明细表的创建方法:选择"视图"命令→"明细表"→选择"明细表/数量"(图 10.2.1)→"建筑"→"门"→"确定"(图 10.2.2)。

10.2.2　明细表的高级设置

选择"可用的字段",单击"确定"按钮。在实际工程中,根据工程需要选择明细表字段,如图 10.2.3 所示。

明细表的创建

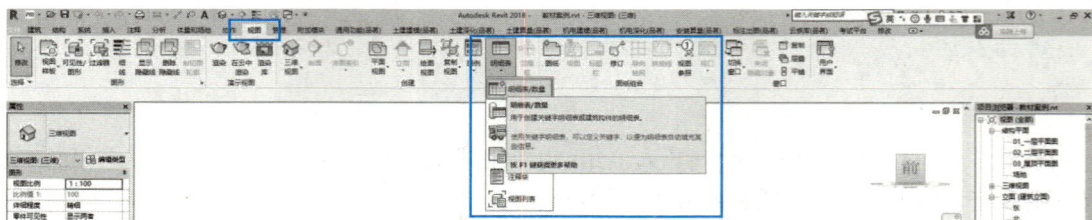

图 10.2.1

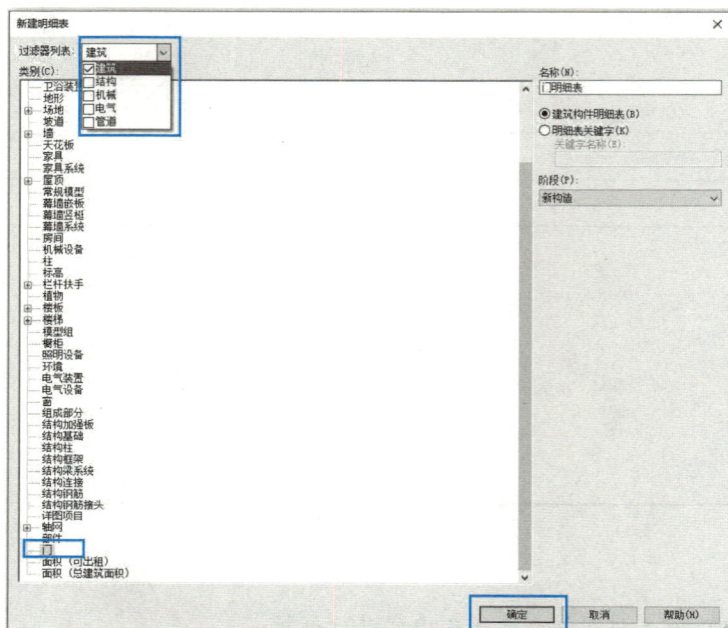

图 10.2.2

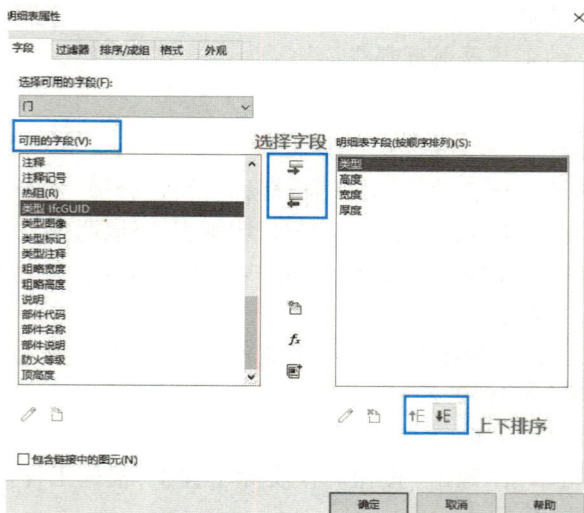

图 10.2.3

在"排列/成组"选项卡中,勾选"总计",选择"标题、合计和总数",单击"确定"按钮,如图
10.2.4 所示。

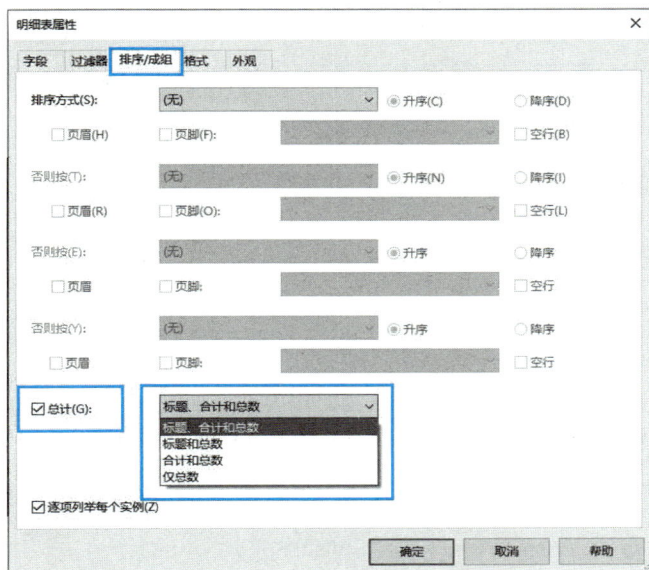

图 10.2.4

在"格式"选项卡中,可以根据工程项目要求设置"标题方向""对齐""条件格式",单击
"确定"按钮,如图 10.2.5 所示。

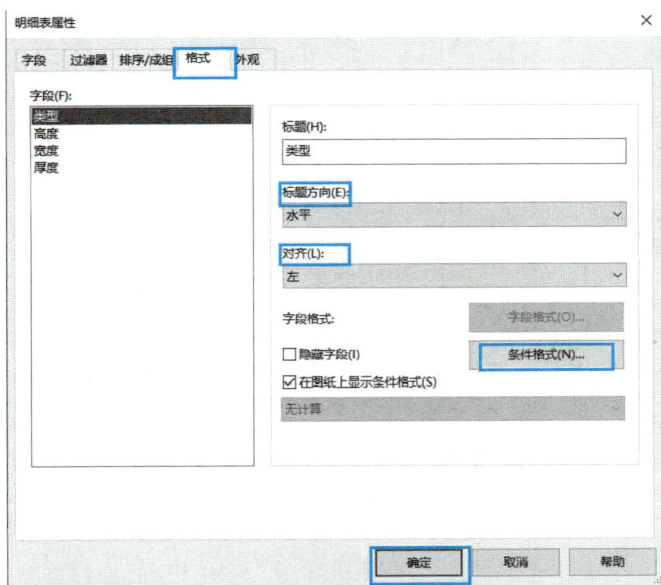

图 10.2.5

在"外观"选项卡中,可以根据工程项目要求设置"网格线""标题文本""标题""正文",
单击"确定"按钮,如图 10.2.6 所示。

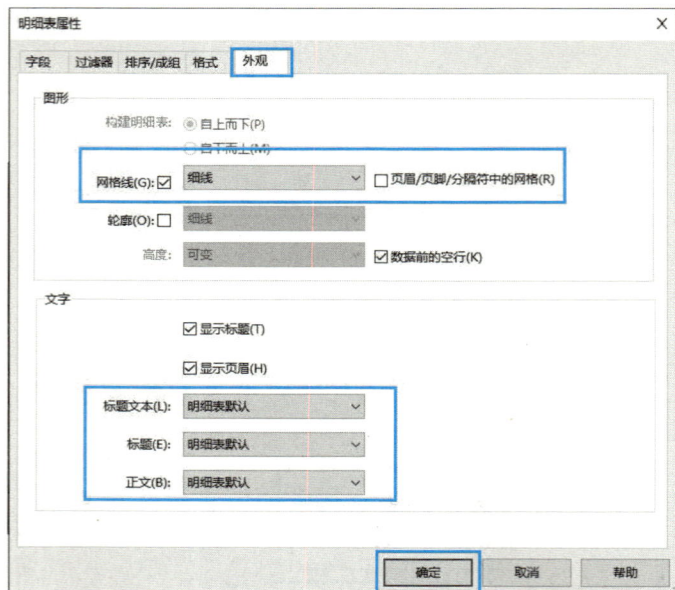

图 10.2.6

生成报表后,需再次修改,可以在左侧列表中选择要修改的内容,单击"编辑",再单击"确定"按钮即可,如图 10.2.7 所示。

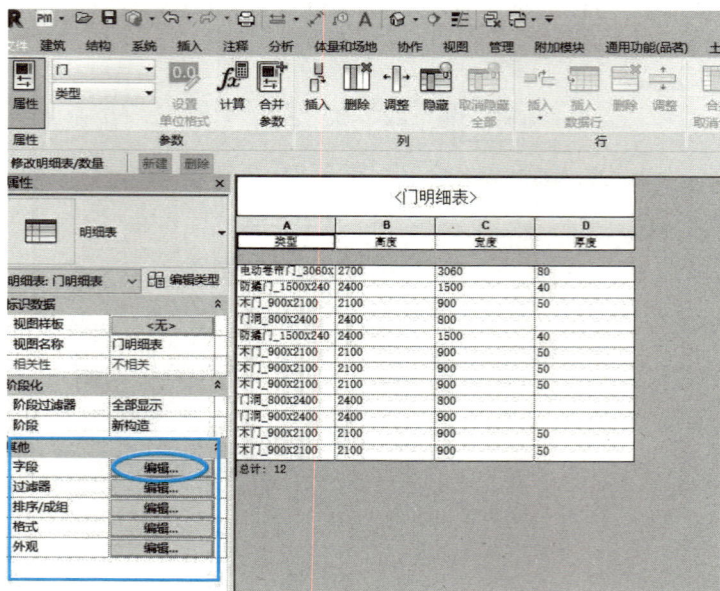

图 10.2.7

导出报表,单击"文件"→"导出"→"报告"→"明细表",如图 10.2.8 所示。

这里导出的明细表是文本格式(.txt)。若转换成 Excel 表格,则使用 Excel 打开文本格式,选择打开导出的文本文件,单击"下一步",如图 10.2.9 所示。

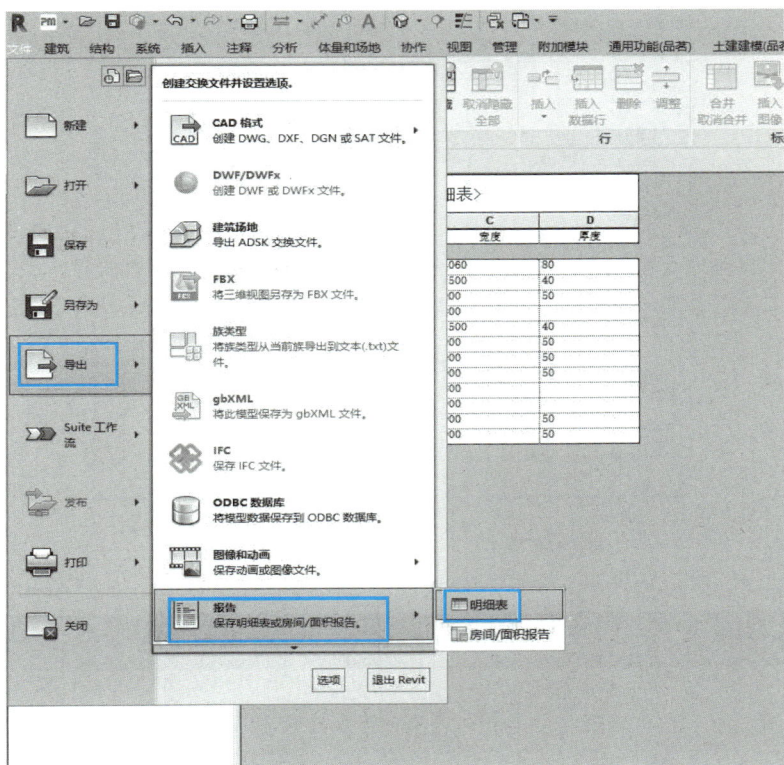

图 10.2.8

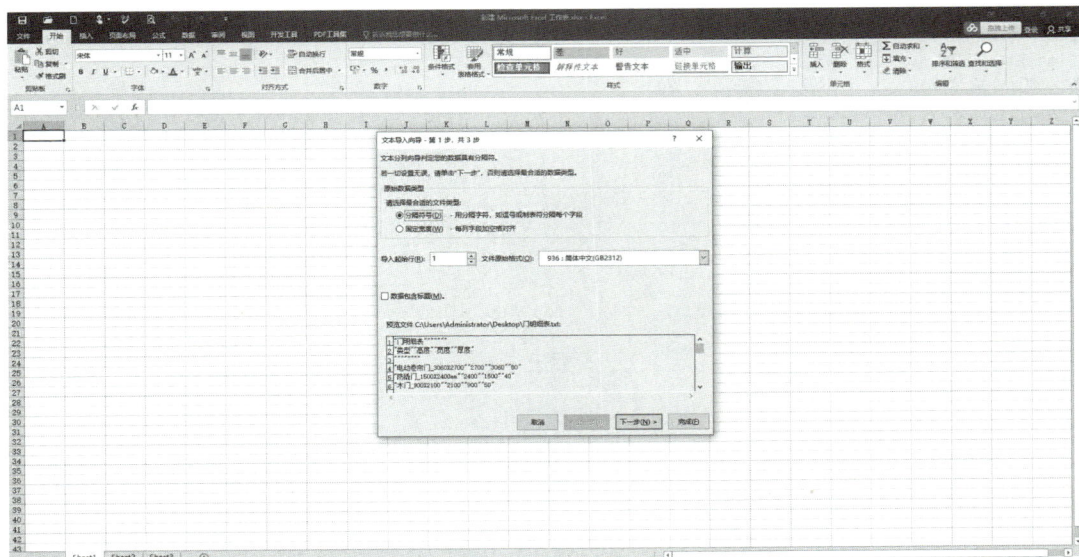

图 10.2.9

选择分隔符号"Tab 键(I)",注意下方的数据浏览,单击"下一步",单击"完成",如图
10.2.10 所示;导出表格,如图 10.2.11 所示。

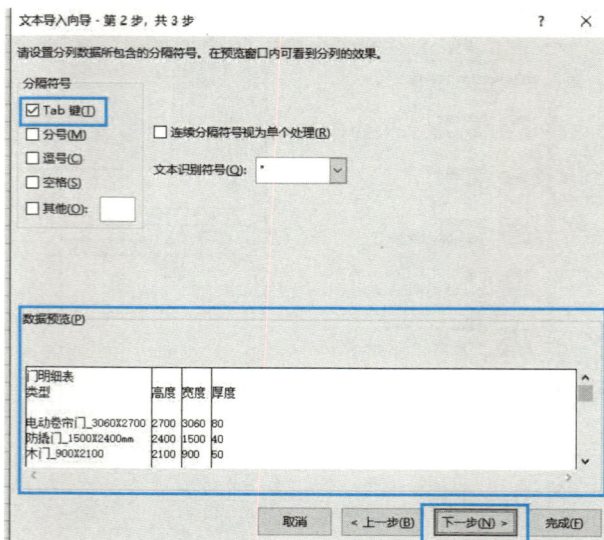

图 10.2.10

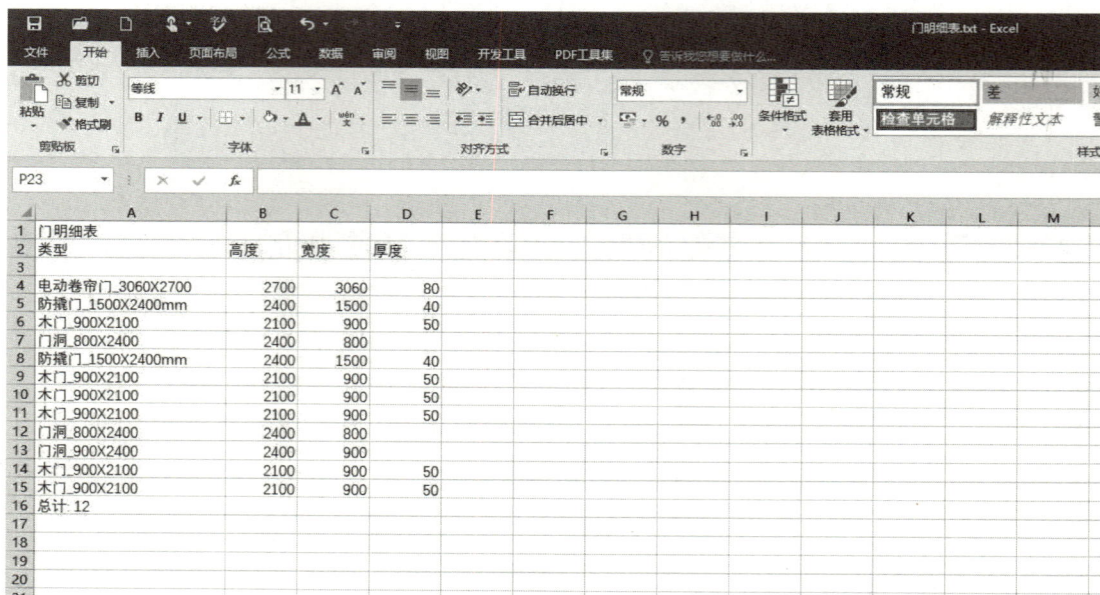

图 10.2.11

10.2.3　创建带有图像的明细表

设置图元的以下任一属性：

①图像(模型中图元的实例属性)；

②类型图像(模型或族中图元的类型属性)；

③形状图像(钢筋形状类型族的类型属性)。

方法 1：单击任意一个门图元，我们可以发现，在实例属性中，就有一个"图像"属性,这个值是可以被赋予的(图 10.2.12)。

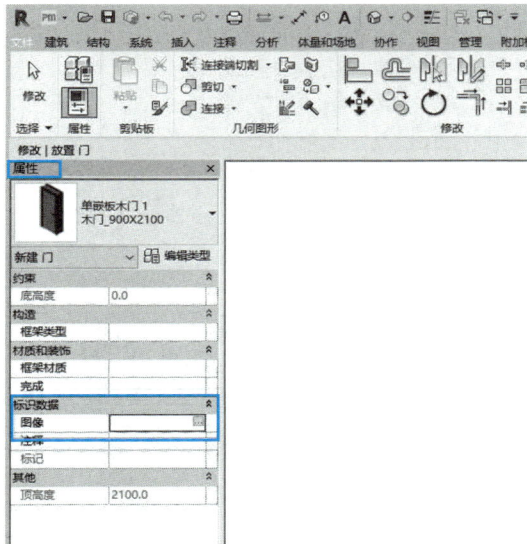

图 10.2.12

方法 2:单击"门"图元,选中"编辑类型",打开"类型属性"对话框,在对话框里有一个"类型图像"属性,这个值在门图元中是灰色显示,说明无法对它赋值(图 10.2.13)。

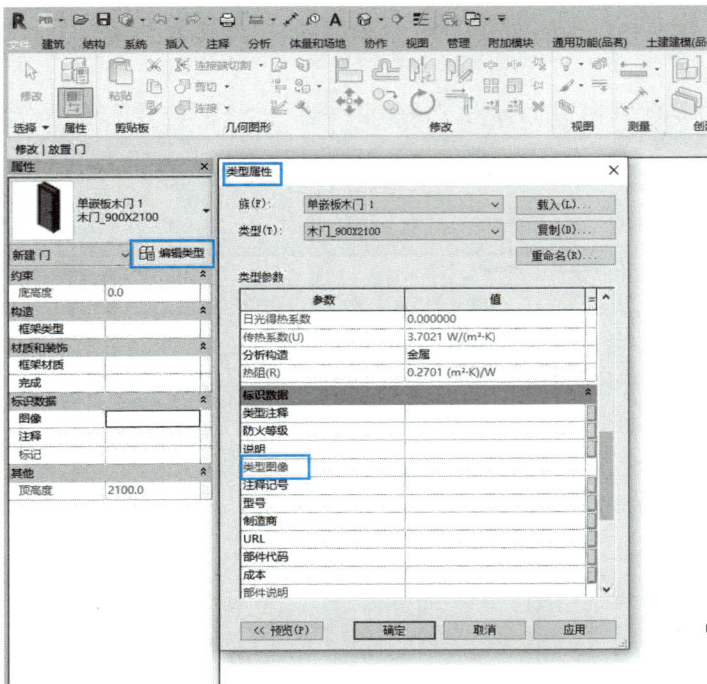

图 10.2.13

图元添加图像时,可以根据能赋值的属性进行添加。选择可以在赋值的实例属性"图像"中添加图像。

单击"属性"中"回像"后的▦按钮，打开"管理图像"对话框，如图 10.2.14 所示。

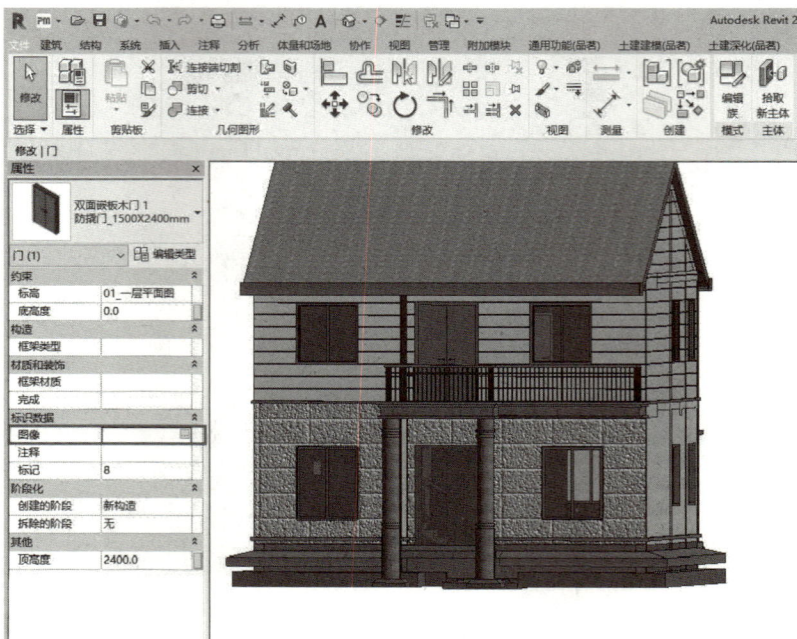

图 10.2.14

单击"添加"，浏览要添加的图像位置，选择图像，该图像就会被导入并与模型一起保存，如图 10.2.15 所示。

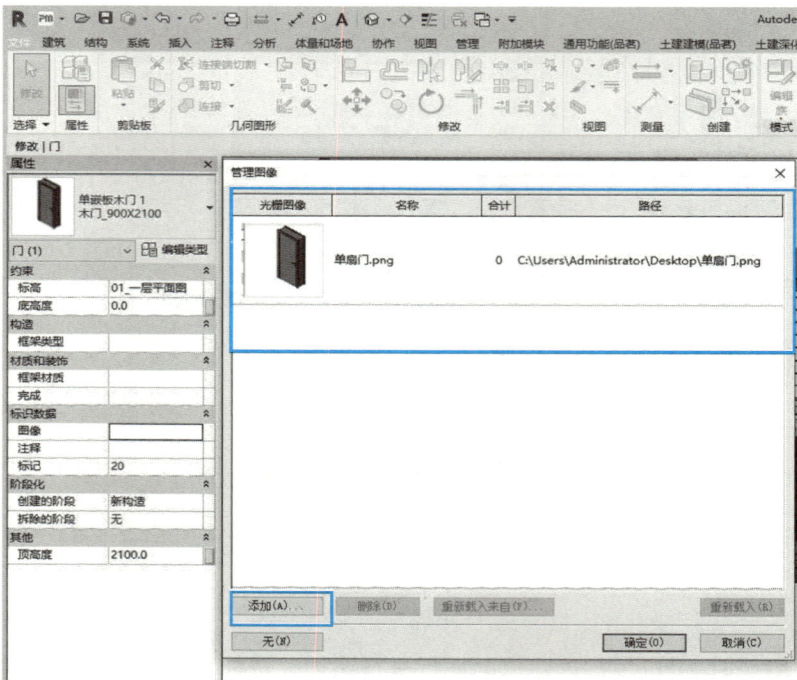

图 10.2.15

新建"门明细表",根据指定图像的方式("图像"或"类型图像"或"形状图像")添加字段,如图 10.2.16 所示。

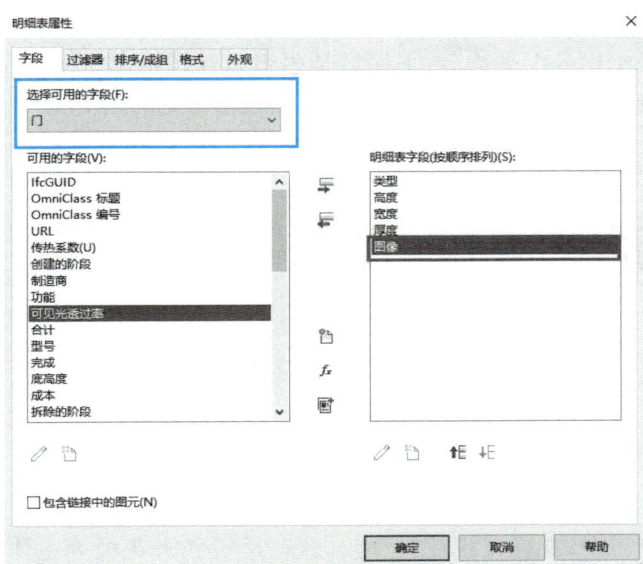

图 10.2.16

要查看完整的图像,需要到图纸当中去放置明细表,如图 10.2.17 所示。

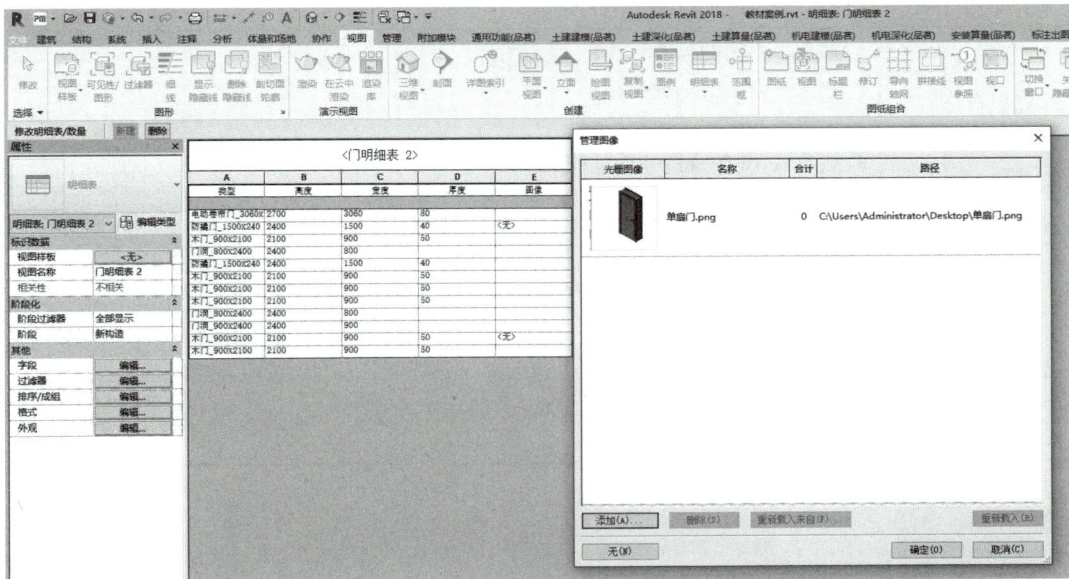

图 10.2.17

任务实施

1. 精读任务图纸,明确要求;

2. 分析要求,个人或小组草拟方案,完善方案并实施(可参见附录2)。

任务评价

教师详细记录各组学生学习表现(纪律情况、讨论情况、展示情况、工作成果),指导学生进行组间评价。教师给出各组平均分,下课后学生组内互评给出每个成员本次任务的成绩。肯定优点的同时,指出问题并给出改进建议等(相关表格参见附录1)。

任务巩固

1. 阅读项目要求,说出实例工程需要的明细表类型。
2. 根据实例工程掌握成果输出要求,并制订合理的学习计划。

任务 10.3　图纸的创建

任务描述

根据案例项目施工图,在已完成柱梁、墙、门窗、楼板和天花板等主体结构模型创建的基础上,根据制图标准,对已建好的模型导出首层平面图。

任务目标

知识目标	1. 熟悉平面图的轴线标注; 2. 熟悉平面图的高程标注; 3. 了解平面图的其他标注; 4. 熟悉 Revit 的视图和图纸相关知识
能力目标	1. 掌握平面视图的创建; 2. 掌握在视图中添加各种注释; 3. 掌握图纸的创建及图纸的编辑; 4. 掌握在图纸中加入视图; 5. 掌握图纸的导出方法
素养目标	1. 培养学生的标准化意识; 2. 养成仔细、严谨的作风

任务实施

任务分工

根据学生座位,将学生分成 5~8 人一组,由小组成员讨论设置组号,并推选小组组长,完成分组表格(也可按照前面任务的分组延续进行)。

班级		组号			指导教师	
成员	学号		姓名	学号		姓名
			（组长）			
任务分工						

任务导航 1

引导问题 1:阅读项目要求,了解实例工程图纸管理的具体要求。

引导问题 2:图纸输出的格式有＿＿＿＿＿、＿＿＿＿＿、＿＿＿＿＿、＿＿＿＿＿、＿＿＿＿＿。

知识链接 1

10.3.1　项目案例:创建一层平面图

本项目任务为一层平面图,采用 1∶100 的比例,放置于 A3 图纸中。对平面图进行门窗标号、尺寸注释、高程注释等处理。

完成项目任务结果,如图 10.3.1 所示。

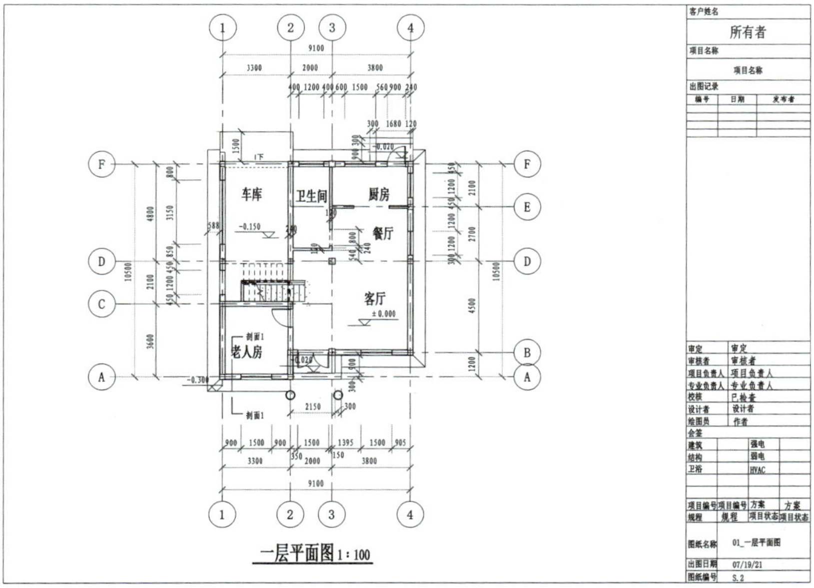

图 10.3.1

创建一层平面图的步骤如下:

步骤 1:创建或复制出需要的平面视图,对视图进行门窗标号,添加尺寸注释、高程注释等。

步骤 2:添加图纸。

步骤 3:修改图纸的标题栏,置入注释好的平面视图,添加图名和比例等文字描述。

知识链接2

10.3.2 视图的创建

添加视频

步骤 1:创建名为"01_一层平面图"楼层平面图。

单击"视图"选项卡→"平面视图"→"楼层平面",如图 10.3.2 所示;打开"新建楼层平面"对话框,选择"01_一层平面图",如图 10.3.3 所示;确定后在项目浏览器面板新增楼层平面显示,如图 10.3.4 所示。

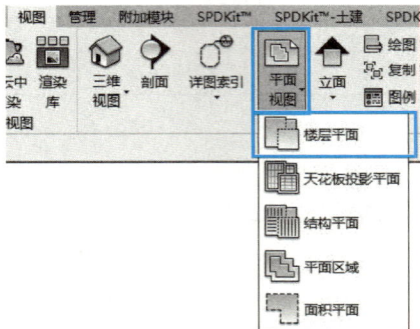

图 10.3.2   图 10.3.3

步骤 2:调整显示。

"楼层平面"面板→"规程"调整为"建筑",如图 10.3.5 所示。

单击"楼层平面"面板→"视图范围"→"编辑"按钮,打开"视图范围"对话框,按照图 10.3.6 所示修改。

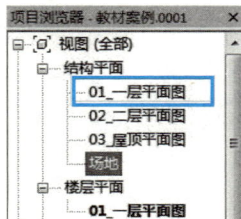

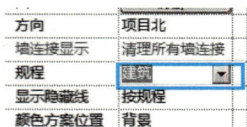

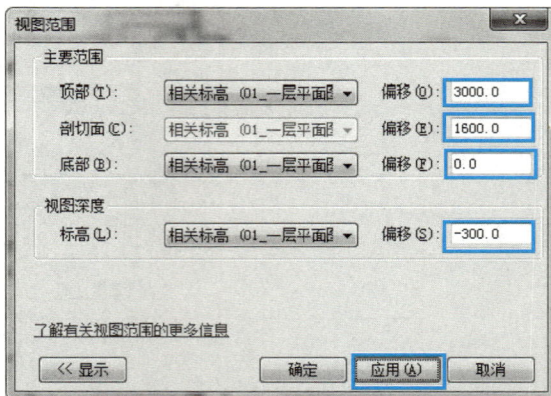

图 10.3.4   图 10.3.5   图 10.3.6

步骤 3：添加尺寸注释。

单击"注释"选项卡—"对齐"命令，可以更改标注样式，选择"属性"—"编辑类型"，复制一个样式，更改文字标注颜色，如图 10.3.7 所示。标注内部尺寸，调整标注文字的位置，如图 10.3.8 所示。用同样的方法标注外部尺寸，注意尺寸间距，调整标注文字位置，如图 10.3.9 所示。注意："对齐"标注用于平行线之间的距离，"线性"用于两个点之间的水平和垂直距离。

注释视图

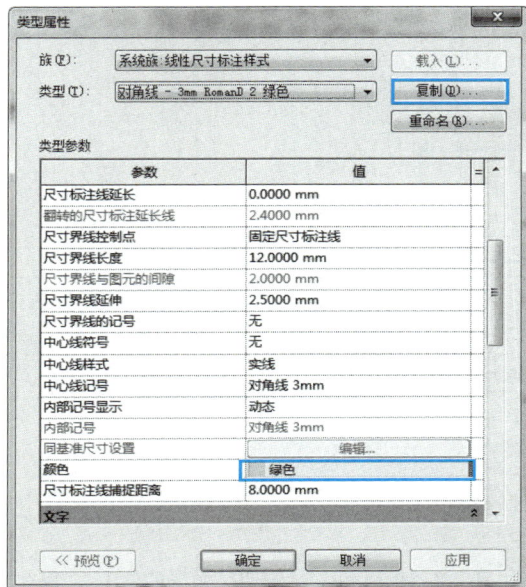

图 10.3.7

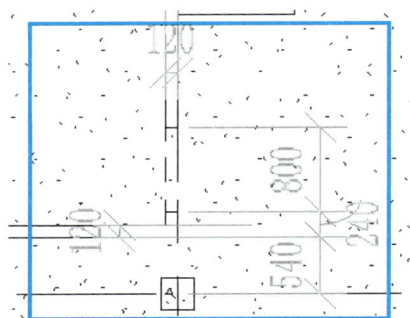

图 10.3.8

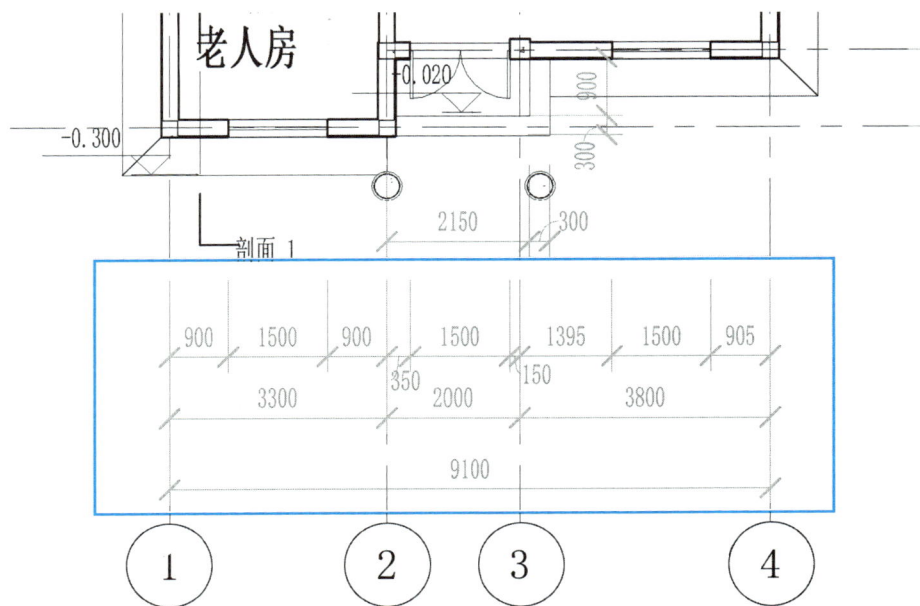

图 10.3.9

步骤4:高程注释。

单击"注释"选项卡,选择"高程点"命令,在"属性"面板中选择"三角形(相对)",客厅选择"正负零高程点(项目)",如图 10.3.10 所示;在平面图上标出门前台阶、车库和客厅标高,如图 10.3.11 所示。

高程注释

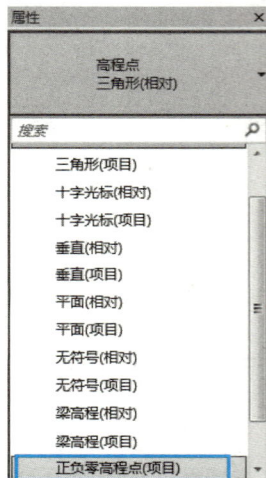

图 10.3.10

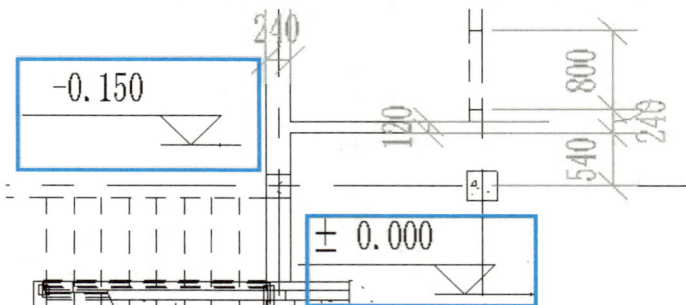

图 10.3.11

知识链接 3

10.3.3 添加及修改图纸

单击"视图"选项卡,选择"图纸"命令,打开"新建图纸"对话框,在列表中选择"A3 公制",如图 10.3.12 所示。

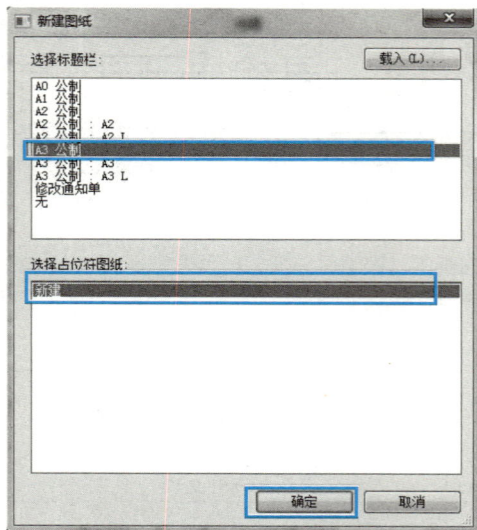

图 10.3.12

知识链接 4

10.3.4　编辑图纸

步骤 1：修改图纸边框。

更改"项目浏览器"中"图纸"下名为"01_一层平面图"的图纸，双击打开图纸，修改标题栏，如图 10.3.13 所示。

图 10.3.13

步骤 2：添加视图。

单击"视图"选项卡→"视图"命令，打开"视图"对话框，选择"楼层平面：01_一层平面图"视图，如图 10.3.14 所示；然后单击"在图纸中添加视图"按钮，将视图添加到图纸中，之后把视口类型调整为"无标题"，如图 10.3.15 所示。

步骤 3：图名及比例。

单击"注释"选项卡→"文字"，在"属性"中选择"7 mm 常规_仿宋"类型，输入比例"一层平面图"，再在"属性"中选择"5 mm 常规_仿宋"类型，输入比例"1∶100"，如图 10.3.16 所示。

图 10.3.14

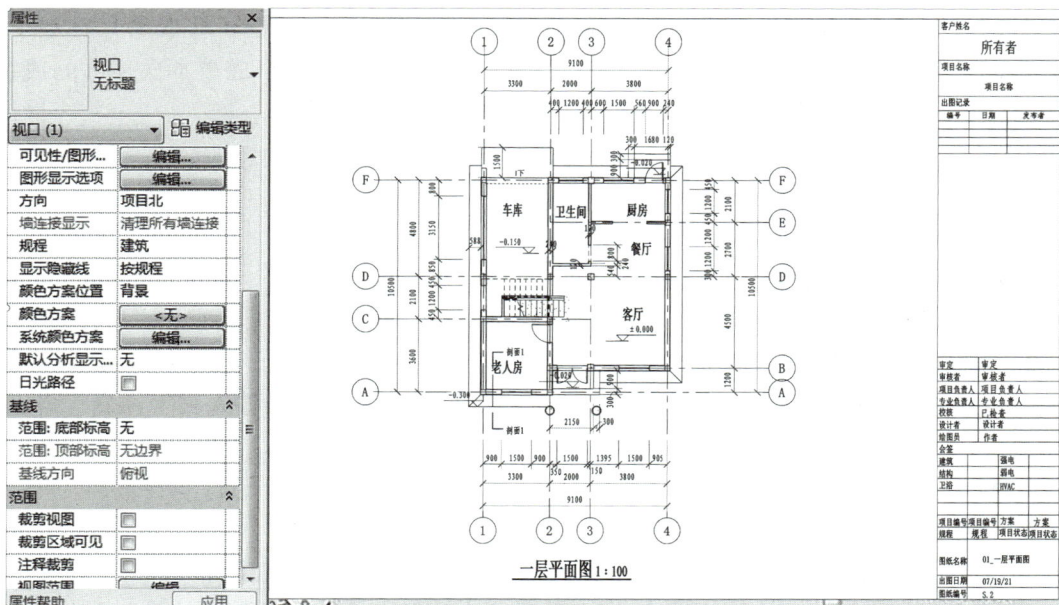

图 10.3.15

步骤4：导出图纸。

图纸创建完成后，单击"文件"菜单→"导出"→"CAD 格式"→"DWG"，如图 10.3.17 所示。

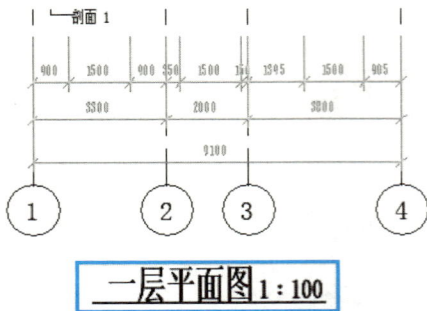

图 10.3.16

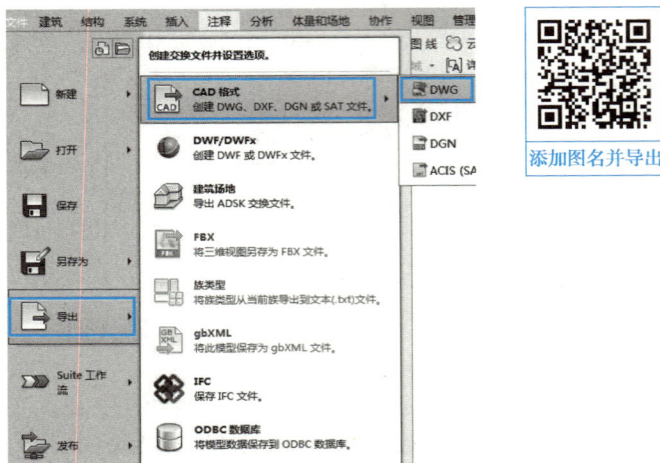

图 10.3.17

练一练

1. 精读工作图纸，明确要求；

2. 分析要求，个人或按组草拟方案，完善方案并实施（可参考附录2）。

任务评价

教师详细记录各组学生学习表现（纪律情况、讨论情况、展示情况、工作成果），指导学生进行组间评价。教师给出各组平均分，下课后学生组内互评给出每个成员本次任务的成绩。肯定优点的同时，指出问题并给出改进建议等（相关表格参见附录1）。

任务巩固

一、选择题

1. Revit 可以标注的尺寸标注是（　　　）。

A. 对齐、线性、角度、径向　　　　　　　B. 直径、弧长

C. 高程点、高程点坐标、高程点坡度　　　D. 以上都是

2. 在图纸视图中，选择图纸中的视口，激活视口后使用文字工具输入文字注释，则该文字注释（　　　）。

A. 仅会显示在图纸视图中

B. 仅会显示在视口对应的视图中

C. 会同时显示在视口对应的视图和图纸视图中

D. 仅会显示在视口对应的视图中，同时会以复本的形式显示在图纸视图中

3. 当临时尺寸捕捉到墙时，Revit 提供的捕捉位置不包含（　　　）。

A. 面　　　　　　　B. 面中心　　　　　　C. 中心线　　　　　　D. 核心层中心

二、操作题

1. 对照步骤,创建二层平面图;

2. 梳理自己所掌握的知识体系,尝试新的绘制技巧,与同学相互交流。

任务 10.4　日光和阴影分析

任务描述

在 Revit 中可创建项目的日光研究,以计算自然光和阴影对建筑和场地的影响。

通过日光研究,可视化地展示来自地形和周围建筑的阴影对场地的影响,以及在一天或一年的特定时间内自然光进入建筑内的位置。

任务目标

知识目标	1. 了解日光研究的内容和目的; 2. 理解静止日光、动态日光的区别
能力目标	掌握静止日光、动态日光的研究编辑方法
素养目标	能根据本项目设计图纸的要求,完成静止日光设置、动态日光设置,导出图像和动画

任务实施

任务分工

根据学生座位,将学生分成 5~8 人一组,由小组成员共同讨论设置组号,并推选小组组长,完成分组表格(也可按照前面任务的分组延续进行)。

班级			组号		指导教师		
成员	学号		姓名		学号		姓名
				(组长)			
任务 分工							

引导问题 1：对项目进行日光研究是掌握_____和_____对建筑及场地的影响。

引导问题 2：日光研究可分为_____和_____。

引导问题 3：动态日光研究可分为_____和_____的日光研究。

知识链接 1

10.4.1　静止日光研究

静止日光研究会生成单个图像，来显示项目位置在指定日期和时间的日光和阴影影响。

在设置静止日光前，要了解进行日光研究的模型的基本信息，比如项目所在地区、静止日光照射的日期和时间。

步骤 1：图形显示选项设置。

打开图纸，在功能区选项卡单击"视图"，选择"三维视图"，在左下角视图控制栏中，单击"视觉样式"选项，选择"图形显示选项"，如图 10.4.1 所示。

在"图形显示选项"对话框中，模型显示样式设置为"隐藏线"，在阴影设置中勾选"投射阴影"，在照明设置中可以对日光、环境光和阴影的强度数值进行设置，设置完成后，单击"应用"按钮，如图 10.4.2 所示。

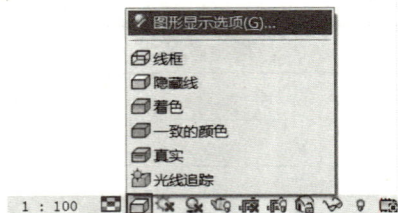

图 10.4.1

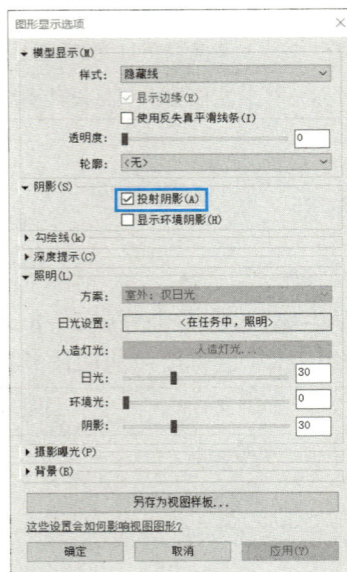

图 10.4.2

步骤 2：静止日光设置。

完成图形显示选项设置后，模型的阴影已打开，在视图控制栏中，单击"关闭日光路径"按钮，选择"日光设置"，如图 10.4.3 所示。

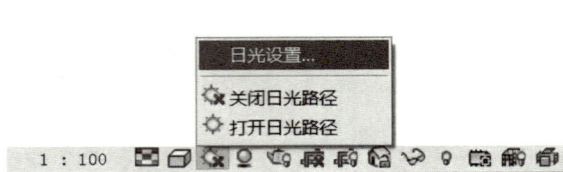

图 10.4.3

在"日光设置"对话框中,日光研究选择"静止",在设置中输入或选择日期和时间,勾选"使用共享设置",模型位置信息将会共享,地平面标高选择"01_一层平面图",如图 10.4.4所示。

图 10.4.4

设置项目地点,单击" ... ",弹出"位置、气候和场地"对话框,通过搜索可以设置项目地址,单击"确定"按钮,如图 10.4.5 所示。日光设置完成后,单击"应用"按钮。

图 10.4.5

步骤 3:图像导出。

关闭"日光设置"对话框后,指定日期和时间的静止日光阴影呈现在模型上。此时,可打开"日光设置"更改日期和时间,单击应用,日光阴影将呈现为调整后的效果。调整模型的三维视图角度,将"视图样式"设置为"真实"后,导出静止日光研究图像。

单击"文件"按钮,在列表中选择"导出"→"图像和动画"→"图像"(图 10.4.6)。在弹出的"导出图像"对话框中,设置导出路径并输入文件名,导出范围选择"当前视图",单击"确定"按钮,导出图像,如图 10.4.7 所示。

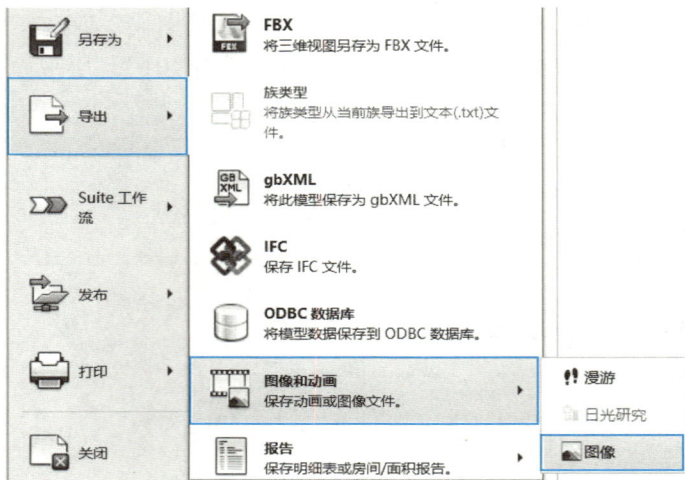

图 10.4.6

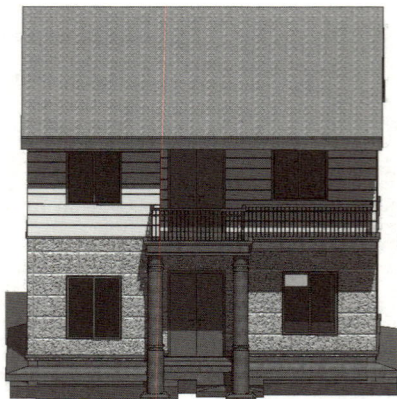

图 10.4.7

知识链接 2

10.4.2 动态日光研究

动态日光研究可分为一天和多天的日光研究。一天日光研究可动态地展示在指定的日期内或已定义的时间范围内模型位置处的阴影移动。多天的日光研究可展示一段时间内太阳位置变化对建筑物照射的影响。

步骤 1：创建一天日光研究。

在视图控制栏中，设置图形显示选项，单击"关闭日光路径"按钮，选择"日光设置"。在"日光设置"对话框中，日光研究选择"一天"，设置项目地点、日期和时间，若要进行一天的日光研究，可勾选"日出到日落"，时间间隔选择 15 分钟，地平面标高选择"01_一层平面图"，设置完成后，单击"应用"按钮，如图 10.4.8 所示。单击"确定"按钮，关闭对话框。

图 10.4.8

步骤 2:日光研究预览。

设置完成后,可预览日光研究动画,在视图控制栏中,单击"关闭日光路径"按钮,选择"日光研究预览",在选项栏单击"播放"按钮,播放动画,如图 10.4.9 所示。

图 10.4.9

步骤 3:打开日光轨迹。

通过动画,可模拟在日照情况下给定时间段阴影的变化情况。在视图控制栏,单击"打开日光轨迹",选择"打开日光轨迹",在视图上将会显示太阳轨迹线,方位,日出、日落时间等信息。单击拖动太阳,可显示不同时间点的太阳位置和阴影效果,在播放动画时,太阳将沿运行轨迹转动,如图 10.4.10 所示。

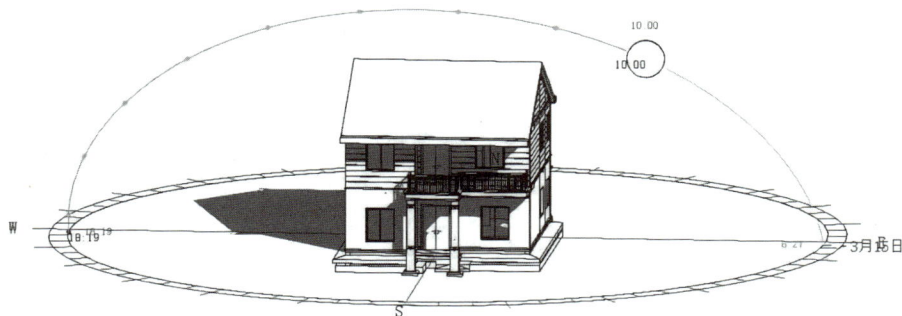

图 10.4.10

步骤 4:创建多天日光研究。

在日光设置中,也可创建多天日光研究。多天日光研究既可以查看一段时间内相同时段模型的阴影变化情况,也可以查看一段时间内同一时间点模型的阴影变化情况。

选择"日光设置",在"日光设置"对话框中,日光研究选择"多天",设置项目地点、日期和时间,若查看一段时间内相同时段模型的阴影变化情况,需设置不同时间,如图 10.4.11 所示。

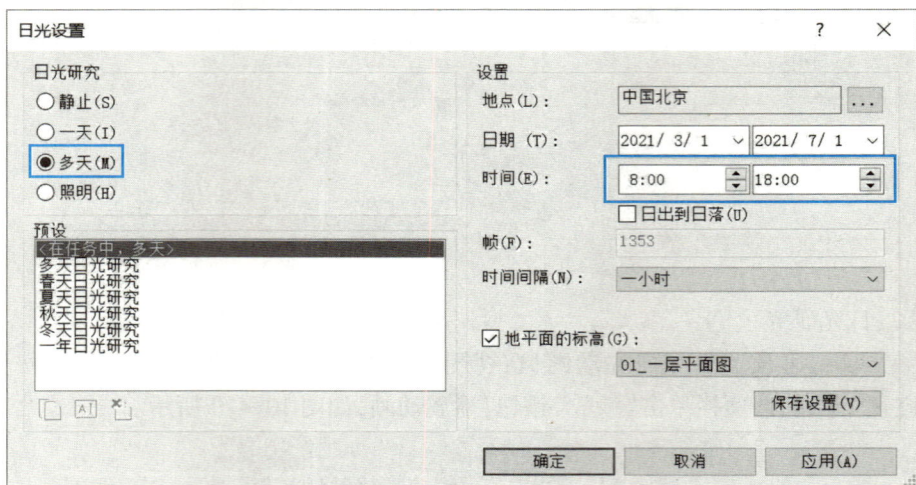

图 10.4.11

若查看一段时间内同一时间点模型的阴影变化情况,需在日光设置中设置前后相同的时间,如图 10.4.12 所示。

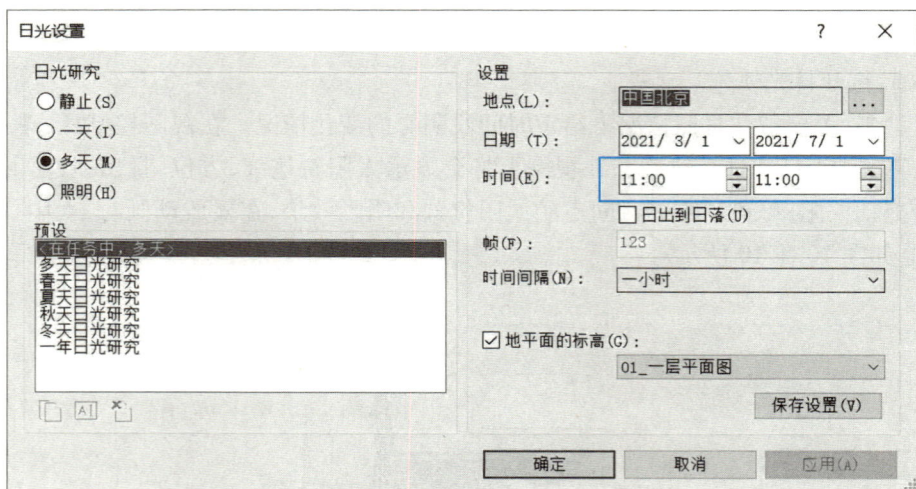

图 10.4.12

设置完成后,打开日光轨迹,在模型上方出现两条太阳运行轨迹线,分别对应开始日期和结束日期。在设置的同一时间点上,两条轨迹弧线连接,播放动画时太阳将沿这条弧线运动,模型呈现出不同的阴影效果,如图 10.4.13 所示。

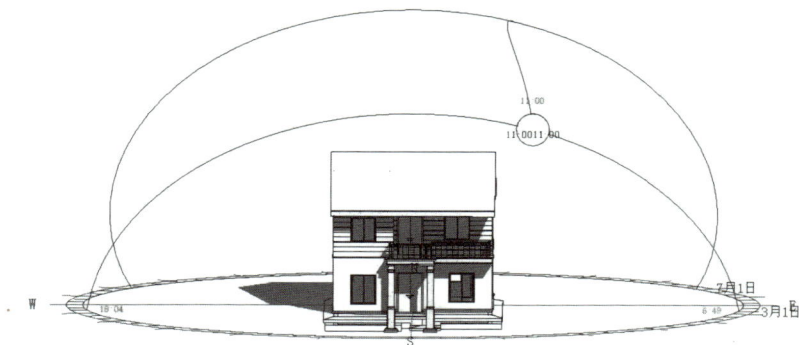

图 10.4.13

步骤 5:导出动画。

动态日光研究创建完成后,导出 AVI 格式的动画,单击"文件"按钮,在列表中选择"导出"→"图像和动画"→"日光研究"(图 10.4.14),弹出"长度/格式"对话框(图 10.4.15),可设置输出长度和格式,其中"视觉样式"选项用于设置导出后模型的样式。选择"真实"等清晰度较高的模型时,导出的视频质量较高,但需要较长的时间。

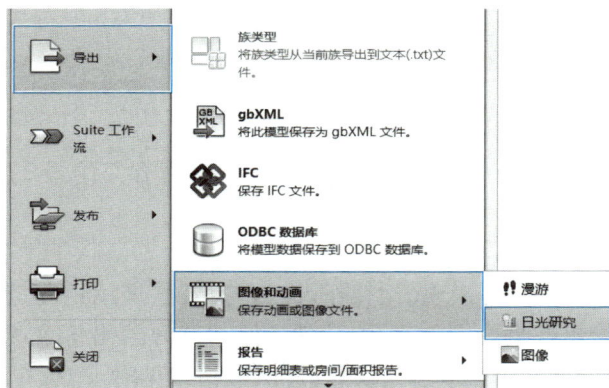

图 10.4.14

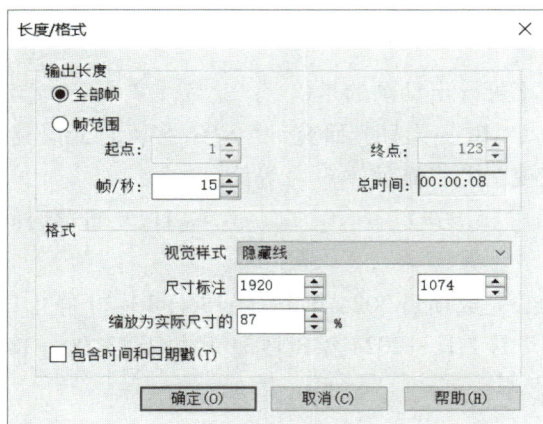

图 10.4.15

单击"确定"按钮后,弹出"导出动画日光研究"对话框,输入文件名并设置导出路径。单击"保存"按钮,动态日光研究导出为外部 AVI 文件(图 10.4.16)。

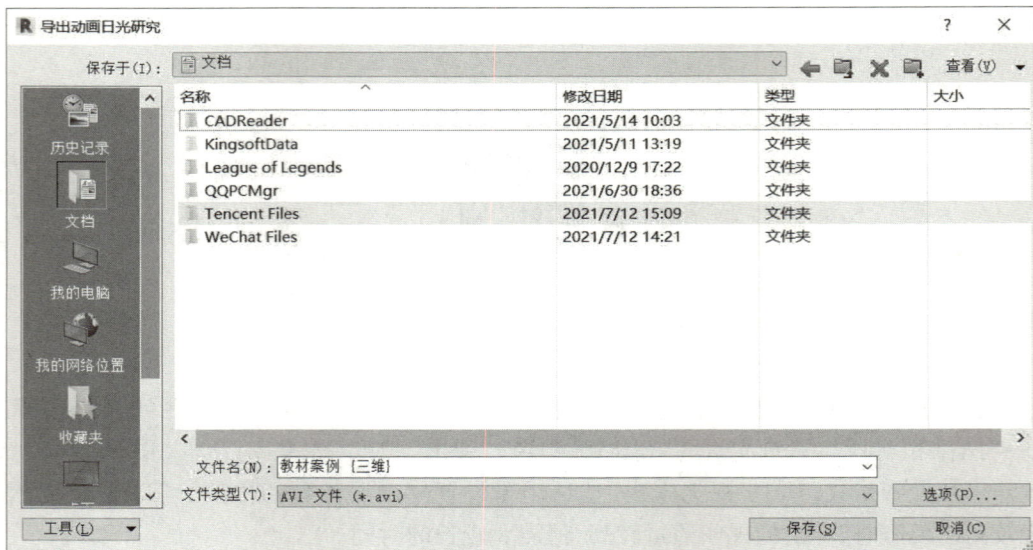

图 10.4.16

练一练

1. 精读工作图纸,明确要求;

2. 分析要求,个人或按组草拟方案,完善方案并实施(可参见附录2)。

任务评价

教师详细记录各组学生学习表现(纪律情况、讨论情况、展示情况、工作成果),指导学生进行组间评价。教师给出各组平均分,下课后学生组内互评给出每个成员本次任务的成绩。肯定优点的同时,指出问题并给出改进建议等(相关表格参见附录1)。

任务巩固

一、选择题

1. 下列日光研究中,不可导出动画的是(   )。

A. 静态日光研究   B. 一天日光研究   C. 多天日光研究   D. 春分日光研究

2. 打开日光轨迹,在视图上将显示(   )等信息。

A. 太阳轨迹线   B. 方位   C. 日出、日落时间   D. 以上均正确

二、操作题

1. 根据项目所在地区,完成项目 2024 年 10 月 18 日 13:30 静止日光研究,导出图片。

2. 完成项目 2024 年 7 月 1 日—2024 年 8 月 31 日每天 13:00—18:00 的日光轨迹,分析夏季午后阳光对该项目的影响。

任务 10.5　渲染和漫游

任务描述

根据案例项目施工图,建筑模型的创建已完成,并已为构件赋予材质。为展现模型完成效果,按照设计要求,需对模型进行渲染,通过渲染和漫游,将模型文件以图片和视频的形式展现出来。

任务目标

知识目标	理解渲染和漫游的作用,了解建筑模型中渲染和漫游的应用
能力目标	1. 掌握 Revit 渲染模型的方法、基本设置; 2. 掌握漫游的编辑方式; 3. 掌握渲染和漫游的导出方法
素养目标	能根据要求,运用渲染导出建筑模型的图片,运用漫游导出动画

任务实施

任务分工

根据学生座位,将学生分成 5~8 人一组,由小组成员讨论设置组号,并推选小组组长,完成分组表格(也可按照前面任务的分组延续进行)。

班级		组号		指导教师	
成员	学号	姓名	学号	姓名	
		(组长)			
任务 分工					

任务导航 1

引导问题 1:为展现模型完成效果,渲染前应将"视觉形式"设置为_____。

引导问题 2:通过渲染,可以将模型文件以_____的形式展现出来。

引导问题 3:通过漫游,可以将模型文件以_____和_____的形式展现出来。

知识链接 1

10.5.1　渲染

Revit 中的渲染是指利用软件从模型生成图像的过程,在渲染前,观察需要渲染的模型,选取合适的方位和角度进行渲染,使图片呈现需要达到的理想效果。

步骤 1:打开图纸模型,选择三维视图,浏览模型,选择模型正立面。在左下角视图控制栏中,将"视觉样式"设置为"真实"。单击视图选项卡图形面板上的渲染工具,弹出"渲染"对话框,如图 10.5.1 所示。

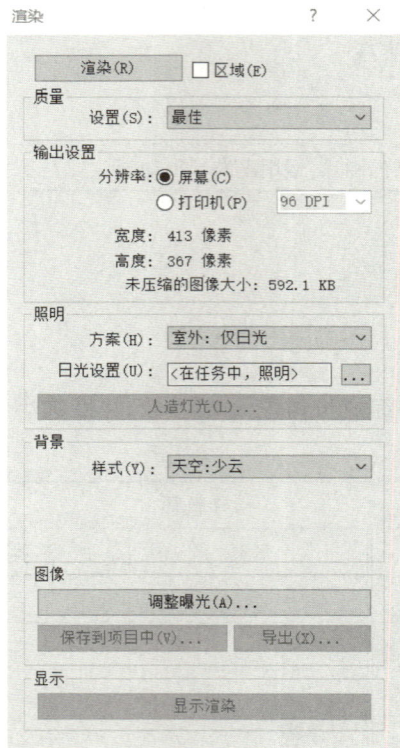

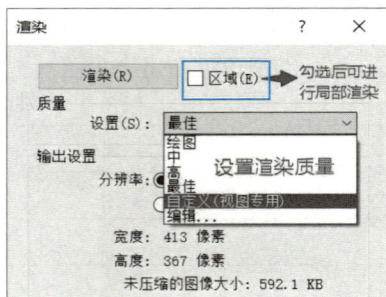

图 10.5.1　　　　　　　　　　　　　　图 10.5.2

步骤 2:指定渲染质量。

使用渲染对话框上的"质量设置"可为渲染图像指定所需的质量(图 10.5.2)。质量为"绘图"时,Revit 相对渲染质量速度是最快的,但渲染出来的图像质量不高;渲染质量为"最佳"时,会以非常高的质量来渲染,但需要渲染的时间也是最长的。Revit 的渲染质量还可以"自定义"。

步骤 3：照明方案和日光设置。

在渲染对话框的"照明"下，选择所需设置作为"方案"，根据渲染的场景需要，选择室外或室内光源，根据照明需要，选择光源的形式（图 10.5.3）。

如果选择的是某个用日光照明的方案，在"日光设置"选项卡上，单击"…"按钮，在弹出的"日光设置"对话框中，为渲染图像定义新的日光和阴影设置，如图 10.5.4 所示。如模型中已放置照明设备，可选择人造灯光的照明方案，单击"人造灯光"，可控制渲染图像的人造灯光。

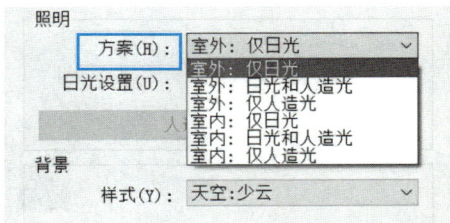

图 10.5.3

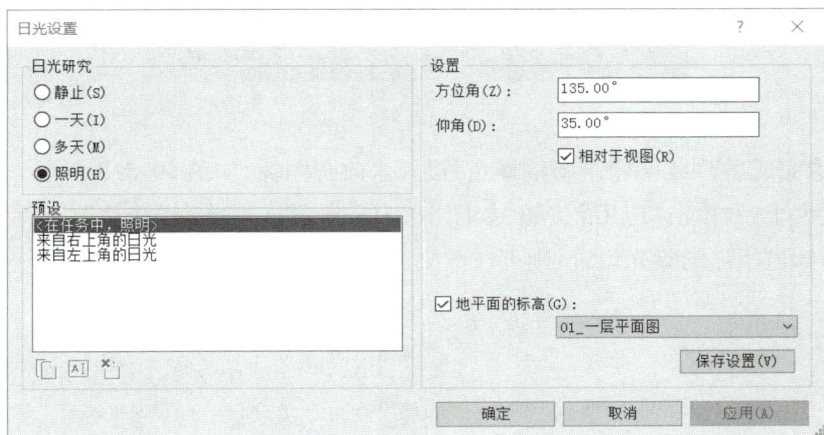

图 10.5.4

步骤 4：背景设置。

在渲染时，可设置"背景"样式，在下拉菜单中进行选择，也可选择图像，如图 10.5.5 所示。单击"自定义图像"，选择插入已保存的背景图片。

步骤 5：创建渲染图像。

设置完成后，单击"渲染"，Revit 将显示"渲染进度"对话框，其中显示有关渲染过程的信息，如图 10.5.6 所示。

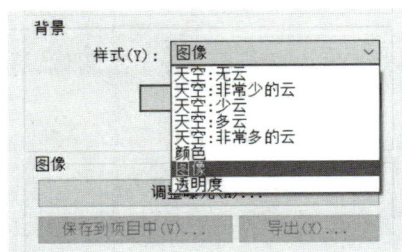

图 10.5.5

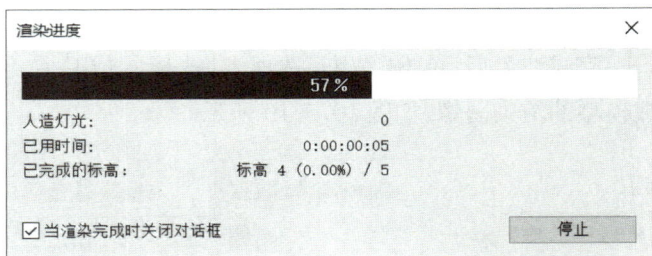

图 10.5.6

渲染完成后，Revit 会在绘图区域中显示渲染图像，如图 10.5.7 所示。

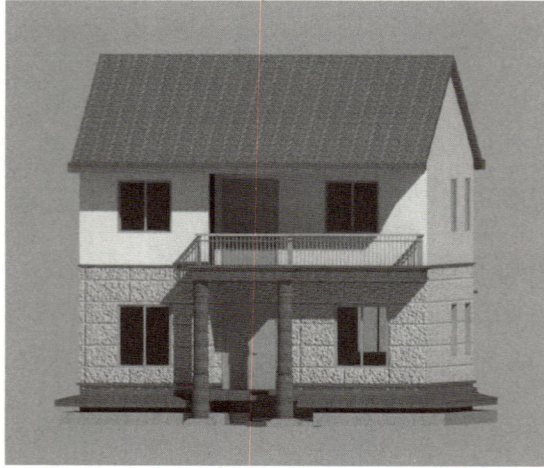

图 10.5.7

渲染图像完成后,可以单击"调整曝光"设置来改善图像,如图 10.5.8 所示。在曝光控制中,调整参数大小后,单击"应用"按钮,如图 10.5.9 所示。再单击"渲染",显示调整后的渲染图像,如果知道所需的曝光设置,则可在渲染图像之前进行设置。

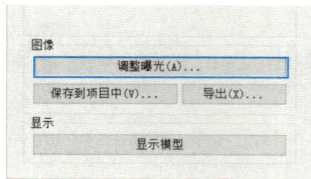

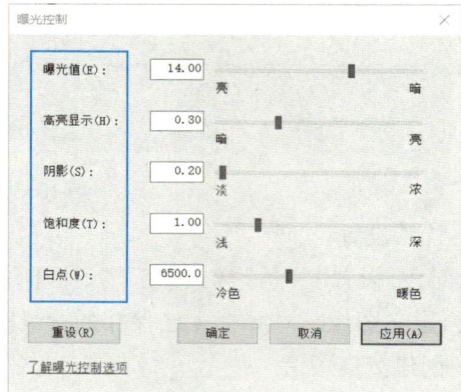

图 10.5.8

图 10.5.9

步骤 6:导出渲染图。

完成渲染后,单击"渲染"选项卡,选择"导出"命令,可以对图片进行命名,导出图像,完成模型的渲染图像,如图 10.5.10 所示。

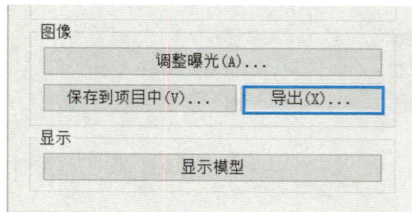

图 10.5.10

知识链接 2

10.5.2 漫游

步骤 1:漫游设置。

利用现有的三维模型,创建漫游动画,可以动态查看与展示设计模型,打开图纸模型,选择"平面视图",打开一层平面图。选择"视图"选项卡,单击"三维视图"下拉列表中的"漫游"命令,如图 10.5.11 所示。

图 10.5.11

单击后,Revit 自动切换到"修改/漫游"上下文选项卡;在选项栏上勾选"透视图"复选框,设置偏移量为"1750.0",设置基准面板为"01_一层平面",如图 10.5.12 所示

图 10.5.12

步骤 2:漫游路径。

移动鼠标将光标移至绘图区域,在一层平面视图中项目正立面前方选择适当位置开始按顺时针或逆时针方向依次单击放置漫游路径中的关键帧相机位置,每一关键帧代表一个相机位置,围绕项目一周放置路径后,单击漫游面板上的"完成漫游"按钮或按"Esc"键完成漫游路径的绘制,如图 10.5.13 所示。

完成路径绘制后,项目浏览器中"漫游"项中会自动添加一个"漫游 1",绘制完的路径一般还需要进行适当的调整。单击漫游面板上的"编辑漫游"工具,漫游路径变为可编辑状态,如图 10.5.14 所示。

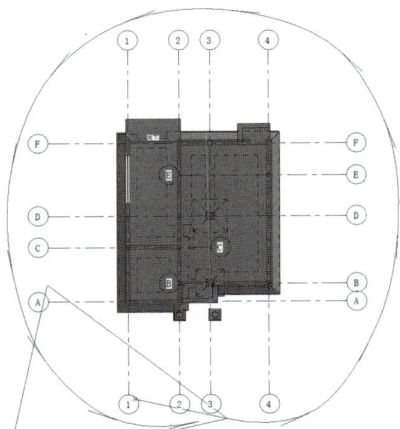

图 10.5.13

图 10.5.14

步骤 3:编辑漫游。

选项栏中提供了 4 种方式用于修改漫游路径,分别是控制活动相机、编辑路径、添加关键

帧和删除关键帧,如图 10.5.15 所示。默认为"活动相机",路径会出现红色圆点,可以拖曳相机视点改变相机方向,如图 10.5.16 所示。

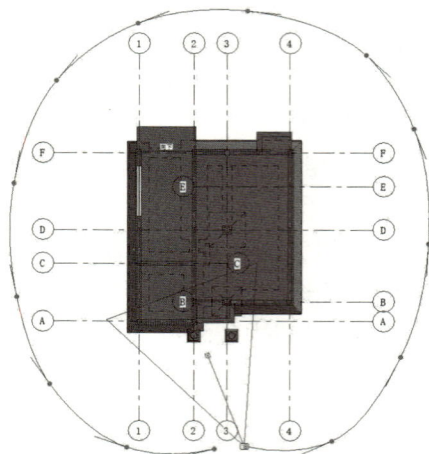

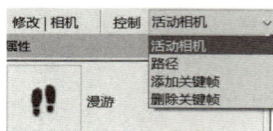

图 10.5.15　　　　　　　　　　　　图 10.5.16

　　设置选项栏中的控制方式为"路径"时,进入路径编辑状态,此时路径会以蓝色原点表示关键帧,在平面图中拖曳关键帧,调整路径的位置,如图 10.5.17 所示。每一个关键帧编辑完毕后,单击"漫游"面板上的"上一关键帧"工具(图 10.5.18),可以逐个编辑关键帧,使每一帧的视线方向和关键帧位置合适。根据需要,还可以为路径添加或删除关键帧。

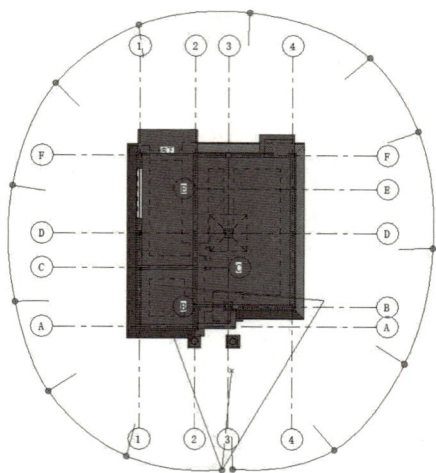

图 10.5.17　　　　　　　　　　　　图 10.5.18

　　单击选项栏上的"漫游帧"按钮,打开"漫游帧"对话框,可以修改"总帧数"和"帧/秒"值,以调整整个漫游动画的播放时间,如图 10.5.19 所示。

　　编辑完成后,单击"确定"按钮。单击"打开漫游",再单击"播放"按钮,播放完成的漫游动画,如图 10.5.20 所示。

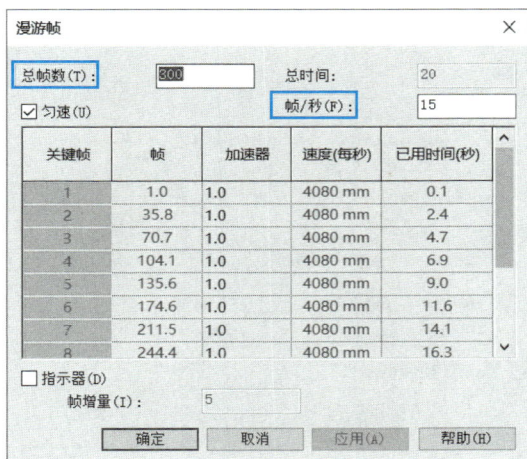

图 10.5.19

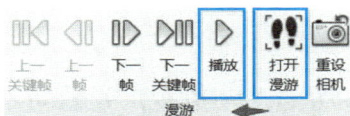

图 10.5.20

步骤 4:漫游导出。

漫游创建完成后可以将漫游导出为 AVI 格式的动画或图像文件,将漫游导出为图像文件时,漫游的每个帧都会保存为单个文件,可以导出所有帧或一定范围的帧。

单击"文件"按钮,在列表中选择"导出"→"图像和动画"→"漫游",如图 10.5.21 所示。弹出"长度/格式"对话框,可设置输出长度和格式,其中"帧/秒"选项用于设置导出后漫游的速度,如图 10.5.22 所示。单击"确定"按钮后会弹出"导出漫游"对话框,输入文件名并设置导出路径。单击"保存"按钮,漫游文件导出为外部 AVI 文件。

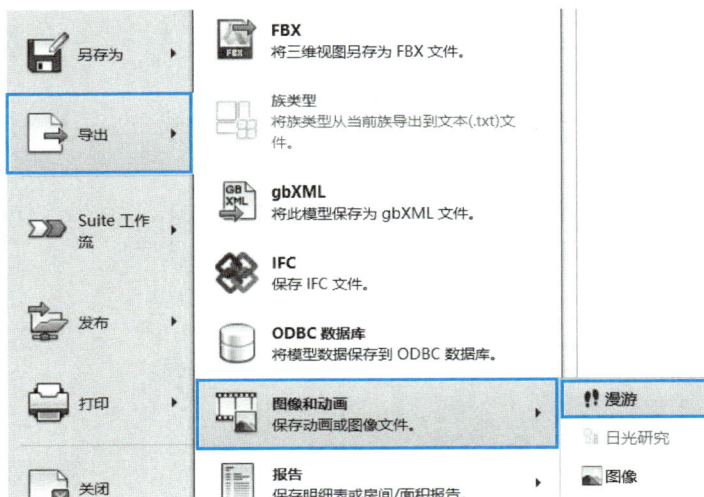

图 10.5.21

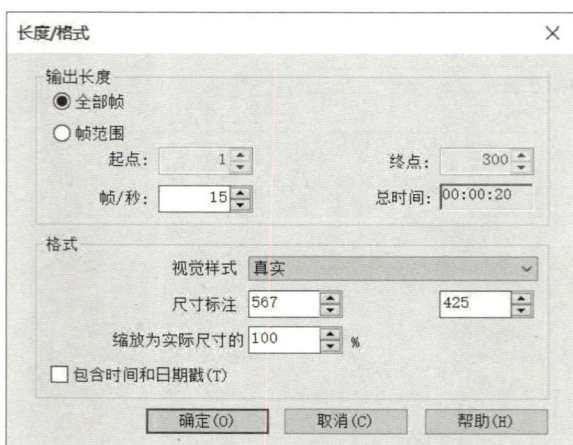

图 10.5.22

练一练

1. 精读工作图纸, 明确要求;

2. 分析要求, 个人或按组草拟方案, 完善方案并实施(可参考附录2)。

任务评价

教师详细记录各组学生学习表现(纪律情况、讨论情况、展示情况、工作成果), 指导学生进行组间评价。教师给出各组平均分, 下课后学生组内互评给出每个成员本次任务的成绩。肯定优点的同时, 指出问题并给出改进建议等(相关表格参见附录1)。

任务巩固

一、选择题

1. 在以下渲染质量中, 质量设置为(　　)时渲染速度最快。

A. 绘图　　　　　　　　B. 中　　　　　　　　C. 高　　　　　　　　D. 最佳

2. 下列选项中不属于修改漫游路径的方法是(　　)。

A. 活动相机　　　　　B. 修改关键帧　　　　C. 删除关键帧　　　　D. 添加关键帧

二、操作题

1. 根据已学内容, 自主选择渲染方案设定, 完成模型的渲染, 并导出图片。

2. 根据漫游的基本方法, 结合项目特点, 完成漫游, 并导出视频。

项目 11   部件/零件和体量

任务 11.1   部件的创建

任务描述

根据案例项目施工图,在已完成柱、梁、墙、门窗、楼板和天花板等主体结构模型创建的基础上,运用 Revit 的部件和成组功能,对模型进行局部操作。

任务目标

知识目标	1.熟悉部件相关操作; 2.熟悉成组相关操作
能力目标	1.掌握部件的创建; 2.掌握部件图元的移除和添加; 3.掌握部件明细表的创建; 4.掌握成组操作
素养目标	1.提高局部操作意识; 2.尝试局部的划分

任务实施

任务分工

根据学生座位,将学生分成 5~8 人一组,由小组成员讨论设置组号,并推选小组组长,完成分组表格(也可按照前面任务的分组延续进行)。

班级			组号		指导教师	
成员	学号		姓名	学号		姓名
			（组长）			
任务 分工						

任务导航 1

创建部件前,首先对需要创建的部件基本信息进行识读,本任务主要讲解方法与步骤,模型数据可以根据图纸也可以自定义。

引导问题1:部件功能在哪个选项卡中? _____。

知识链接 1

11.1.1 创建部件

在三维视图中选择别墅入口前的柱子、基础、阳台底板;单击“修改|选择多个”选项卡,选择“创建部件”工具,如图 11.1.1 所示。打开“新建部件”对话框,设置好“类型名称”参数为“别墅入口”,如图 11.1.2 所示。确定后,属性面板显示如图 11.1.3。

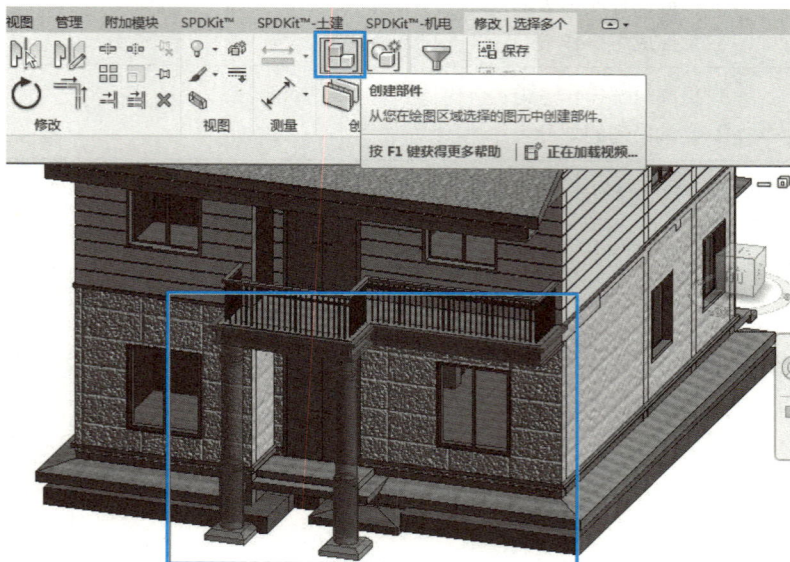

图 11.1.1

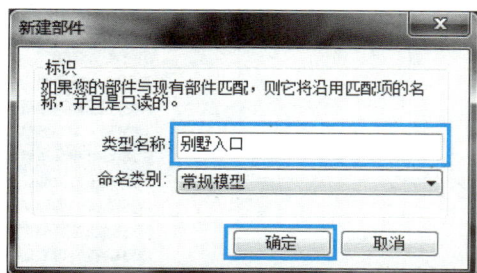

图 11.1.2

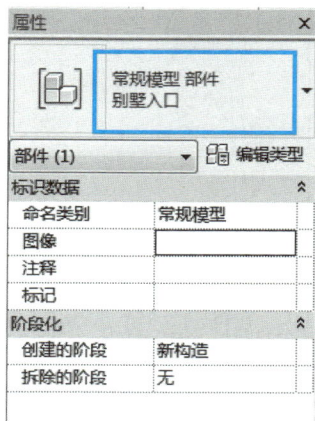

图 11.1.3

知识链接 2

11.1.2　为部件创建平/立/剖面图和各类明细表

选中部件,单击"修改 | 部件"选项卡→"创建视图",
如图 11.1.4 所示。打开"创建部件视图"对话框,调整比
例为"1∶20",图纸为"A3 公制",如图 11.1.5 所示。确
定后在项目浏览器下"部件"中找到"别墅入口",如图
11.1.6 所示。

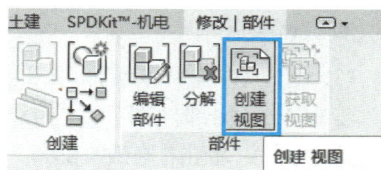

图 11.1.4

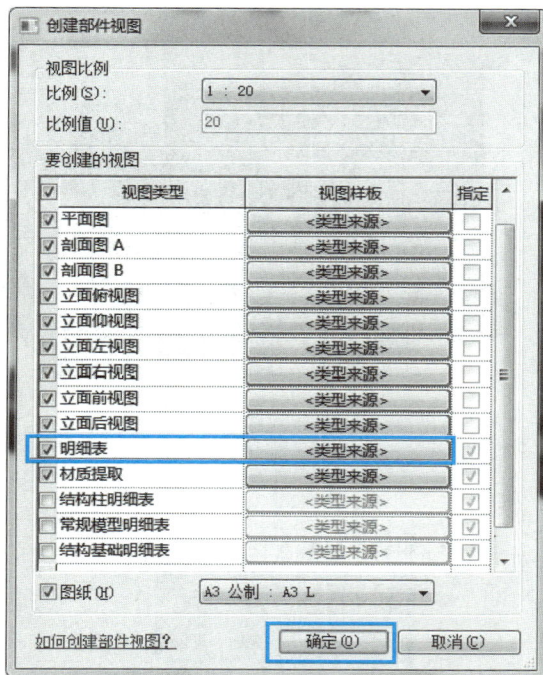

图 11.1.5

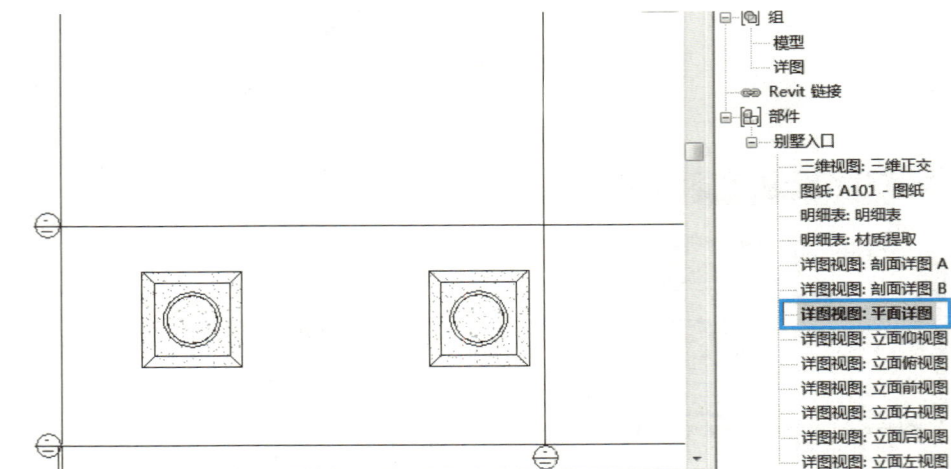

图 11.1.6

知识链接3

11.1.3 移除和添加部件图元

步骤1:添加部件图元。

选中部件,单击"修改|部件"选项卡→"编辑部件"工具,如图 11.1.7 所示。

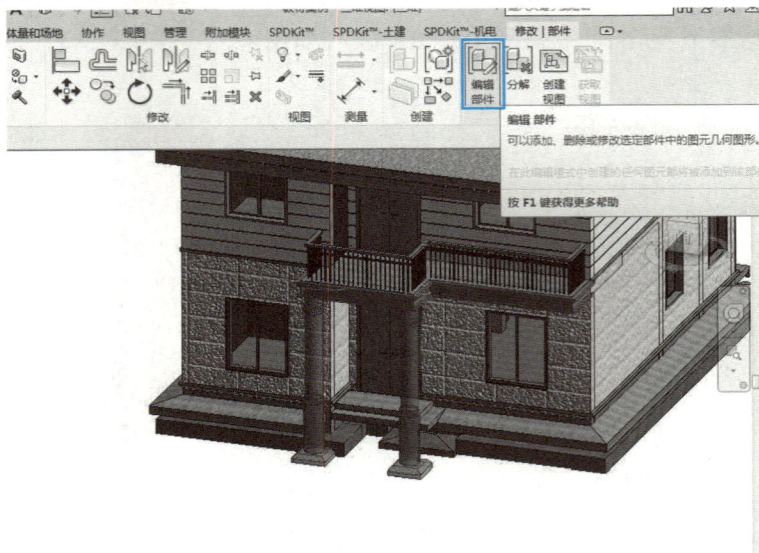

图 11.1.7

之后出现"编辑构造"工具条,如图 11.1.8 所示。

图 11.1.8

单击"编辑构造"→"添加"工具,选择门前的台阶和入户门,再单击"编辑构造"→"完成"工具,部件中就添加了门前的台阶和入户门,如图 11.1.9 所示。

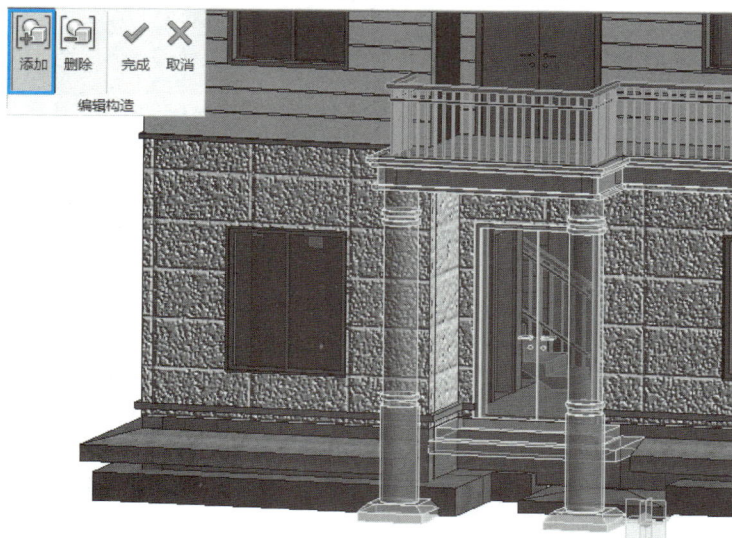

图 11.1.9

步骤 2:移除部件图元。

单击"编辑构造"→"删除"工具,选中入户门,再单击"编辑构造"→"完成"工具,部件中就删除了入户门构件,如图 11.1.10 所示。

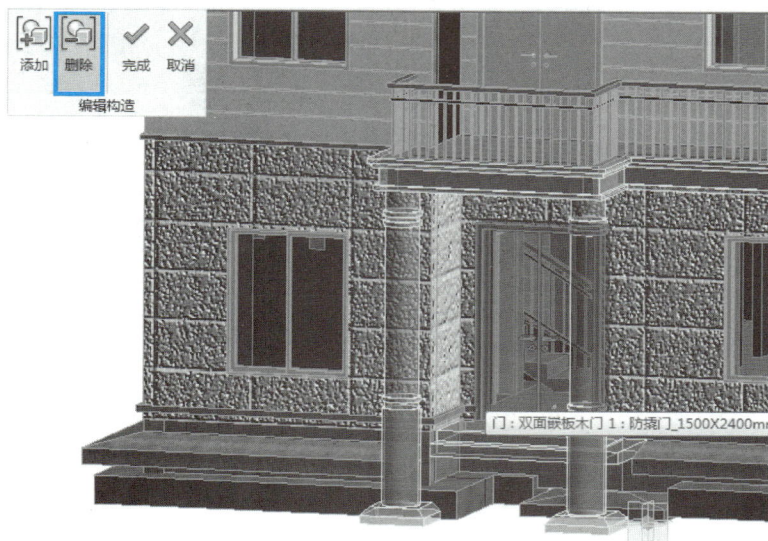

图 11.1.10

知识链接 4

11.1.4　分解部件

选中部件,单击"修改|部件"选项卡→"分解" 工具,如果该部件有视图和明细表,则

会打开"Autodesk Revit 2018"对话框,单击"删除图元"按钮,如图 11.1.11 所示。

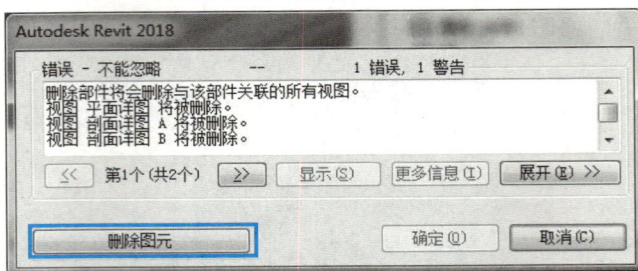

图 11.1.11

获取视图

知识链接 5

11.1.5　获取视图

选中别墅前入口处左边的柱子和基础,创建名为"柱0A"部件,为部件"创建视图"。

选中别墅前入口处右边的柱子和基础,直接创建名为"柱0A"部件。选中右边部件,"创建视图"为灰色,如图 11.1.12 所示。单击"获取视图"工具,可以把左边的视图和明细表转移给右边的部件。

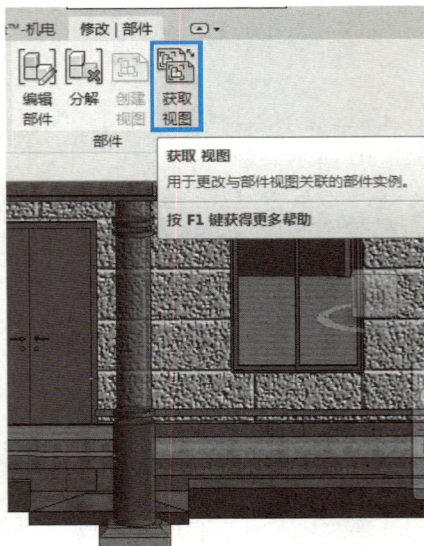

图 11.1.12

组的操作

知识链接 6

11.1.6　成组

解决图元关联的方式,与部件不同的还有成组。但成组的组中各图元可以任意编辑,而不影响组内其他图元,也不能创建明细表。

选中别墅一层 M3 门前的台阶和雨棚,单击"修改 | 选择多个"→"创建组"工具,打开"创建模型组"对话框,名称后录入"别墅后门入口",如图 11.1.13 所示。确定后,属性面板显示如图 11.1.14。

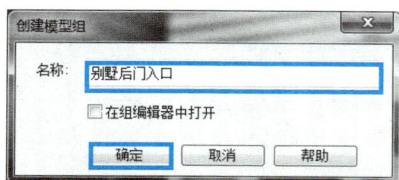

图 11.1.13

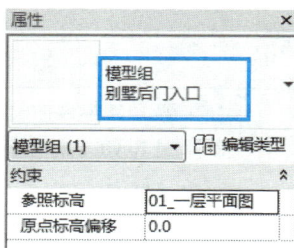

图 11.1.14

完成组的创建后,选中模型组,在"修改│模型组"选项卡中有"编辑组"工具可以添加或移除图元,"解组"工具可以分解此组。

练一练

1.精读工作图纸,明确要求;

2.分析要求,个人或按组草拟方案,完善方案并实施(可参考附录2)。

任务评价

教师详细记录各组学生学习表现(纪律情况、讨论情况、展示情况、工作成果),指导学生进行组间评价。教师给出各组平均分,下课后学生组内互评给出每个成员本次任务的成绩。肯定优点的同时,指出问题并给出改进建议等(相关表格参见附录1)。

任务巩固

一、选择题

1.(　　)可以把局部图元形成关联,又可以对关联后的图元进行单独操作,但不能建立明细表。(单选题)

A.部件　　　　　　B.成组　　　　　　C.链接　　　　　　D.关联

2.将每一堵墙的零件组合成一个部件,对此部件可以进行的操作有(　　)(多选题)

A.创建视图　　　B.创建明细表　　　C.材质提取　　　　D.创建图纸

二、操作题

1.对照步骤,创建"别墅入口"部件和"别墅后门入口"组。

2.梳理自己所掌握的知识体系,能正确运用部件和组。

任务 11.2　零件的创建

任务描述

根据案例项目施工图,基于已创建完成的一层平面各构件模型,根据模型创建需求,完成零件的创建。

任务目标

知识目标	1. 了解 BIM 零件的概念； 2. 掌握 Revit 软件创建零件的方法与步骤
能力目标	1. 能根据项目需求，正确创建零件； 2. 能对所创建的零件进行编辑
素养目标	1. 能根据图纸信息、目标需求进行综合分析； 2. 能根据项目需求，做出正确判断

任务实施

任务分工

根据学生座位，将学生分成 5~8 人一组，由小组成员讨论设置组号，并推选小组组长，完成分组表格（也可按照前面任务的分组延续进行）。

班级		组号		指导教师	
	学号	姓名	学号		姓名
成员		（组长）			
任务 分工					

任务导航 1

创建零件前，首先对需要创建的零件基本信息进行识读，本节主要讲解方法与步骤，模型数据可以根据图纸自定义。

引导问题 1：零件功能在哪个选项卡中？ _____。

知识链接 1

11.2.1　零件的基本概念

Revit 中的零件图元通过将设计意图模型中的某些图元分成较小的零件来支持构造建模过程。这些零件及其衍生的任何较小的零件都可以单独列入明细表、标记、过滤和导出，可以用于创建零件的图元，如墙（不包括叠层墙和幕墙）、基础墙、楼板（不包括多层形状编辑楼板）、屋顶、天花板、结构楼板基础、楼板边缘、封檐带、檐沟等。注意项目参数、共享参数以及标高数据会传播到零件。

知识链接 2
11.2.2 创建零件
步骤 1:单击"修改"选项卡→"创建"面板→创建零件,如图 11.2.1 所示。

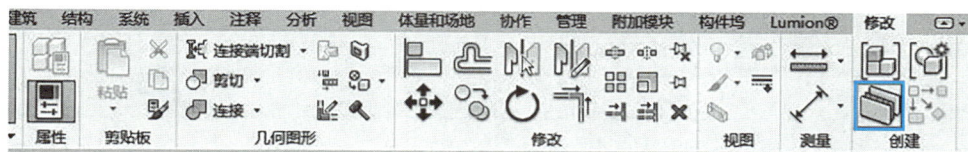

图 11.2.1

步骤 2:在绘图区域中,选择要通过其创建零件的图元。当工具处于活动状态时,只有可用于创建零件的图元才可供选择;不可选择的图元显示为半色调。

步骤 3:按回车键或空格键完成操作。

知识链接 3
11.2.3 排除零件
从 Revit 项目中排除零件,使其不包含在材质提取、明细表和其他列表或计算中。仅当在光标下亮显或选定时,排除的零件才可见。

从模型排除零件:

步骤 1:选择零件。

步骤 2:依次单击"修改|零件"选项卡→"排除"面板→排除零件,如图 11.2.2 所示。

图 11.2.2

恢复排除的零件:

步骤 1:将光标移至零件以高亮显示该零件,然后单击以将其选中。

步骤 2:单击"修改|零件"选项卡→"排除"面板→(恢复零件),或者单击图形区域中选定零件旁边显示的控件恢复已排除零件,如图 11.2.3 所示。

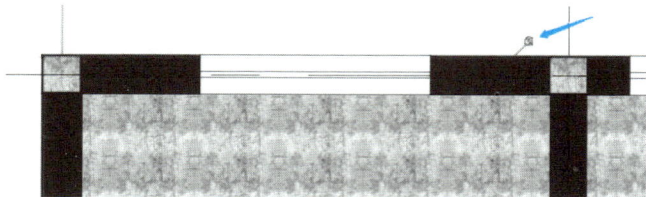

图 11.2.3

知识链接 4
11.2.4 编辑零件
Revit 某个图元被指定为零件后,可通过绘制分割线草图或选择与该零件相符的参考图元,将该零件分割为较小零件。

步骤1:在绘图区域中,选择零件或要分割的零件。

步骤2:单击"修改|零件"选项卡→"零件"面板→分割零件(图11.2.4)。

图11.2.4

知识链接5

11.2.5 控制零件的可见性

步骤1:单击视图中的空白区域,"属性"选项板上将显示视图属性。

步骤2:在"属性"选项板的图形"下,从"零件可见性"下拉列表中选择可见形式,如图11.2.5所示。

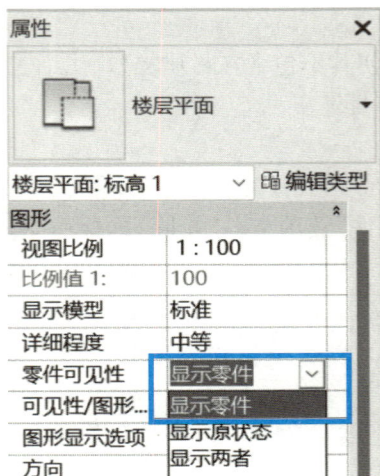

图11.2.5

练一练

1.精读工作图纸,明确要求;

2.分析要求,个人或按组草拟方案,完善方案并实施(可参考附录2)。

任务评价

教师详细记录各组学生学习表现(纪律情况、讨论情况、展示情况、工作成果),指导学生进行组间评价。教师给出各组平均分,下课后学生组内互评给出每个成员本次任务的成绩。肯定优点的同时,指出问题并给出改进建议等(相关表格参见附录1)。

任务巩固

选择题

1.以下图元不能创建零件(　　)。("1+X"理论题)

A.砌体墙　　　　　　　B.幕墙　　　　　　　C.屋顶　　　　　　　D.天花板

2.零件可见性设置有(　　)种形式。("1+X"理论题)

A.1　　　　　　　　　　B.2　　　　　　　　　　C.3　　　　　　　　　　D.4

3.Revit 软件图形界面中,选项卡下有"创建"面板的是(　　　　)。("1+X"理论题)

A.注释　　　　　　　　B.分析　　　　　　　　C.修改　　　　　　　　D.插入

任务 11.3　概念体量

任务描述

本任务主要介绍创建体量模型的各种命令。

任务目标

知识目标	掌握体量模型的识读
能力目标	掌握体量模型的创建、编辑方式
素养目标	养成读图仔细,创建细心,修改耐心的习惯

任务实施

任务分工

根据学生座位,将学生分成 5~8 人一组,由小组成员讨论设置组号,并推选小组组长,完成分组表格(也可按照前面任务的分组延续进行)。

班级		组号		指导教师	
成员	学号	姓名		学号	姓名
		(组长)			
任务分工					

任务导航 1

创建体量模型前,首先对体量模型的基本信息进行识读。本任务主要讲解方法与步骤,模型数据可以来自图纸也可以自定义。

引导问题1:体量的创建方法有_____。

知识链接1

体量的介绍

11.3.1 创建体量模型

步骤1:打开新建概念体量,选择公制体量,如图11.3.1所示。

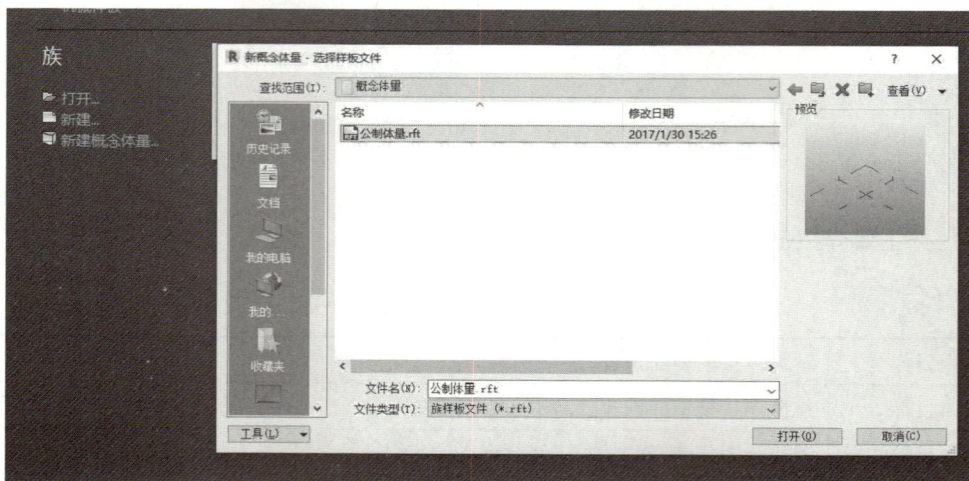

图 11.3.1

步骤2:在"工作平面"中选择"设置",拾取"标高1"作为工作平面,如图11.3.2所示。

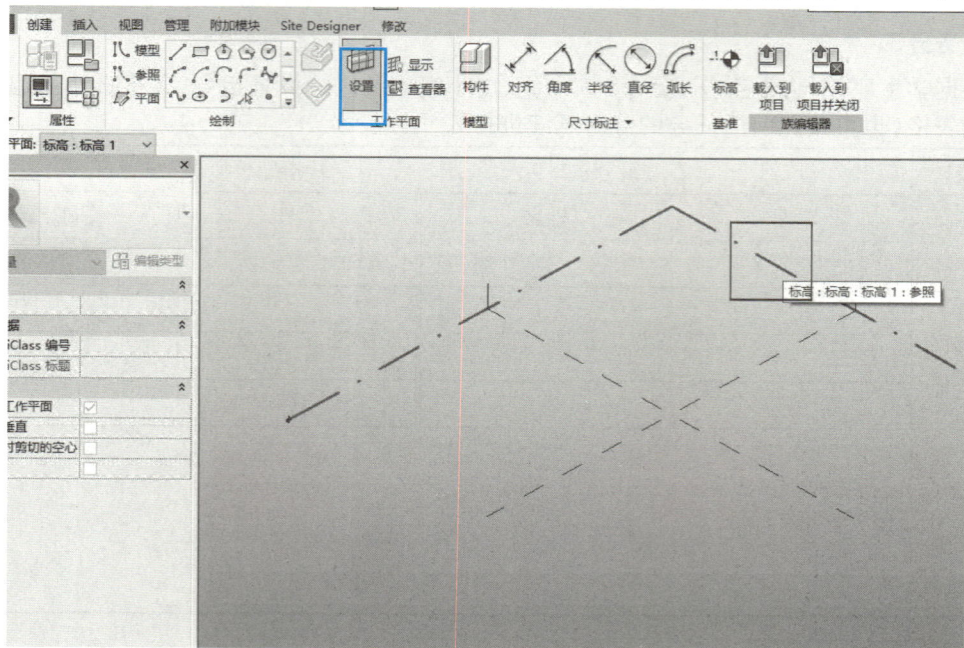

图 11.3.2

步骤 3:选择"创建|模型线"→"绘制"→"线",任意绘制一个形状,如图 11.3.3 所示。
步骤 4:选中图形→"创建形状"→"实心形状",完成体量拉伸的创建,如图 11.3.4 所示。

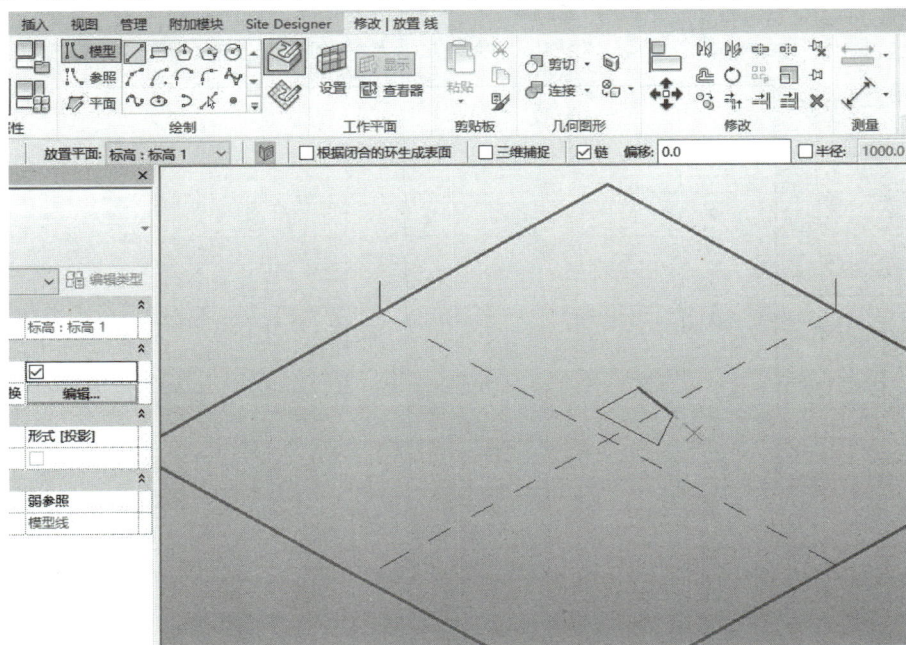

图 11.3.3

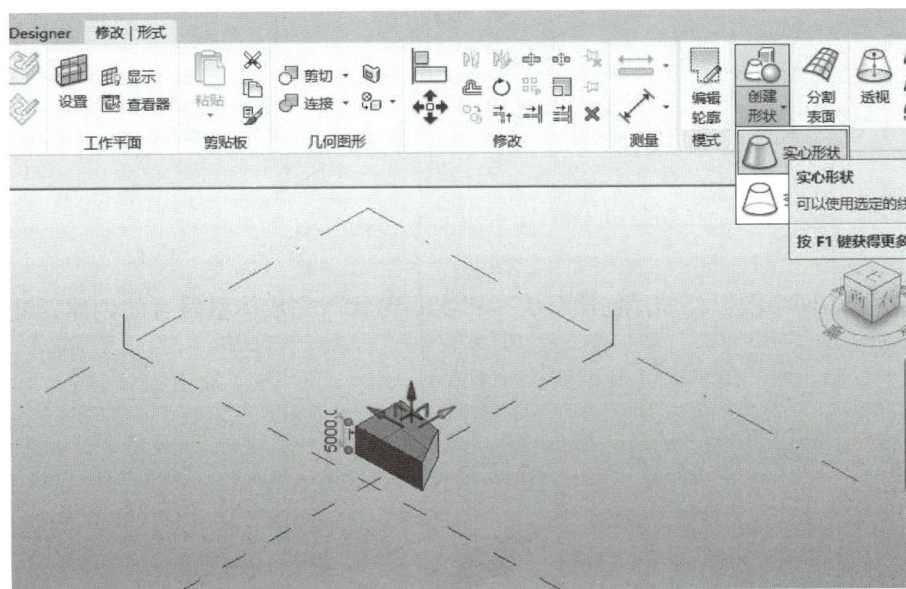

图 11.3.4

步骤 5:切换视图至任意立面,创建"标高 2",如图 11.3.5 所示。
步骤 6:视图切换至"楼层平面",分别在"标高 1""标高 2"创建两个任意图形,然后切换至三维视图,如图 11.3.6 所示。

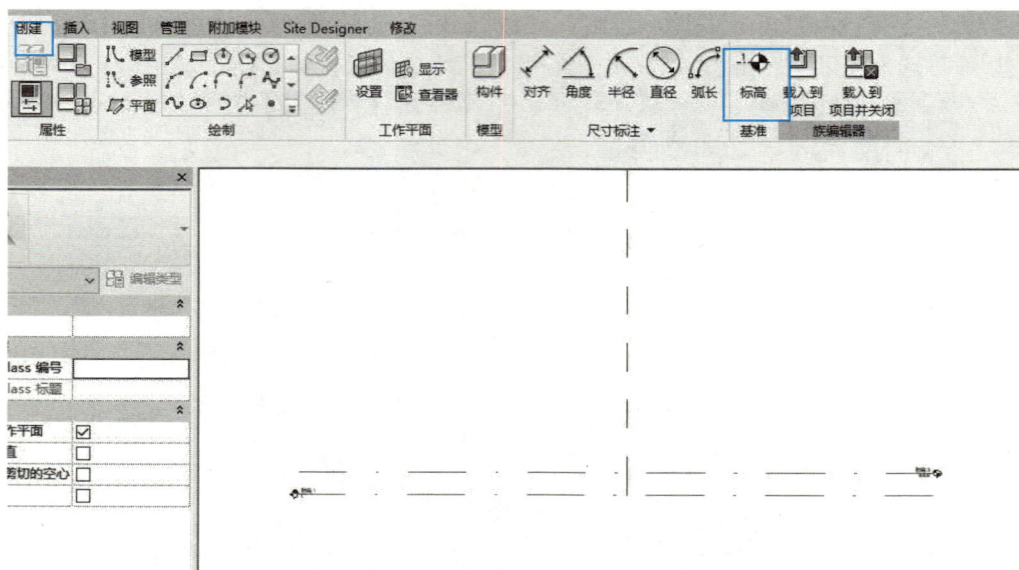

图 11.3.5

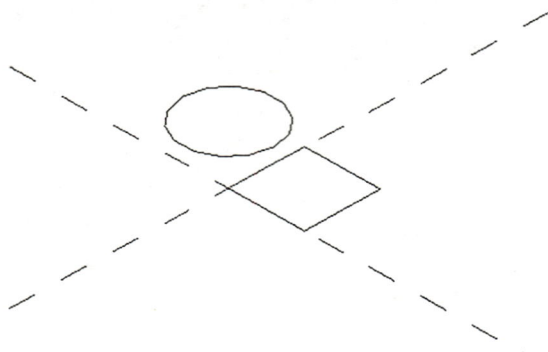

图 11.3.6

步骤7:选中两个图形,单击"创建形状"→"实心形状",完成体量融合的创建,如图 11.3.7 所示。

图 11.3.7

步骤 8:在"标高 1"中单击"创建"→"模型线"→"绘制",创建两条不相交的轮廓线,如图 11.3.8 所示。

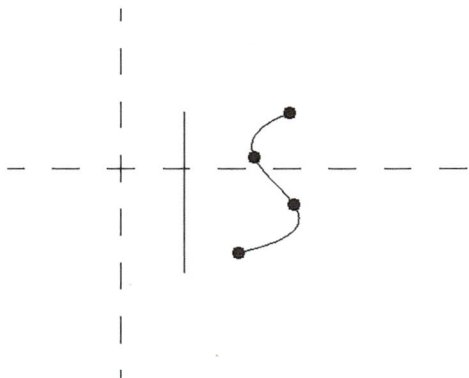

图 11.3.8

步骤 9:选中两条轮廓线,单击"创建形状"→"实心形状",选择左边创建"立体形状",完成体量旋转的创建,如图 11.3.9 所示。

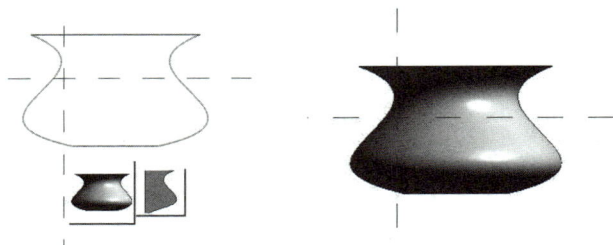

图 11.3.9

步骤 10:在"三维视图"中,单击"创建"→"参照",绘制任意参照线,如图 11.3.10 所示。

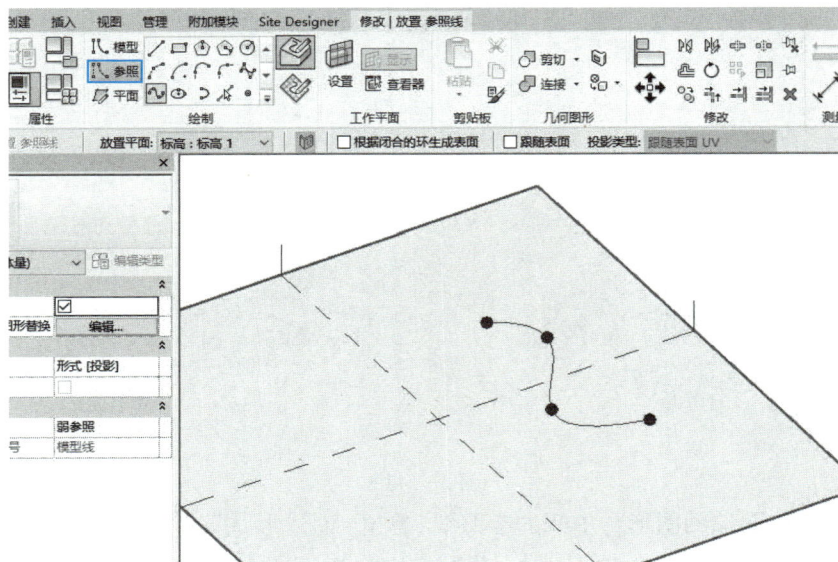

图 11.3.10

步骤 11:单击"工作平面"中的"显示",再单击"设置",鼠标移动至参照线端点单击设置工作面,如图 11.3.11 所示。

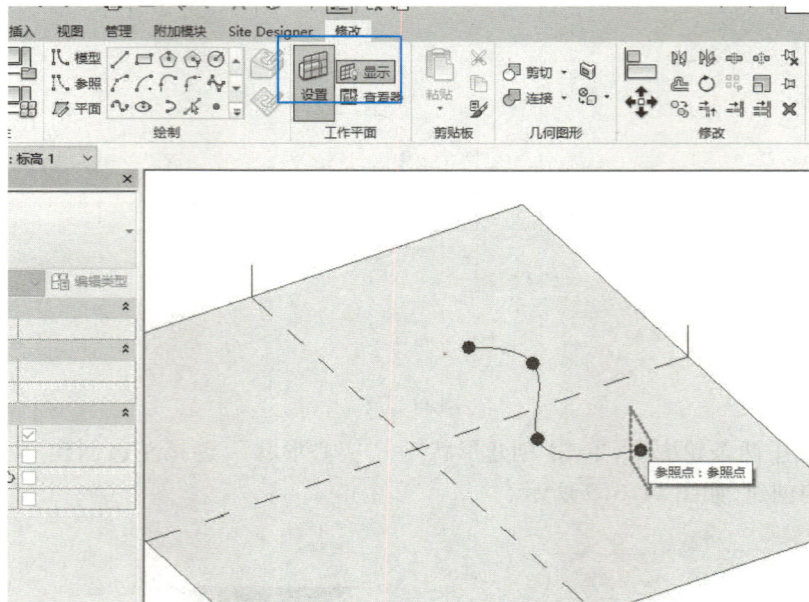

图 11.3.11

步骤 12:单击"创建"→"模型",选择任意工具绘制任意图形,重复上一步骤在参照线的另一端也创建一个图形,如图 11.3.12 所示。

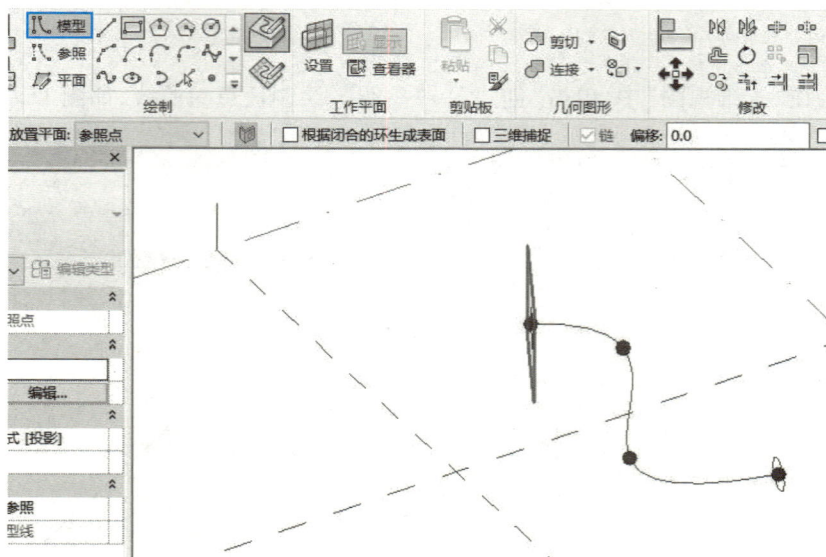

图 11.3.12

步骤 13:选中两端的图形与中间的参照线,单击"创建形状"→"实心形状",完成体量放样融合的创建(如果参照线两边的图形一样就是放样),如图 11.3.13 所示。

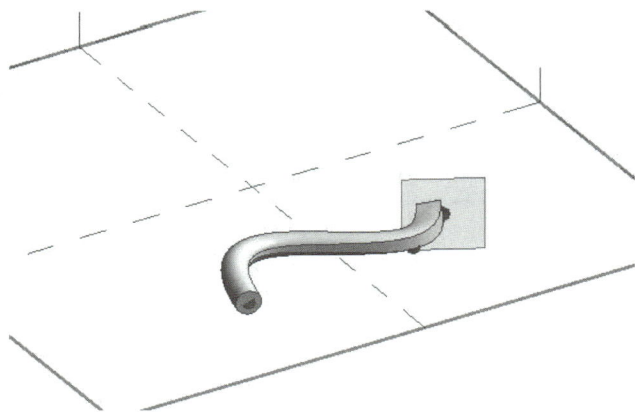

图 11.3.13

知识链接 2

11.3.2　编辑体量的形状图元

步骤 1:打开一个体量模型,用"Tab"键选中体量模型,在"修改│形式"选项卡中选择"形状图元"→"添加边",如图 11.3.14 所示。

步骤 2:选中添加的边线,拖曳红色箭头调整体量模型形状,如图 11.3.15 所示。

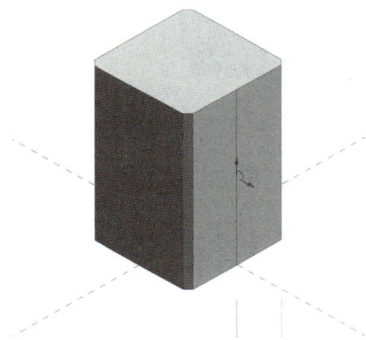

图 11.3.14

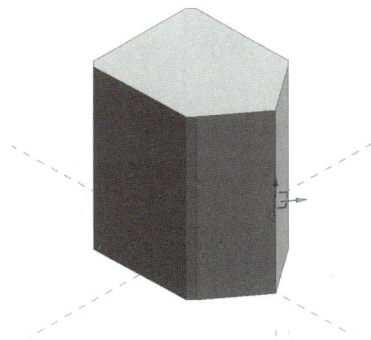

图 11.3.15

步骤 3:用"Tab"键选中体量模型,在"修改│形式"选项卡中选择"形状图元"→"添加轮廓",如图 11.3.16 所示。

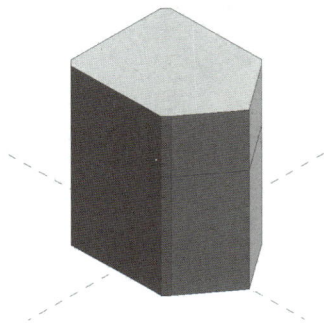

图 11.3.16

步骤4:用"Tab"键选中体量模型,在"修改|形式"选项卡中选择"修改"→"缩放",勾选"数值方式",设置比例为"0.5",缩放中点定位到中心,如图11.3.17所示。

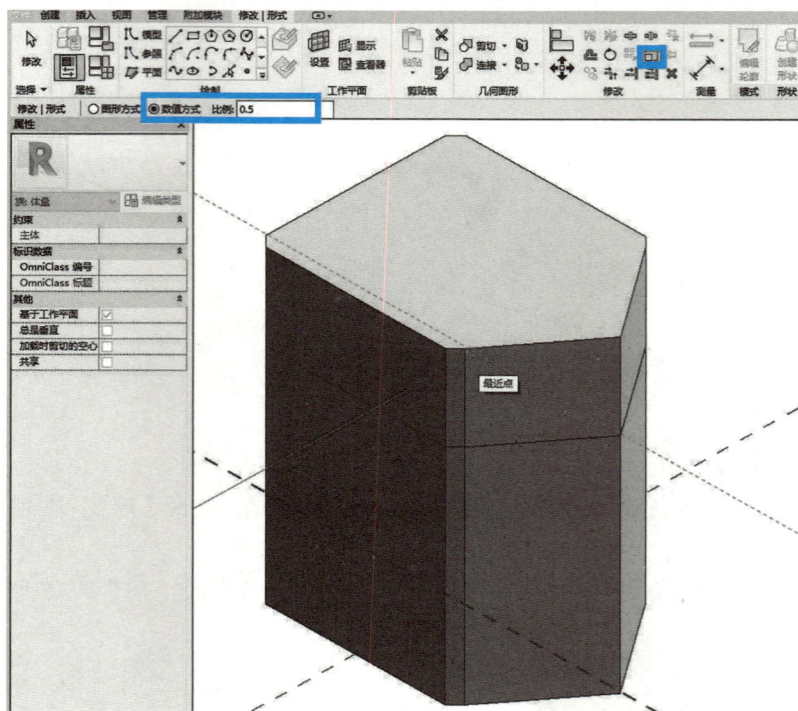

图11.3.17

步骤5:单击"确定"完成轮廓缩放编辑,如图11.3.18所示。

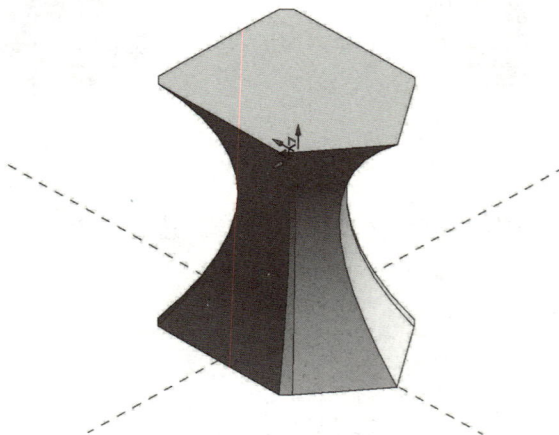

图11.3.18

知识链接3

11.3.3　体量的面模型

步骤1:打开新建概念体量,选择公制体量,在项目浏览器中切换到"楼层平面"中的"标高 1"平面,单击"创建"→"模型"→"矩形",创建任意尺寸的形状轮廓,选中轮廓"形成形状"→"实心形状",回到三维视图,如图 11.3.19 所示。

步骤 2:单击"文件"→"新建"→"项目"→"建筑样板",再单击"窗口切换"→"族 1",如图 11.3.20 所示。

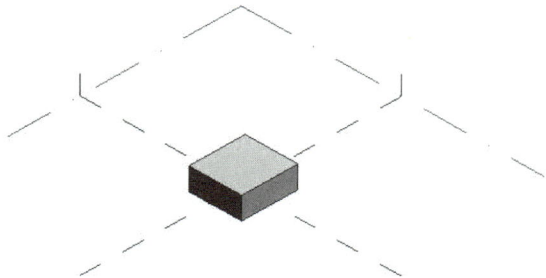

图 11.3.19

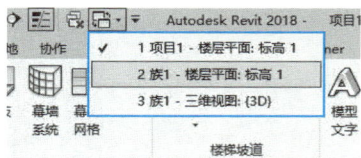

图 11.3.20

步骤 3:单击"工具栏"选项卡,单击"族编辑器"→"载入到项目",单击放置体量模型,切换至三维视图,如图 11.3.21 所示。

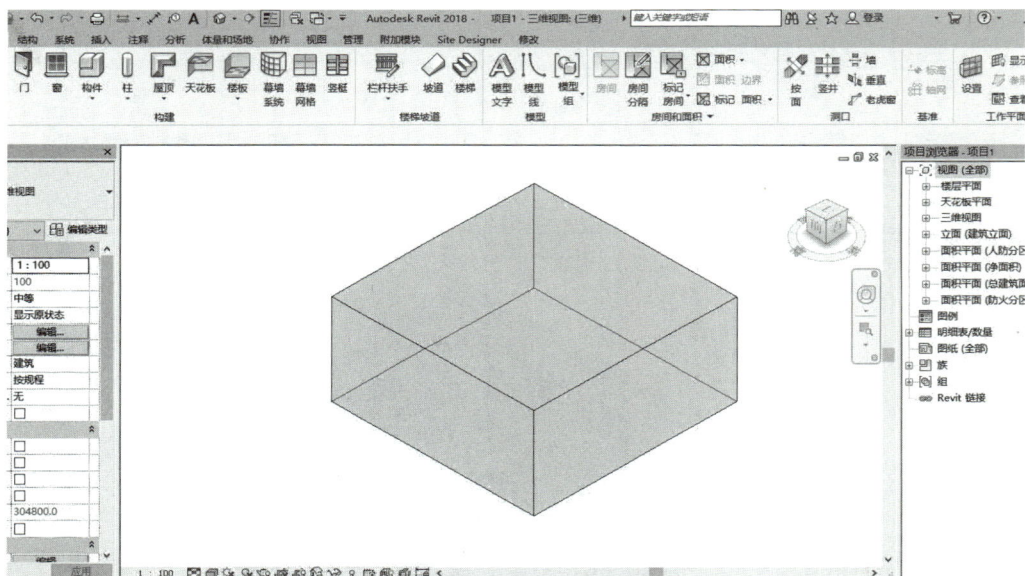

图 11.3.21

步骤 4:选中体量,在"修改|体量"选项卡中选择"体量楼层",在弹出的"体量楼层"对话框中勾选所有标高,如图 11.3.22 所示。可以根据需要在项目文件中创建多个标高,体量模型拉伸的高度要与项目里面创建标高的高度相符。

步骤 5:单击确定完成楼层的转化,如图 11.3.23 所示。

步骤 6:单击"体量和场地"选项卡中的"面模型"→"选中面楼板",选择楼板样式,再选择需要更改的楼板,如图 11.3.24 所示。

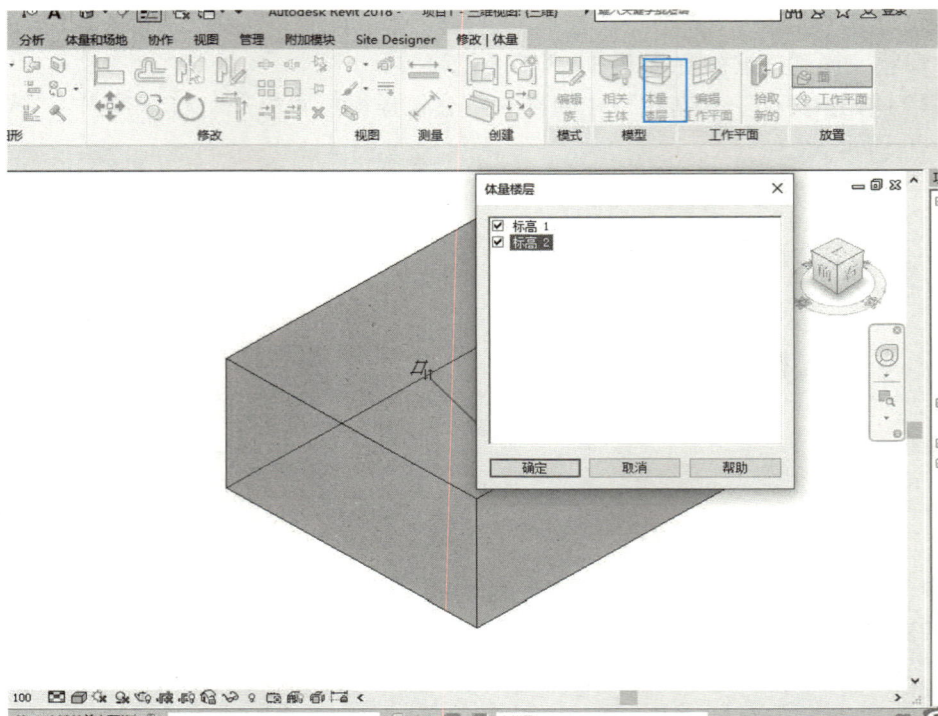

图 11.3.22

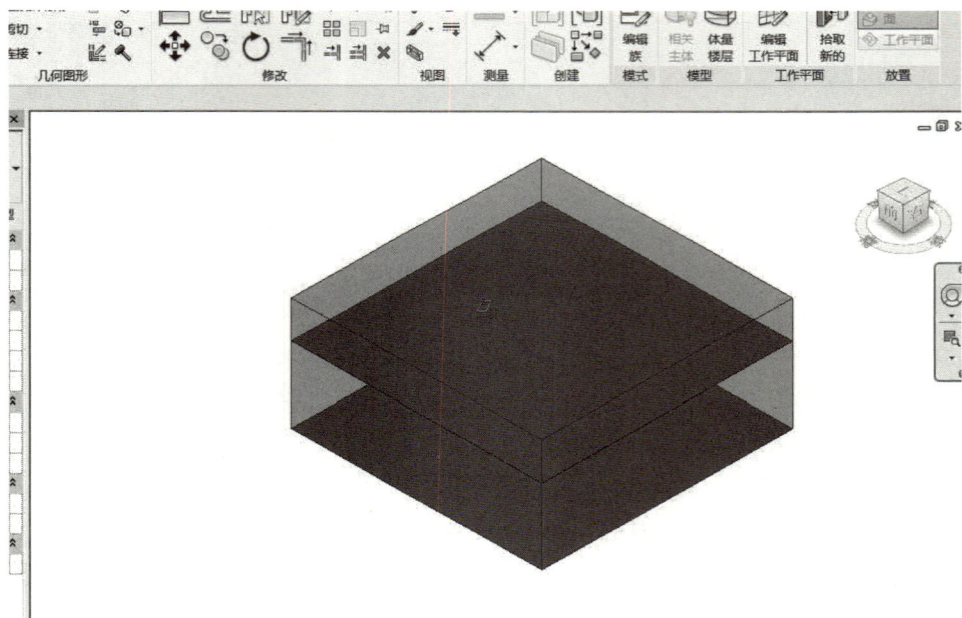

图 11.3.23

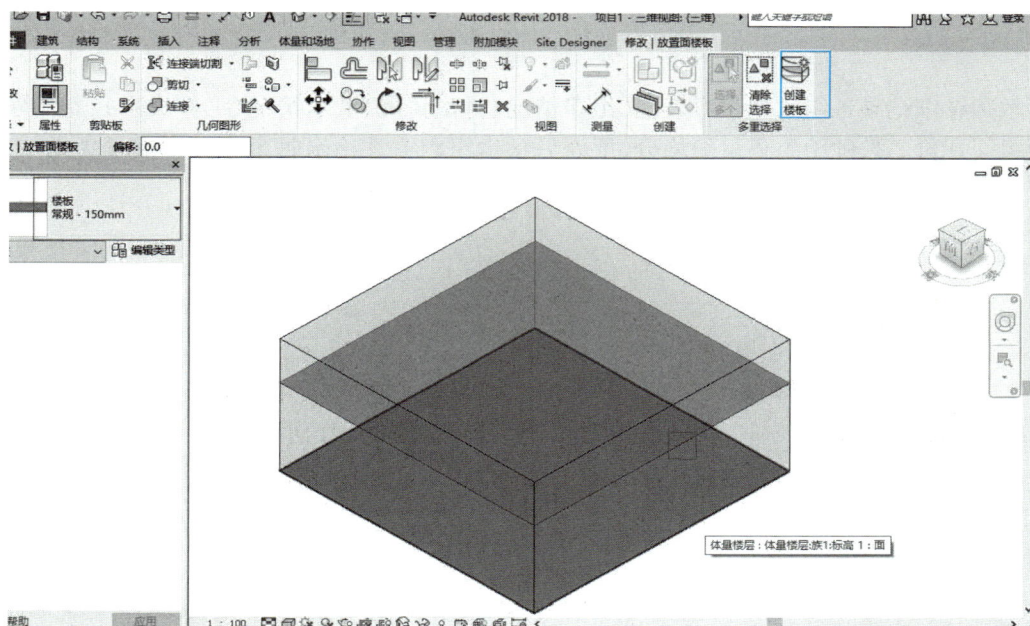

图 11.3.24

步骤 7:单击创建楼板完成面楼板的创建,如图 11.3.25 所示。面墙、面屋顶、幕墙系统也是用相同的方法创建。

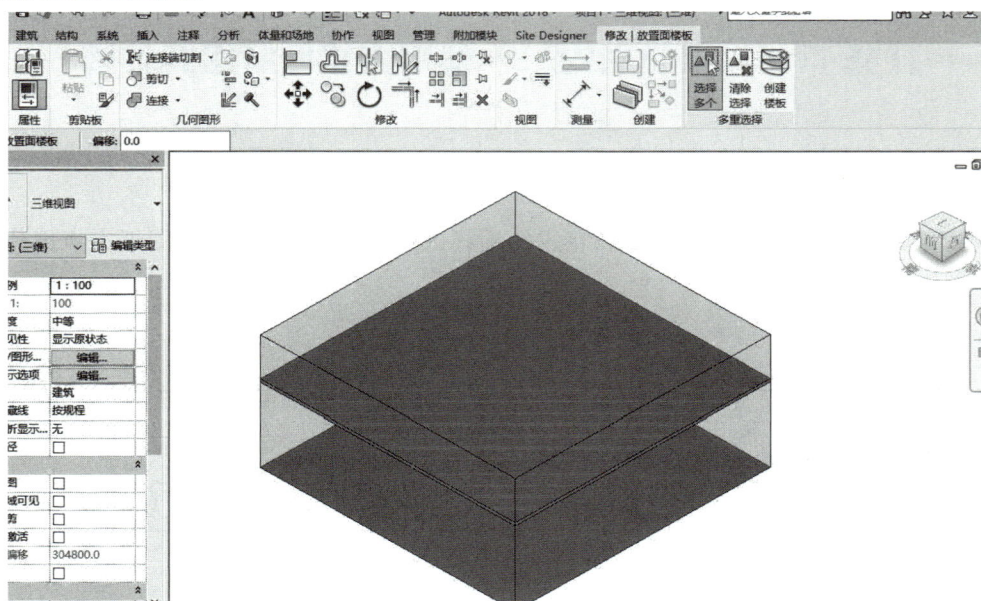

图 11.3.25

练一练

1. 精读工作图纸,明确要求;

2. 分析要求,个人或按组草拟方案,完善方案并实施(可参考附录 2)。

任务评价

教师详细记录各组学生学习表现(纪律情况、讨论情况、展示情况、工作成果),指导学生进行组间评价。教师给出各组平均分,下课后学生组内互评给出每个成员本次任务的成绩。肯定优点的同时,指出问题并给出改进建议等(相关表格参见附录1)。

任务巩固

一、选择题

1.创建体量模型时,在模型空间绘制一个圆(　　　)。

A.会生成圆球形的体量　　　　　　　　B.会生成圆柱形的体量

C.可以选择圆球或圆柱　　　　　　　　D.不能形成任何形状

2.在创建体量模型中创建放样融合的形状需要在(　　　)创建。

A.路径上任意　　　　　　　　　　　　B.路径中间

C.路径一端　　　　　　　　　　　　　D.路径两端的端点上

二、操作题

1.对模型图纸,创建相应的体量模型。

2.梳理自己所掌握的知识体系,对体量模型识图的知识点、创建编辑的技巧,与同学相互交流。

任务 11.4　课堂巩固——使用内建体量绘制柱脚

任务描述

根据样例项目施工图内容,基于已完成的轴线、标高、墙等,根据施工图纸完成内建体量柱脚的创建。

任务目标

知识目标	掌握施工图详图的识读
能力目标	掌握内建体量的创建及编辑方式
素养目标	养成读识图细心,识读数据保证准确无误,修改模型时有耐心,反复核对

任务实施

任务分工

根据学生座位,将学生分成5~8人一组,由小组成员共同讨论设置组号,并推选小组组长,完成分组表格(也可按照前面任务的分组延续进行)。

班级			组号			指导教师		
成员	学号		姓名		学号		姓名	
			（组长）					
任务分工								

任务导航 1

创建内建模型前,首先对建筑图纸需要内建的模型基本信息进行识读。

引导问题 1:在 Revit 中柱分为_____和_____。

知识链接 1

识读步骤:通过建筑平面图,我们得知柱子为圆形柱;通过详图我们得知柱子的具体尺寸,如图 11.4.1 所示。

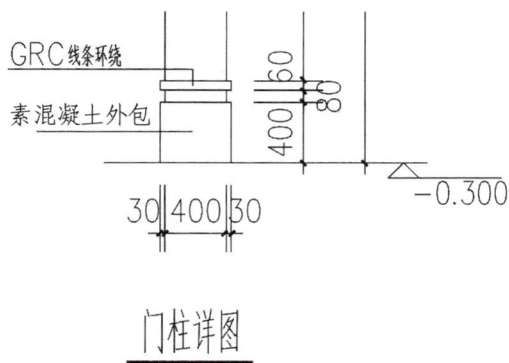

图 11.4.1

引导问题 2:需要创建的柱是什么形状? _____。

引导问题 3:柱的尺寸参数分别是_____。

使用内建体量
绘制柱脚

知识链接 2

11.4.1　内建体量绘制柱脚

步骤 1:单击项目浏览器中的"一层平面",再在"体量和场地"选项卡中选择"内建体量",在弹出的对话框中修改名称为"柱脚",单击"确定"按钮,如图 11.4.2 所示。

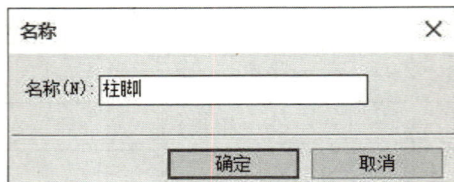

图 11.4.2

步骤 2:选择"绘制"中的"圆形"绘图工具,找到柱的定位点,绘制出半径为"230.0"的圆,如图 11.4.3 所示。

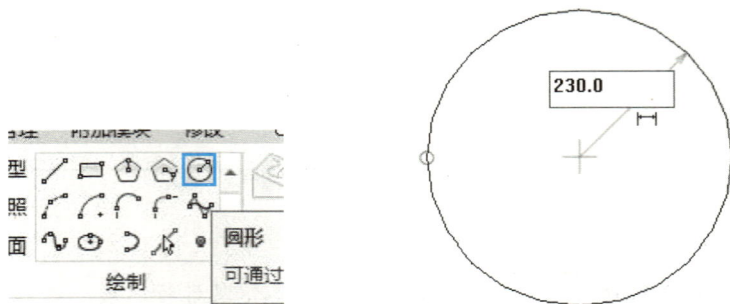

图 11.4.3

步骤 3:选中圆,单击"创建形状"→"实心形状",再选择圆柱,如图 11.4.4 所示。注意:要把视觉样式调为着色或者真实。

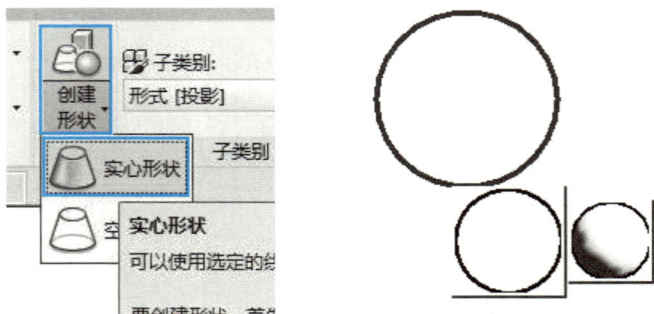

图 11.4.4

步骤 4:单击"视图"选项卡→"默认三维",通过"Tab"键选中圆柱的顶面,修改高度为"400",或者拖动蓝色箭头到柱高"400",完成柱脚的创建,如图 11.4.5 所示。

知识链接 3

11.4.2 添加柱脚材质

步骤 1:使用"Tab"键选中整个柱脚,然后单击"属性"→"材质与装饰"→"材质"→"〈按类别〉"后面的 3 个小圆点,如图 11.4.6 所示。

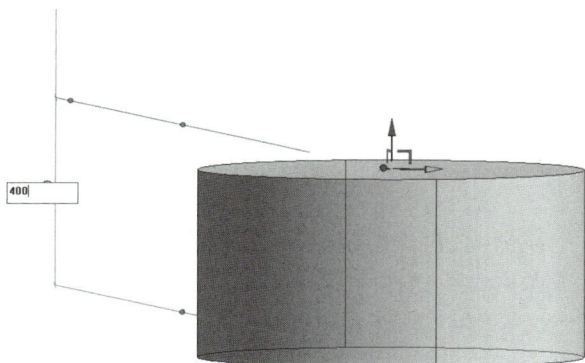

图 11.4.5

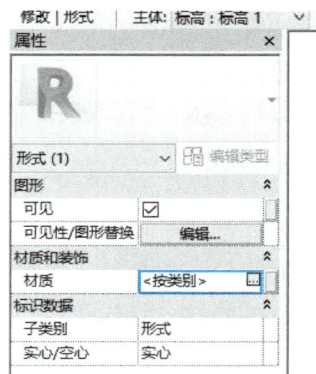

图 11.4.6

步骤 2：在弹出的"材质浏览器"对话框中输出"混凝土"进行搜索，根据设计说明找到"混凝土 C25"双击确定，如图 11.4.7 所示。

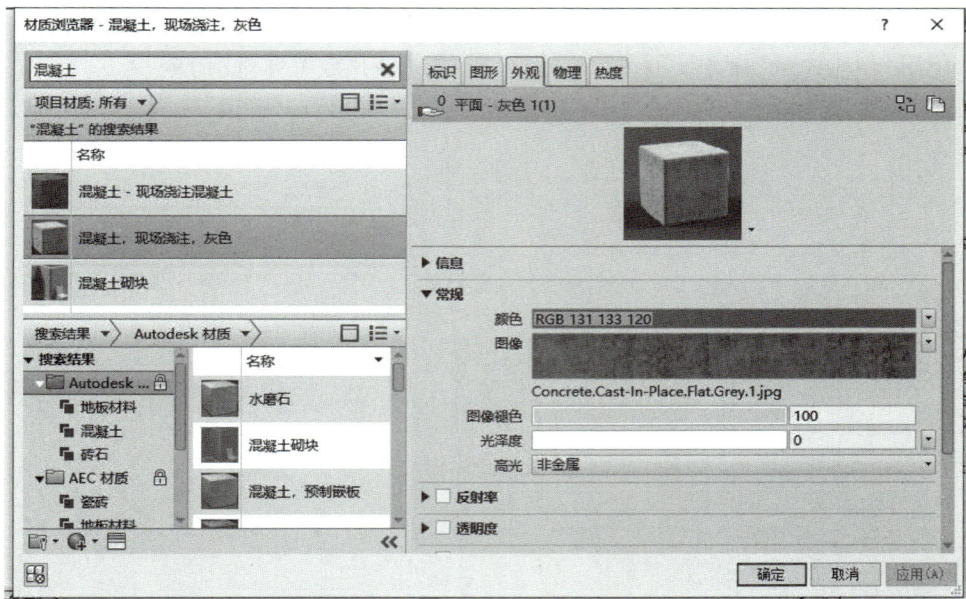

图 11.4.7

步骤 3：调整体量的位置与柱对正，完成柱脚的创建，结果如图 11.4.8 所示。

图 11.4.8

练一练

1. 精读工作图纸,明确要求;

2. 分析要求,个人或按组草拟方案,完善方案并实施(可参考附录2)。

任务评价

教师详细记录各组学生学习表现(纪律情况、讨论情况、展示情况、工作成果),指导学生进行组间评价。教师给出各组平均分,下课后学生组内互评给出每个成员本次任务的成绩。肯定优点的同时,指出问题并给出改进建议等(相关表格参见附录1)。

任务巩固

选择题

1. 在 Revit 体量族的设置参数中,不能录入明细表的是(　　　)。

A. 总体积 　　　　　　B. 总表面积 　　　　　　C. 总楼层面积 　　　　　D. 总建筑面积

2. 在 Revit 中如何选用预先做好的"体量族"?(　　　)

A. 使用"创建体量"命令 　　　　　　B. 使用"放置体量"命令

C. 使用"构件"命令 　　　　　　　　D. 使用"导入/链接"命令

项目 12　族

任务 12.1　族模型的创建和编辑

任务描述

根据案例项目施工图,基于已创建完成的柱梁、墙、门窗、楼板和天花板等主体结构模型,根据施工图内容,完成门柱的识读,并进行门柱参数族的模型创建。

任务目标

知识目标	能够根据图纸识读门柱信息
能力目标	能够运用 Revit 对门柱进行参数族的创建
素养目标	培养精益求精、耐心细致的职业素养

任务实施

任务分工

根据学生座位,将学生分成 5~8 人一组,由小组成员讨论设置组号,并推选小组组长,完成分组表格(也可按照前面任务的分组延续进行)。

班级		组号		指导教师	
成员	学号	姓名		学号	姓名
		(组长)			
任务分工					

任务导航 1

绘制族模型前,对建筑图纸中装饰柱的基本信息进行识读。

引导问题 1:装饰柱的数量是_____个。

引导问题 2:装饰柱的尺寸:_____。

引导问题 3:装饰柱的位置:_____。

知识链接 1

12.1.1 装饰柱识读

该项目是对施工图纸中装饰族模型进行绘制,并添加相关参数绘制参数族。通过详图,可掌握装饰柱的相关信息:混凝土外包尺寸、装饰线条位置、尺寸及材质、装饰柱尺寸,如图 12.1.1 所示。

任务导航 2

引导问题 4:创建参数族一般分为____个步骤,分别是:_____。

知识链接 2

12.1.2 选择族样板文件

步骤 1:创建族文件。

打开 Revit 软件进入页面,单击"新建",如图 12.1.2 所示。

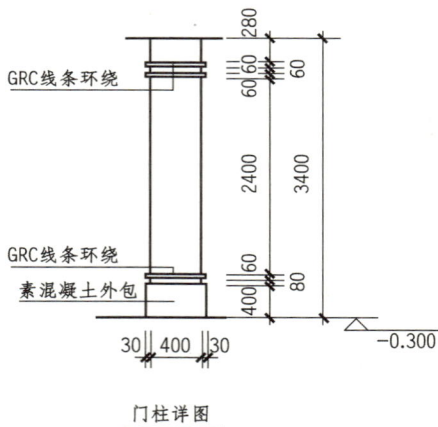

族模型的创建
和编辑

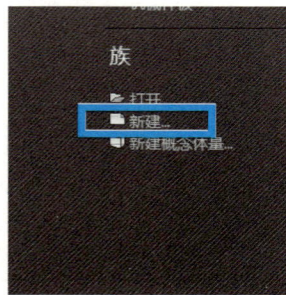

图 12.1.1

图 12.1.2

在弹出的对话框中选择"公制常规模型",然后单击"打开"按钮即可完成族样板文件的选择,如图 12.1.3 所示。

步骤 2:创建参照平面。

在项目浏览器中选中任意立面,如图 12.1.4 所示。单击"创建"→"参照平面",如图 12.1.5 所示。

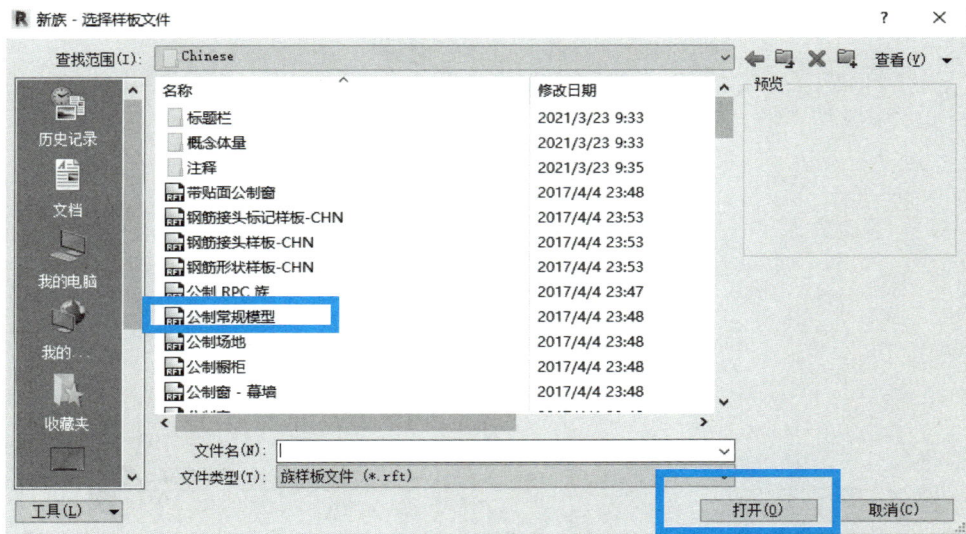

图 12.1.3

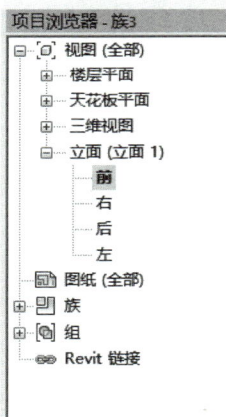

图 12.1.4

图 12.1.5

在绘图界面分别绘制水平方向参照平面和垂直方向参照平面各一个,如图 12.1.6 所示。

步骤 3:柱体创建。

单击"创建"中的"旋转"(图 12.1.7),进入绘图界面。

绘制旋转截面,如图 12.1.8 所示。

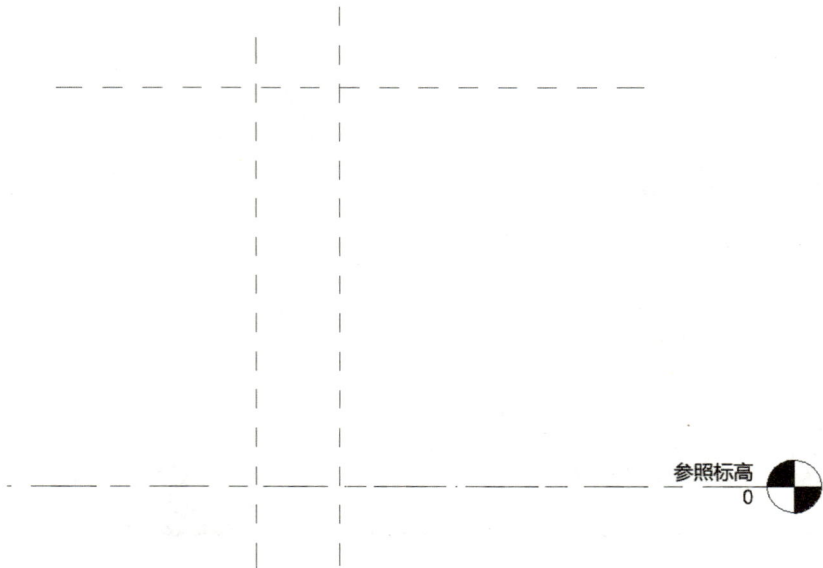

图 12.1.6

图 12.1.7

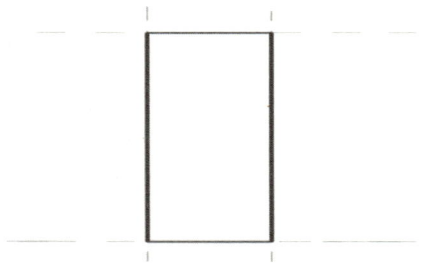

图 12.1.8

　　截面绘制完成后,单击"修改"中的对齐命令,如图 12.1.9 所示。先单击参照平面,再单击"旋转截面",使截面边界与参照平面对齐,最后单击小锁锁定即可,如图 12.1.10 所示。

　　绘制旋转轴:单击轴线,绘制,如图 12.1.11 所示。单击上方绿色"√",柱体绘制完成。

　　步骤 4:添加参数。

　　单击"注释"中的"对齐",如图 12.1.12 所示。

　　将柱子高度、半径进行标注,如图 12.1.13 所示。

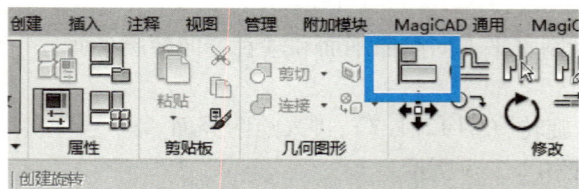

图 12.1.9

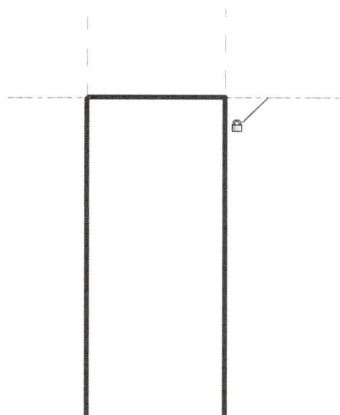

图 12.1.10

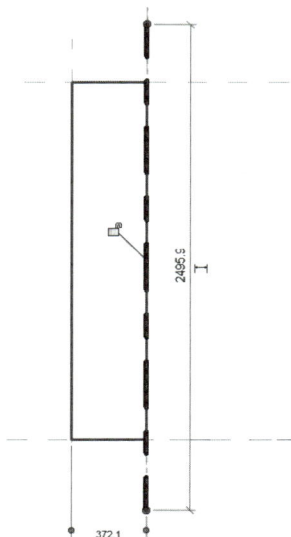

图 12.1.11

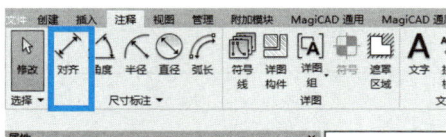

图 12.1.13

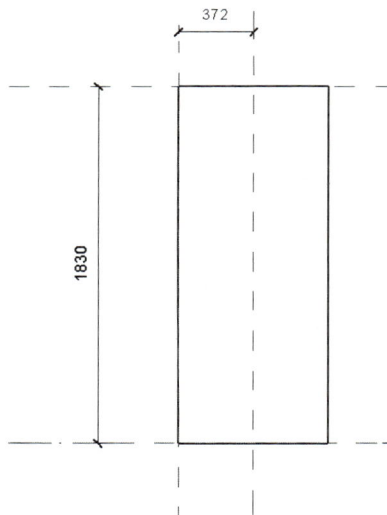

图 12.1.12

在"修改"栏中单击"族类型",如图 12.1.14 所示。

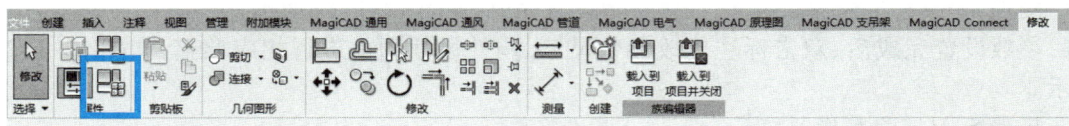

图 12.1.14

添加参数,设置柱高、柱半径,如图 12.1.15、图 12.1.16 所示。

图 12.1.15　　　　　　　　　　　图 12.1.16

在绘图界面,选中柱高尺寸线,单击上方下拉菜单,如图 12.1.17 所示;将"柱高"参数赋予该尺寸线,如图 12.1.18 所示。

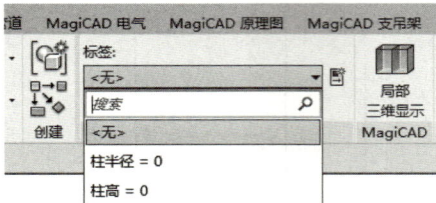

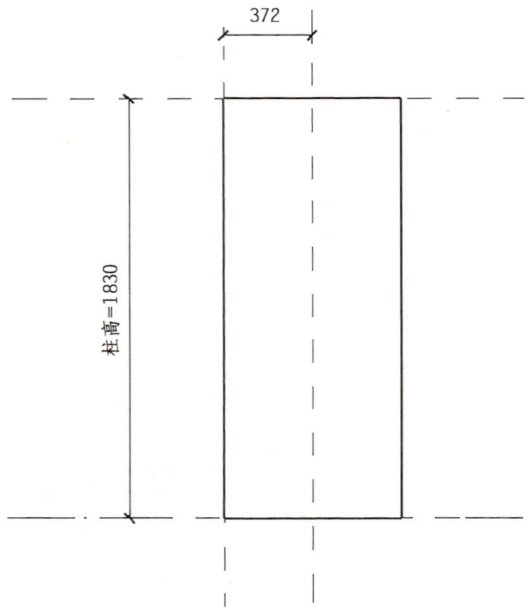

图 12.1.17　　　　　　　　　　　图 12.1.18

同理,完成柱半径参数定义,柱体参数设置完成,如图 12.1.19 所示。

参数设置完成后,双击标注更改参数尺寸,构件尺寸即可进行相应调整,如图 12.1.20 所示。

步骤 5:材质参数设置。

选中柱子,在"属性"中设置材质,设置完成后柱子完成参数编辑。同理,可完成柱墩素混凝土外包和 GRC 柱装饰线条的绘制和参数设置,如图 12.1.21 所示。

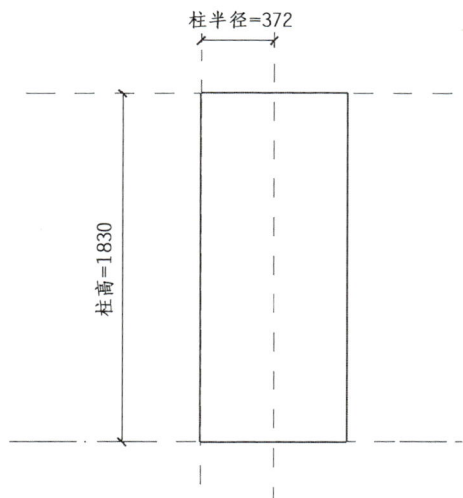
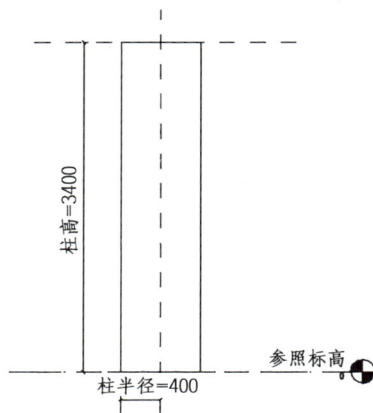

图 12.1.19　　　　　　　　　　　　图 12.1.20

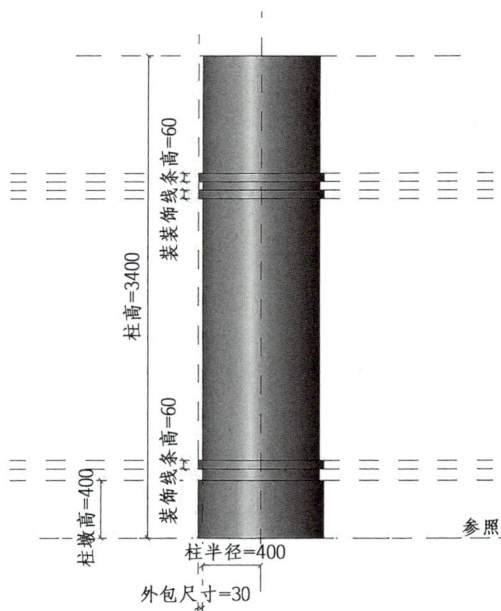

图 12.1.21

步骤 6:载入模型。

在"修改"栏中单击"载入到项目",如图 12.1.22 所示,根据图纸内容放置到绘图栏中即可。

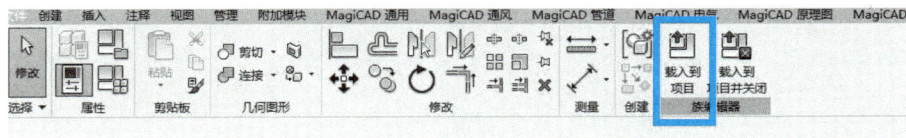

图 12.1.22

练一练

1. 精读工作图纸,明确要求;
2. 分析要求,个人或按组草拟方案,完善方案并实施(可参考附录2)。

任务评价

教师详细记录各组学生学习表现(纪律情况、讨论情况、展示情况、工作成果),指导学生进行组间评价。教师给出各组平均分,下课后学生组内互评给出每个成员本次任务的成绩。肯定优点的同时,指出问题并给出改进建议等(相关表格参见附录1)。

任务巩固

选择题

1. 下列关于族制作中参数属性的描述,错误的是(   )。("1+X"理论题)

A.参数可以是类型参数也可以是实例参数　　B.不可添加文字参数

C.可添加材质参数　　　　　　　　　　　　D.可添加角度参数

2. Revit 中族分类为(   )。("1+X"理论题)

A.可载入族　　　　　B.系统族　　　　　C.嵌套族　　　　　D.体量族

3. 下列属于 Revit 族创建方式的是(   )。("1+X"理论题)

A.旋转　　　　　　　B.拉伸　　　　　　C.放样　　　　　　D.阵列

任务 12.2　通过嵌套族创建百叶窗(拓展)

任务描述

在墙体绘制完成的前置条件下,根据设计图纸,创建百叶窗族,进而完成项目中百叶窗的绘制。

任务目标

知识目标	了解嵌套族的概念和作用
能力目标	1.能看懂门窗图; 2.掌握百叶窗的绘制步骤和方法
素养目标	1.能看懂图的专业素养; 2.能又好又快地完成模型创建的动手能力; 3.勤思善学的探究精神

任务实施

任务分工

根据学生座位,将学生分成 5~8 人一组,由小组成员讨论设置组号,并推选小组组长,完成分组表格(也可以按照前面任务的分组延续进行)。

班级			组号			指导教师		
成员	学号		姓名			学号		姓名
			(组长)					
任务分工								

任务导航 1

绘制百叶窗嵌套族前,识读建筑图纸中百叶窗的基本信息。

引导问题1:在建筑图纸中,百叶窗一般用____表示。本工程项目中,有____种百叶窗。

引导问题2:百叶窗的尺寸一般用 $B×H$ 表示,其中,B 表示____,H 表示____。

知识链接 1

12.2.1 嵌套族的制作

嵌套族就是将原有族载入新的族中,并且可以将原有族的参数关联到新族的参数,从而形成层层相嵌的族。嵌套族可以使族构件实现一体化的同时,还拥有更多的可调节参数。它是建模过程中经常用到的一种族类,是创建复杂族、高级族的重要手段,是一种很好的丰富族库的途径。下面以百叶窗族为例,讲解嵌套族的制作方法。

步骤1:门窗表识读,在建筑施工图总说明中找到门窗表(图 12.2.1),在表中找到型号为"防雨 BY3231"的百叶窗,其洞口尺寸($B×H$)为 3 150 mm×3 050 mm,数量为1。在建筑施工图总说明第 5 条"门窗工程"的第 1 条中,已经说明该项目的塑钢窗选用 90 系列型材,即窗框型材宽度采用的是 90 mm。

门 窗 表

序号	型号	洞口尺寸 (BXH)	数量	备 注
1	C1	1500X1800	2	TSC1518A
2	C2	1200X1500	5	TSC1215A
3	C3	1200X900	1	TSC1209A
4	C4	1500X1500	5	TSC1515A
5	防雨BY3231	3150X3050	1	
6	M1	1500X2400	1	防爆门(规格及型号自定)
7	M2	3020X2700	1	电动卷联门
8	M3	900x2100	4	
9	M4	1500X2400	1	PSM1524A

图 12.2.1

步骤2:平、立面图识读。

在一层平面图(图12.2.2)和Ⓕ~Ⓐ轴立面图(图12.2.3)中找到"防雨 BY3231"百叶窗的位置信息,并且明确窗的样式。

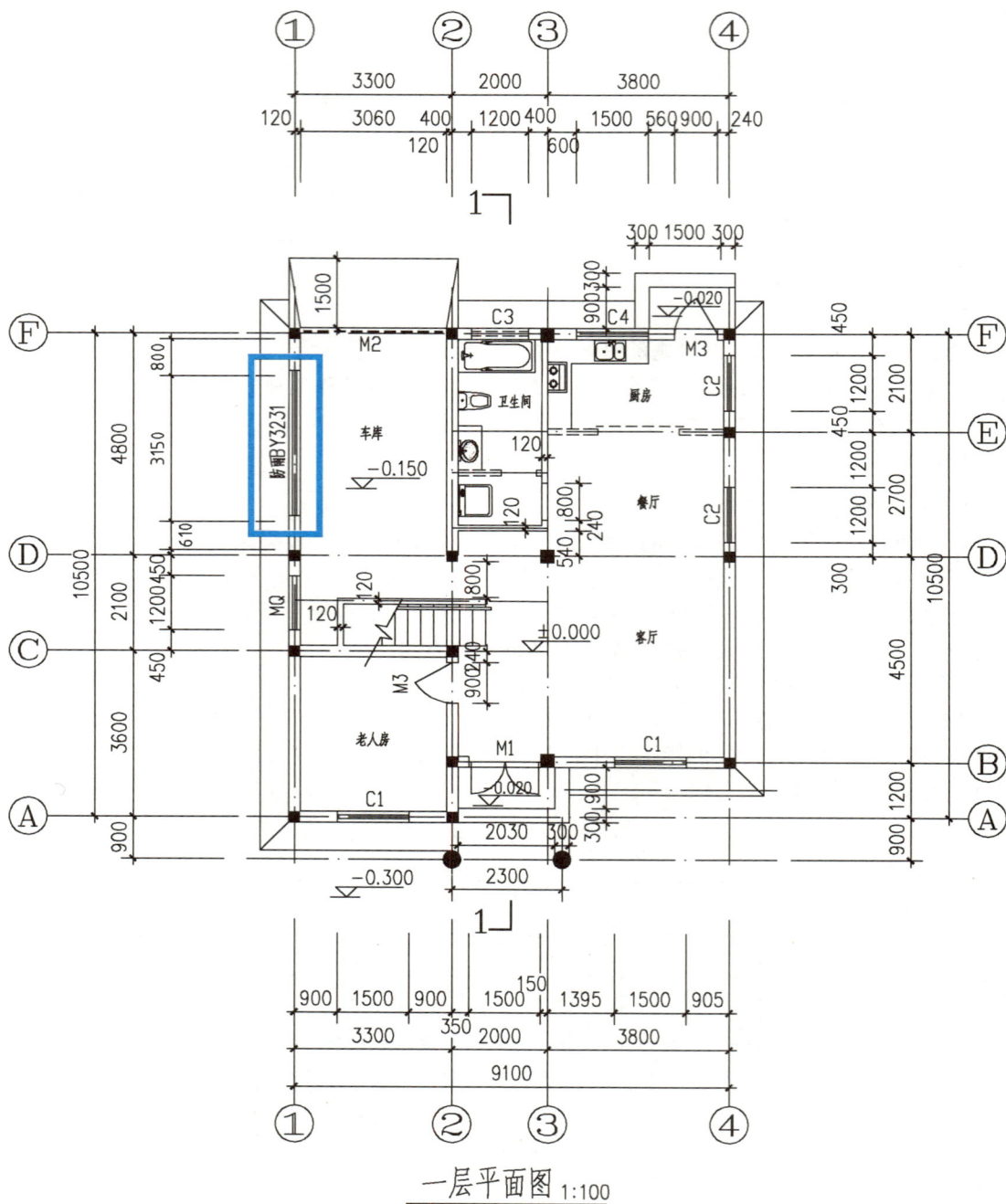

一层平面图 1:100

图 12.2.2

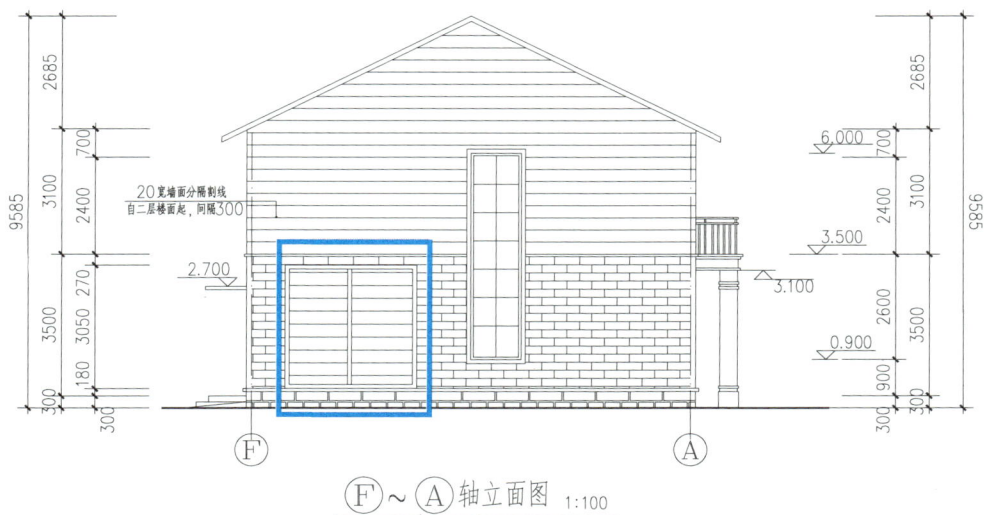

图 12.2.3

任务导航 2

引导问题 3：创建百叶窗嵌套族一般分为_____个步骤，分别是：_____。

知识链接 2

12.2.2　创建百叶窗的百叶条

步骤 1：绘制带标签的参考线。

打开 Reivt 软件，在软件界面单击"族"→"新建"，在弹出的"新族—选择样板文件"对话框中选择"公制常规模型"，单击"打开"按钮，如图 12.2.4 所示。

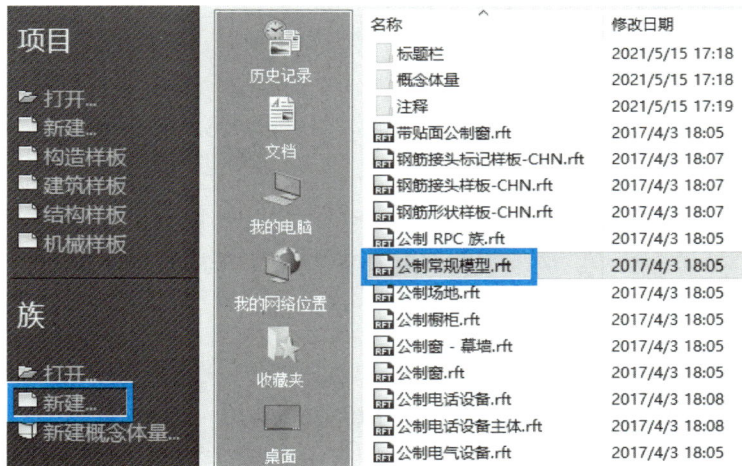

图 12.2.4

在项目浏览器中打开"立面（立面 1）"，双击"右"立面，如图 12.2.5 所示。

在工具栏单击"创建"→"参照线"，在交叉点处绘制参照线起点，在其右上角适当位置绘制终点，绘制好参照线，如图 12.2.6 所示。

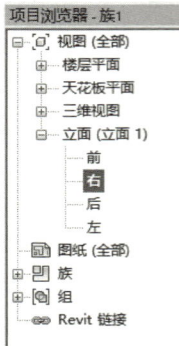
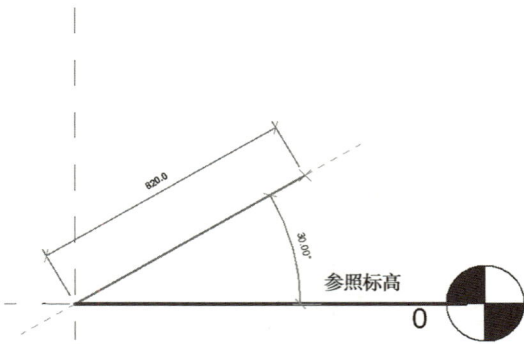

图 12.2.5   图 12.2.6

在工具栏单击"注释"→"角度"尺寸标注,标注参照线与参照标高的夹角。给该夹角标注赋予标签:选中该夹角标注,工具栏出现"修改/尺寸标注",在其下有一个"标签"栏,单击"创建参数"图标,弹出"参数属性"对话框,在"参数数据"下的"名称"里填入"百叶条角度",其他如图 12.2.7 所示,默认即可。单击"确定"按钮,该角度标注赋予了"百叶条角度"参数。

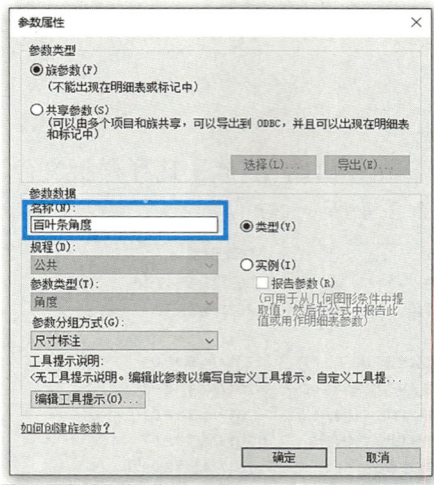
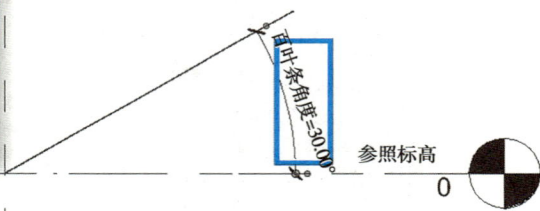

图 12.2.7

对"百叶条角度"参数进行测试:在工具栏单击"修改"→"族类型",在弹出的"族类型"对话框中修改"尺寸标注"下"百叶条角度"后的值(限定在 0 ~ 90°):从 30°改为 80°,单击"应用"按钮。如果出现如图 12.2.8 所示的结果,则表示绘制的参照线和添加的角度标签正确。

将"百叶条角度"修改回 30°。至此,步骤 1 结束。

步骤 2:绘制与参考线关联并带尺寸和材质参数的百叶条。

百叶条的长度、宽度、厚度、倾斜角度以及材质均采用参数驱动。在创建族时,百叶条尺寸暂定为:长×宽×厚=1 000 mm×150 mm×20 mm。

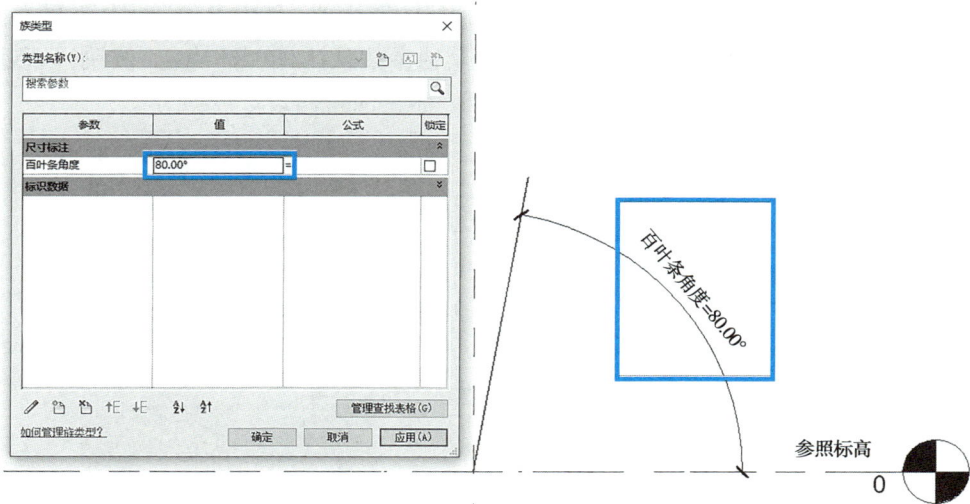

图 12.2.8

在工具栏单击"创建"→"拉伸"→"修改/编辑拉伸"→"线",在参照线起始端开始绘制矩形,然后在工具栏单击"注释"→"对齐",对齐尺寸标注工具,标注长度和宽度尺寸,如图12.2.9 所示。

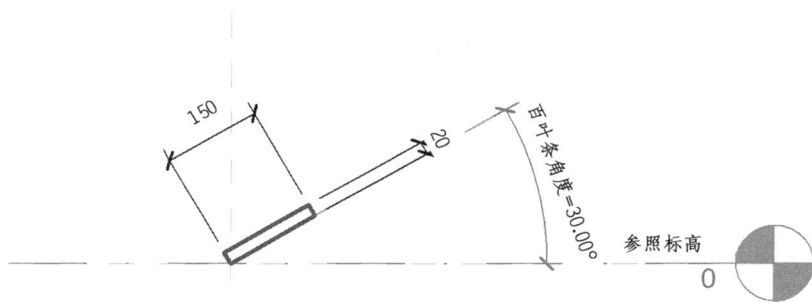

图 12.2.9

单击"修改/创建拉伸"→"对齐" ,将刚绘制的矩形的下边和参照线对齐并锁定,如果参照线绕端点旋转,那么该矩形也会绕该端点旋转,如图 12.2.10 所示。

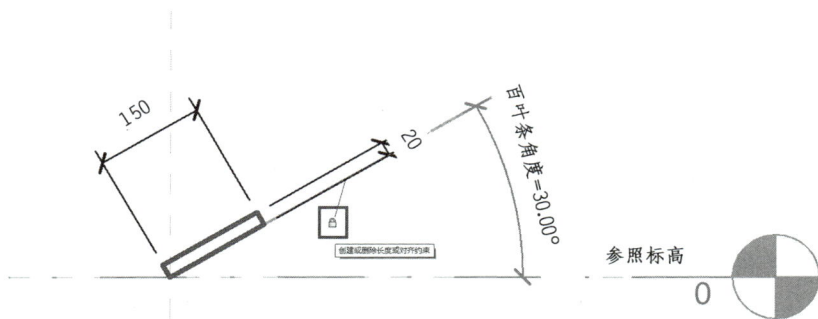

图 12.2.10

选中宽度尺寸 150,在工具栏单击"修改/尺寸标注",单击"创建参数"█图标,再在"参数属性"对话框的"名称"栏中输入"百叶条宽度",其他参数默认,单击"确定"按钮,"百叶条宽度"标签添加完成。同样的步骤添加"百叶条厚度"标签,如图 12.2.11 所示。

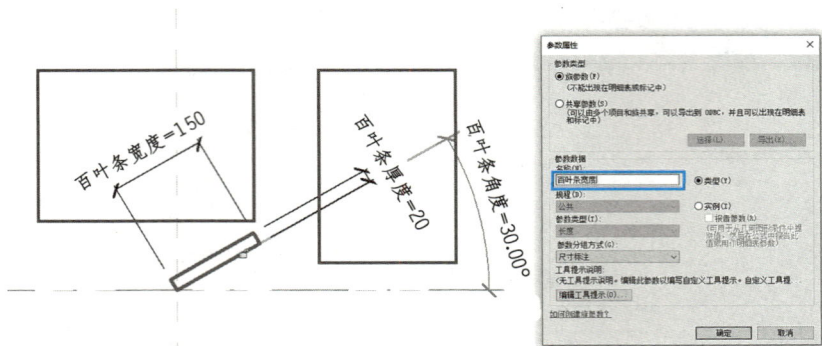

图 12.2.11

在属性栏里修改"约束"下的"拉伸终点"为"500.0","拉伸起点"为"−500.0",如图 12.2.12 所示。然后单击工具栏"完成编辑模式" ✔ 。单击上方"默认三维视图"图标⊡,将界面转换到三维视图,如图 12.2.13 所示。

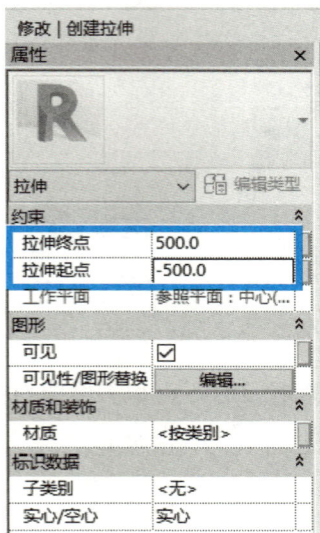

图 12.2.12

图 12.2.13

经过上面绘制步骤,百叶条已经带有可调节的角度、厚度和宽度参数,接下来再给它赋予长度和材质参数。

(1)为百叶条赋予长度参数

①单击项目浏览器中的"视图(全部)"→"楼层平面",双击"参照标高",视图切换到"参照标高平面"。用工具栏中的"参照平面"工具绘制两个参照平面,用工具栏中的"注释"→

"对齐"尺寸标注工具标注出两道尺寸,将第一道尺寸设为"等分约束"状态,使刚绘制的两个参照平面等分并锁定,如图 12.2.14 所示。

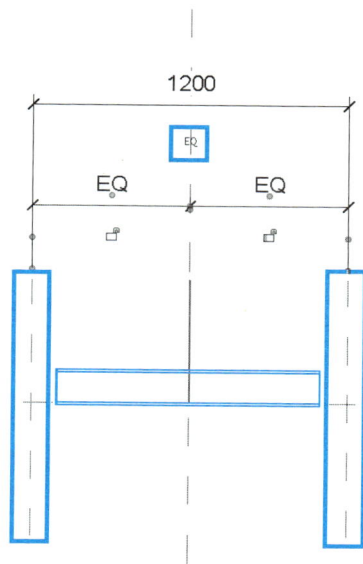

图 12.2.14

②选中第二道尺寸,在工具栏中单击"修改/尺寸标注",选择"创建参数" 🖺 工具,弹出"参数属性"对话框,在"名称"栏下输入"百叶条长度",其他参数不变,单击"确定"按钮。这样就为百叶条添加了"百叶条长度"参数,如图 12.2.15 所示。

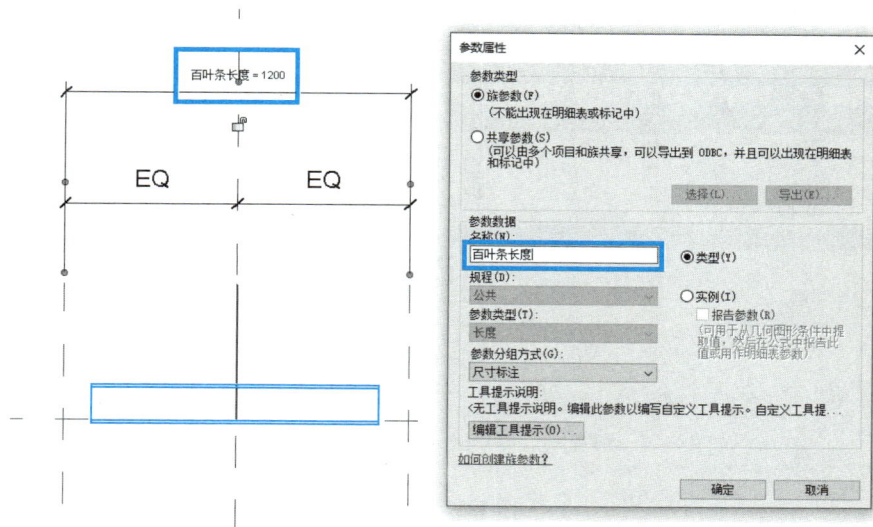

图 12.2.15

③将百叶条两端对齐并锁定刚建立的两参照平面:单击工具栏"修改"→"对齐" 🖺,将百叶条的两端头对齐并锁定在参照平面,如图 12.2.16 所示。

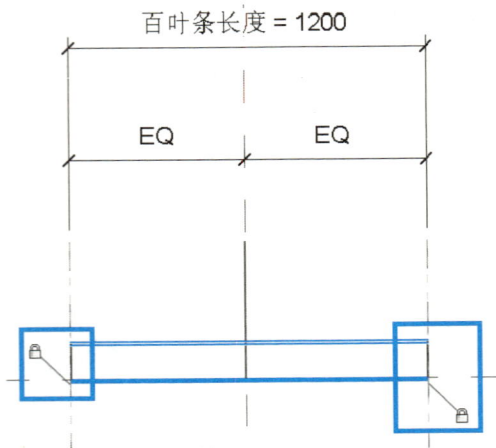

图 12.2.16

（2）为百叶条赋予材质参数

①单击"修改"→"族类型" 工具，弹出"族类型"对话框，在对话框左下角单击"新建参数" 图标，弹出"参数属性"对话框，在"名称"栏输入"百叶条材质"，在"参数类型"下拉列表中选"材质"（其他参数默认），单击"确定"按钮。这样就为族参数的"材质和装饰"里添加了"百叶条材质"，如图 12.2.17 所示。

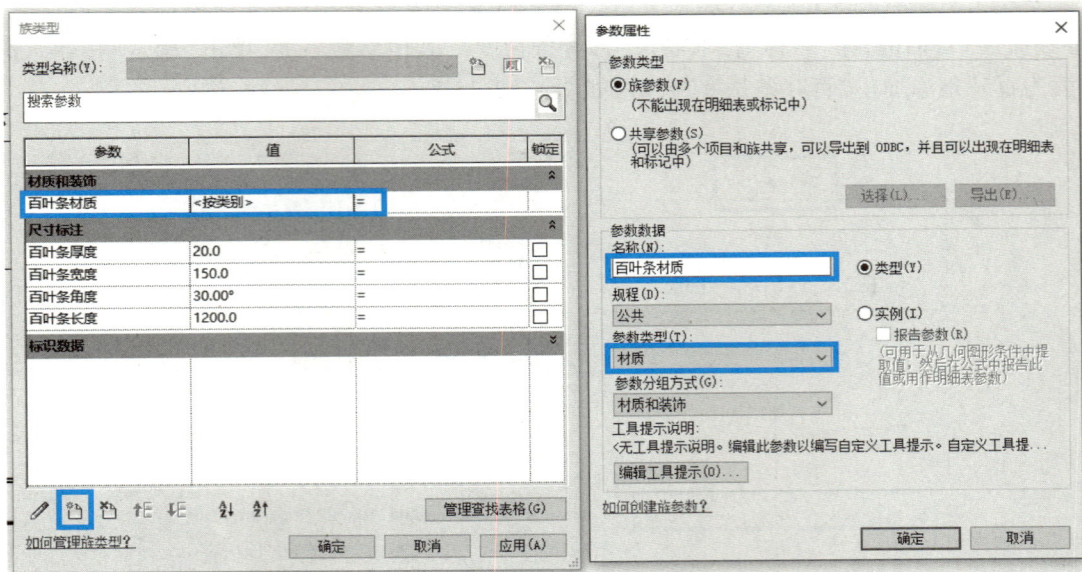

图 12.2.17

②再单击"确定"，回到"修改"视图界面。选择百叶条，单击"属性"→"材质和装饰"→"材质"右侧小方框中的"关联族参数"对话框，选中"百叶条材质"，单击"确定"按钮，模型关联百叶条材质成功。关联后，"材质"右侧小方框里会显示"＝"符号，如图 12.2.18 所示。

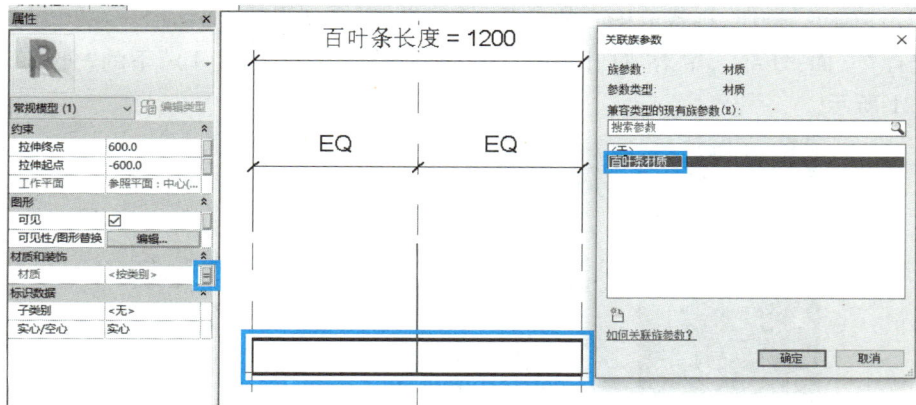

图 12.2.18

步骤 3：对制作好的百叶条进行参数测试。

单击上方"默认三维视图"图标 ⬡，将界面转换到三维视图。单击工具栏中的"修改"，选用"族类型" ⬚ 工具，弹出"族类型"对话框，修改各参数后的值，单击"应用"按钮，如图 12.2.19 所示。如果图形随之改变并且没有报错，则表示该百叶条创建成功。

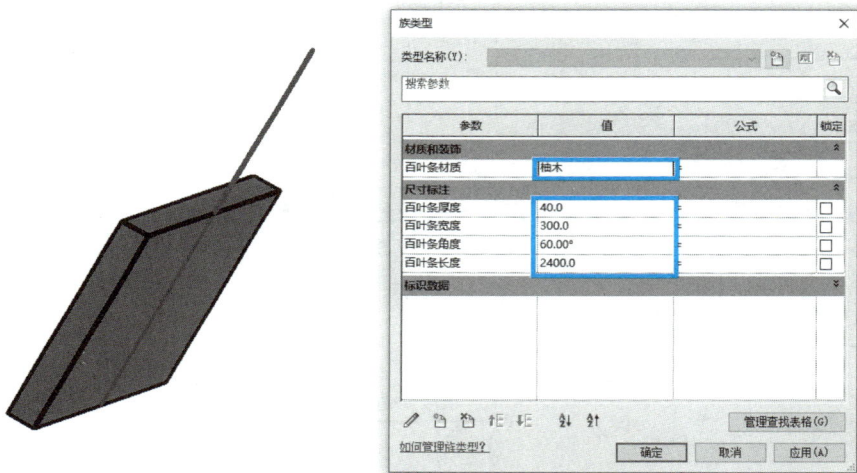

图 12.2.19

恢复原状，以族名为"百叶条族.rfa"保存后关闭文件。

知识链接 3

12.2.3　创建百叶窗的窗框

软件启动，在"族"栏选择"新建"，在弹出的"新族－选择样板文件"对话框中选择"公制窗"，单击"打开"按钮，如图 12.2.20 所示。

步骤 1：设置工作平面。

在工具栏中单击"创建"→"设置" ⬚ →"工作平面"，在弹出的对话框中选择"拾取一个平面",单击"确定"按钮,选择墙中心的参照平面,弹出"转到视图"对话框。在"转到视图"对话框中选择"立面:外部",单击"打开视图",视图已转到"立面(立面 1)"下的"外部"视图,如图 12.2.21 所示。

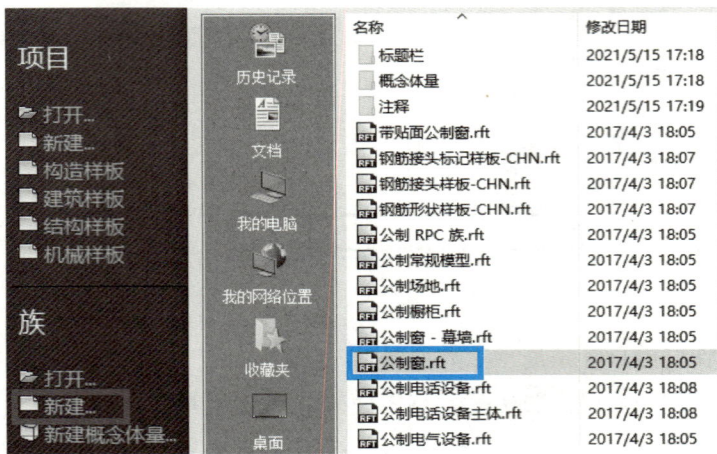

图 12.2.20

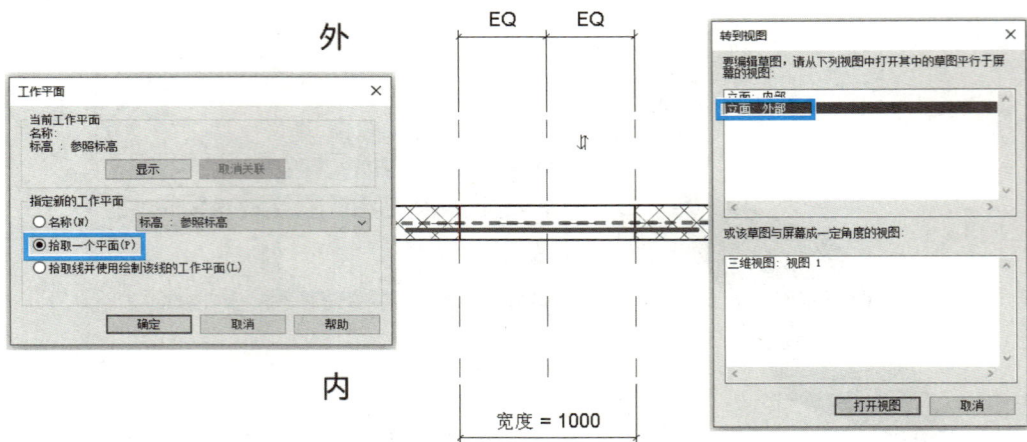

图 12.2.21

步骤 2:应用拉伸工具制作窗框。

①绘制窗框参照平面。

在工具栏中单击"创建"→"参照平面" 工具,在图中绘制参照平面。再

绘制带标签的
参考线

在工具栏中选择"注释"→"对齐" 工具,标注各部分尺寸(注意中间竖向窗框要多标注一道等分尺寸)。选择任意一窗框宽度尺寸,单击"修改/尺寸标注"→"标签"→"创建参数"，弹出"参数属性"对话框,在"名称"栏输入"窗框宽度",其他参数采用默认值,最后单击"确定"按钮。其余尺寸均赋予该标签,参照平面绘制完成,如图 12.2.22 所示。

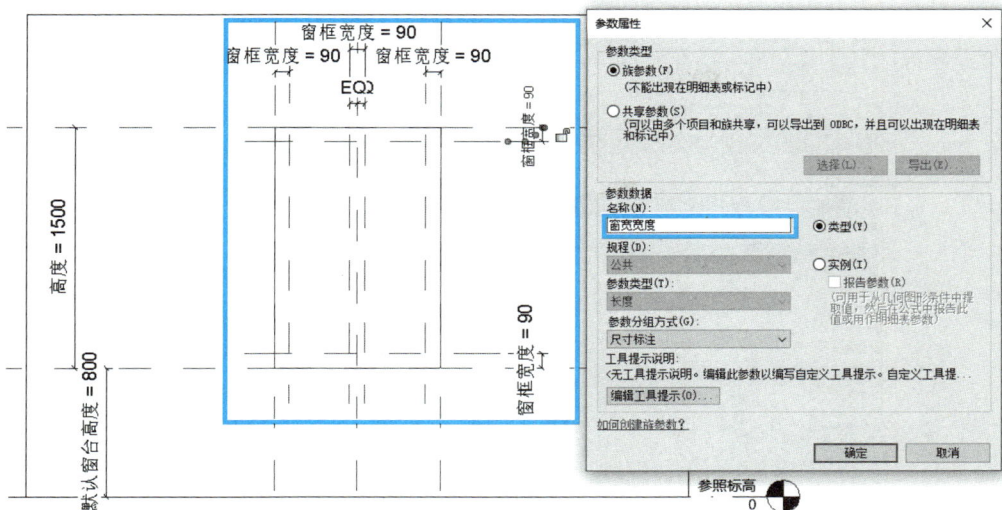

图 12.2.22

②绘制窗框。

单击"创建"→"拉伸"  →"矩形" ，绘制出项目图纸中窗框的形状，并
与对应的参照平面锁定，如图 12.2.23 所示。

在"属性"栏单击"约束"，"拉伸终点"输入"45.0"，"拉伸起点"输入"–45.0"，单击"完
成编辑模式" ，如图 12.2.23 所示。

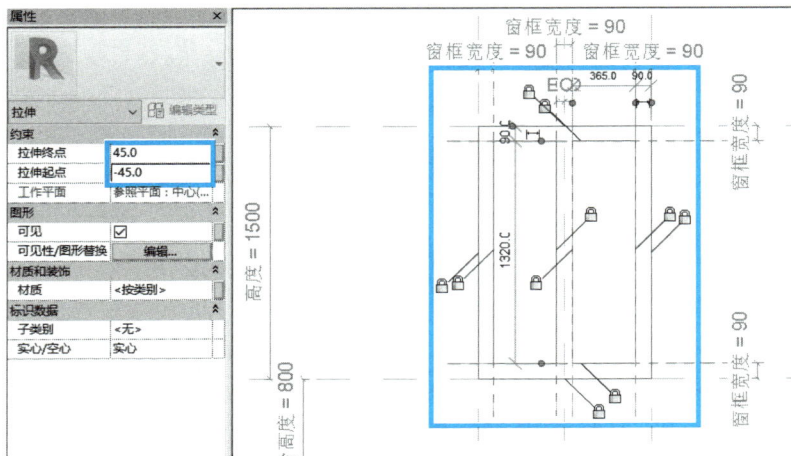

图 12.2.23　绘制窗框的形状

③给窗框赋予材质参数。

在工具栏单击"修改"→"族类型" →"新建参数" ，弹出"参数属性"对话框，在"名
称"栏输入"窗框材质"，"参数类型"选择"材质"，单击"确定"按钮，完成窗框材质参数创建，
如图 12.2.24 所示。

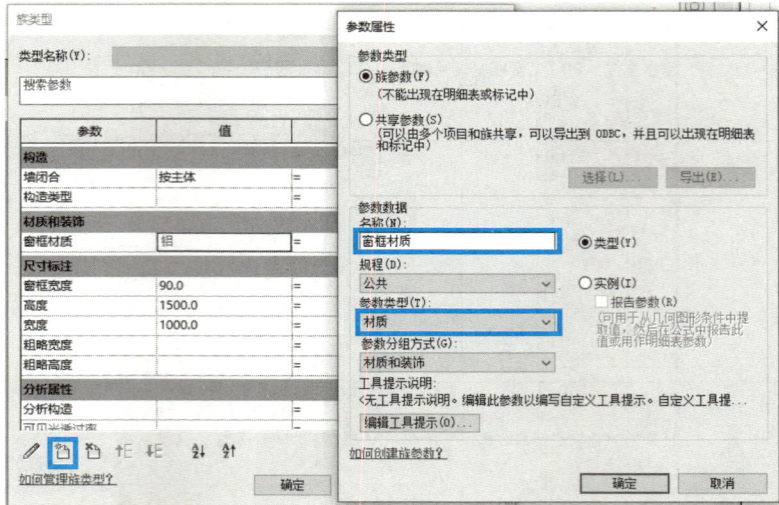

图 12.2.24

选择窗框模型,在"属性"栏选择"材质和装饰",单击"材质"右侧小方框,弹出"关联族参数"对话框,选中"窗框材质",单击"确定"按钮,窗框模型关联窗框材质完成。关联后"材质"右侧小方框里会显示"="符号,如图 12.2.25 所示。

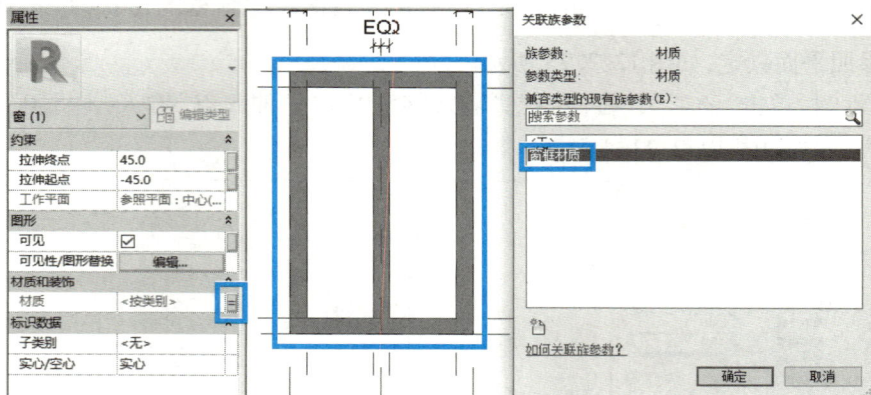

图 12.2.25

步骤 3:对制作好的窗框进行参数测试。

单击"默认三维视图"图标，将界面切换到三维视图。在工具栏中单击"修改"→"族类型"工具,弹出"族类型"对话框,修改各参数,单击"应用"按钮,如图 12.2.26 所示,如果图形随之改变并且没有报错,则表示该窗框创建成功,保存该族为"百叶窗族.rfa"文件。

知识链接 4

12.2.4 内嵌百叶条到窗框

步骤 1:将"百叶条族"载入视图。

在"百叶窗族.rfa"文件里,通过工具栏"插入"→"载入族" 工具将"百叶条族.rfa"载入文件中,在项目浏览器中的"族"→"常规模型"里可以找到已载入的"百叶条族"。在项目浏览器中的"楼层平面"下双击"参照标高",将视图切换成参照标高平面视图,单击视图下方"视图样式",选择"线框"模式,如图 12.2.27 所示。

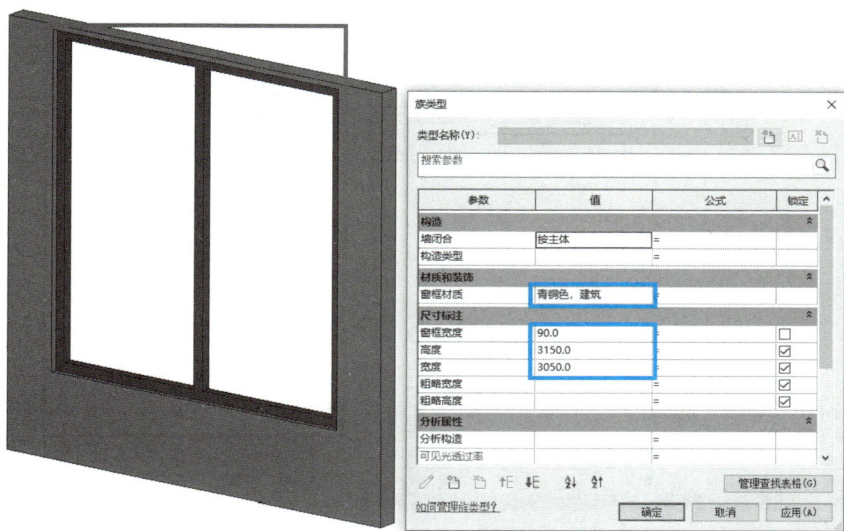

图 12.2.26

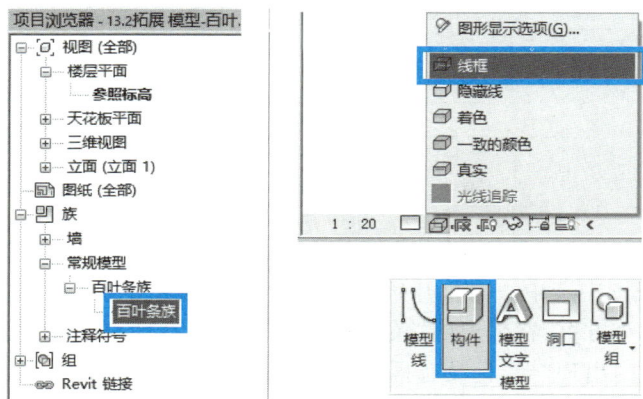

图 12.2.27

绘制与参考线关联并且带尺寸和材质参数的百叶条

步骤 2:放置百叶条族。

在"创建"中选择"放置构件" 工具,将"百叶条族"放置到视图中的适当位置,共放置两根,如图 12.2.28 所示。

最后,将"百叶条族"参数与"百叶条窗"参数关联。在工具栏"修改"中选择"族类型" 工具,弹出"族类型"对话框,在对话框中单击 按钮,创建"百叶条长度""百叶条宽度""百叶条厚度""百叶条角度"和"百叶条材质"。"百叶条角度"的"参数类型"栏要修改为"角度"参数,"百叶条材质"的"参数类型"栏要修改为"材质"参数,其他参数默认即可。注意:创建参数后的"数值"栏为数字的均需要赋予临时数值,否则后面关联参数时容易报错而不能关联。单击"确定",如图 12.2.29 所示。

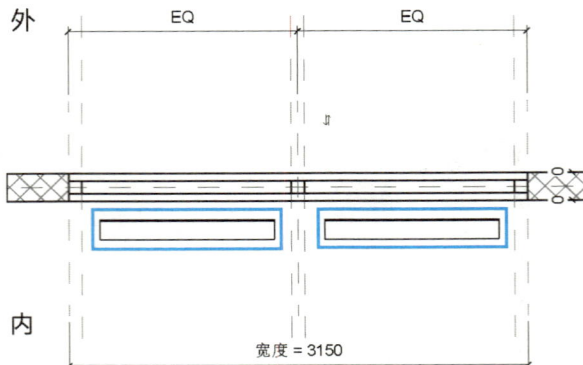

图 12.2.28

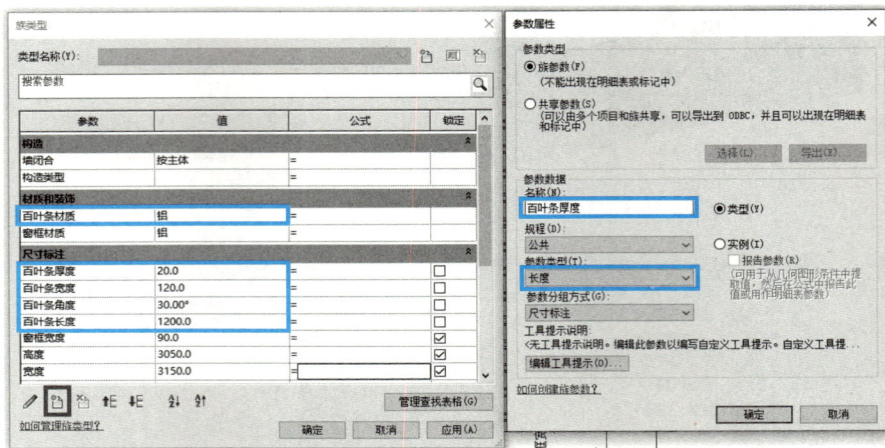

图 12.2.29

在"参照标高"视图中选中一根百叶条,在"属性"→"编辑类型"→"类型属性"对话框中分别单击各参数后的小方框,在弹出的"关联族参数"里选择对应参数关联即可,如图 12.2.30所示。关联后小方框内出现"="且没有报错表示关联参数成功。

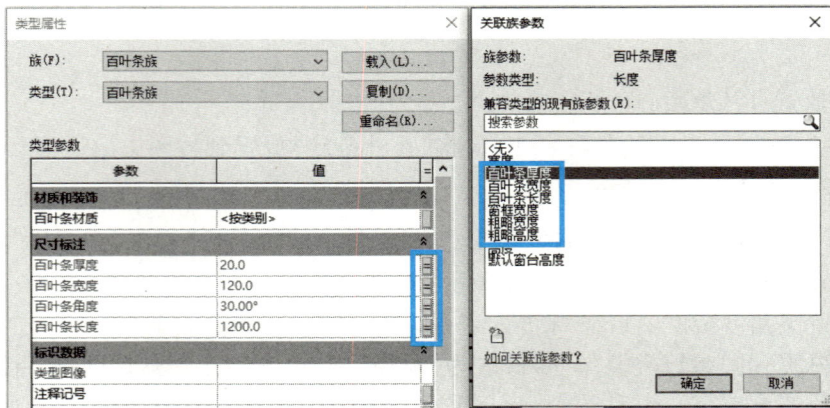

图 12.2.30

至此,将"百叶条"族内嵌到"百叶条窗"族的任务完成。

12.2.5　编辑百叶条

上一节介绍了将一条百叶条族内嵌到窗框族并且成功关联参数的方法,接下来介绍将百叶条阵列到窗框洞口中,并和窗洞的尺寸实现关联,达到当窗洞尺寸改变时百叶条随着改变的要求。具体步骤如下:

步骤 1:将导入的百叶条阵列到整个窗框洞口。

①将两根百叶条分别对齐锁定百叶窗框。

在参照平面视图(显示模式:线框)中,在工具栏单击"修改",选择"对齐" 工具,先将两根百叶条各自一端与对应参照平面对齐并锁定,再将两根百叶条的各自底边(百叶条的最下边)与百叶窗框的框边对齐并锁定,如图 12.2.31 所示。

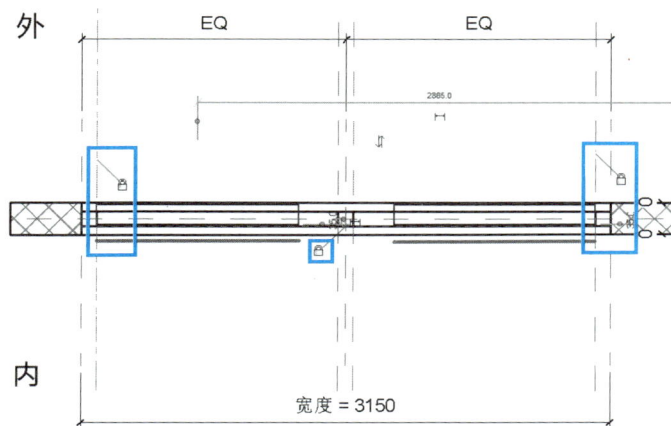

图 12.2.31

②将百叶条阵列到整个百叶窗框洞口。

单击项目浏览器中的"立面",双击"外部",将视图切换到外部立面视图。单击视图下方"视图样式"为"线框"模式,这时百叶条就显示在参照标高线上了。在工具栏单击"修改",选择"对齐" 工具,将百叶条的底边(百叶条的最下边)与窗框宽度对应的参照平面对齐并锁定,如图 12.2.32 所示。

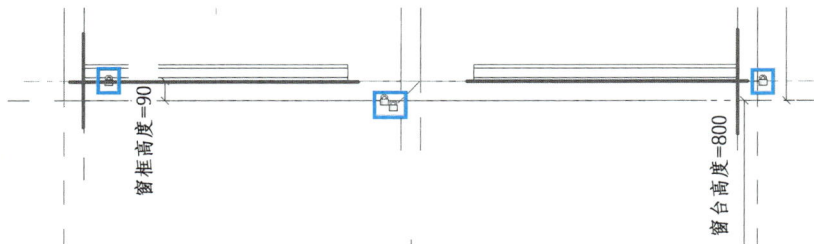

图 12.2.32

选中左边百叶条,选择"修改"→"阵列" 工具,将工具栏下方的"项目数:"设置为"5","移动到:"设置为"最后一个",在百叶条上边单击鼠标左键后垂直移动到窗上框附近,单击鼠标左键结束阵列。选择"修改"→"对齐" 工具,分别将该百叶条的左端和上边与窗框内边对应的参照平面对齐并锁定。用同样的方法将右边百叶条也阵列对齐并锁定参照平面,如图 12.2.33 所示。

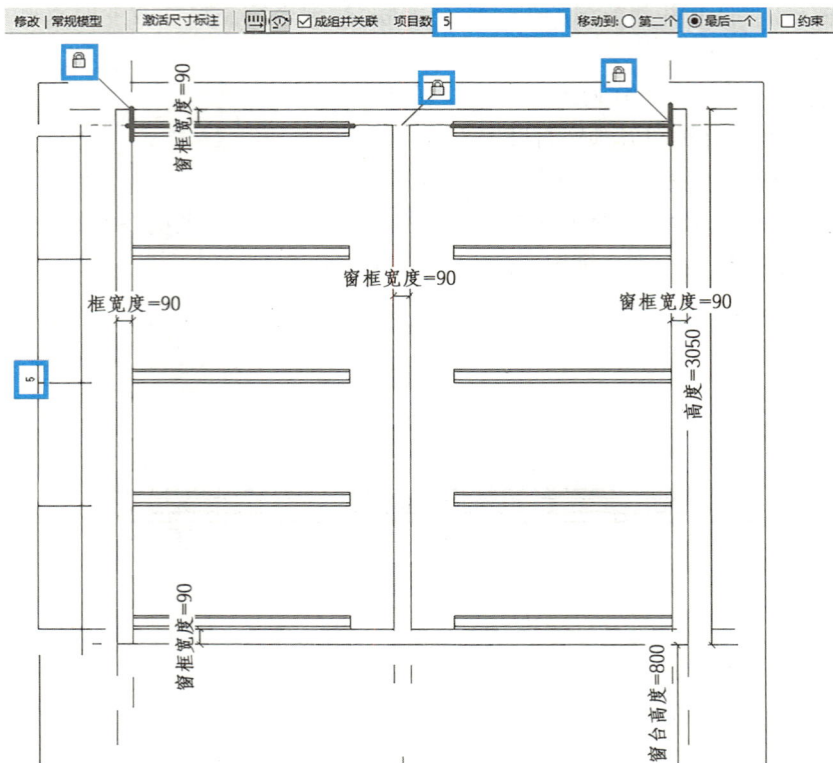

图 12.2.33

步骤 2:整理阵列的百叶条适配到百叶窗框

①给阵列的百叶条赋予"百叶条数量"参数。

在工具栏选择"修改"→"族类型" 工具,弹出"族类型"对话框,单击对话框左下角"新建参数" 图标,弹出"参数属性"对话框。在对话框"名称"栏输入"百叶条数量","参数类型"选择"整数"(其他默认),单击"确定"按钮,返回到"族类型"对话框,在"百叶条数量"后面"值"一栏输入5(暂定,但不能为0),这样就新添加了"百叶条数量"标签,单击"确定"。

返回到立面"外部"立面视图。选左边一组百叶条,出现成组数量标注时选中该标注,在工具栏下方会显示"修改/阵列"的标签,在标签下拉列表中选择"百叶数量=5",这样控制百叶条数量的参数就设置好了,如图 12.2.34 所示。右边一组参数采用同样的设置方法。

②在族类型对话框内,给相关参数输入公式。

选择"修改"→"族类型"工具,打开"族类型"对话框,在"百叶条数量"后的"公式"一栏输入"=(高度-2*窗框宽度)/150";在"百叶条长度"后的"公式"一栏输入"=(宽度-3*窗框宽度)/2"。单击"确定"完成百叶条适配到百叶窗框。

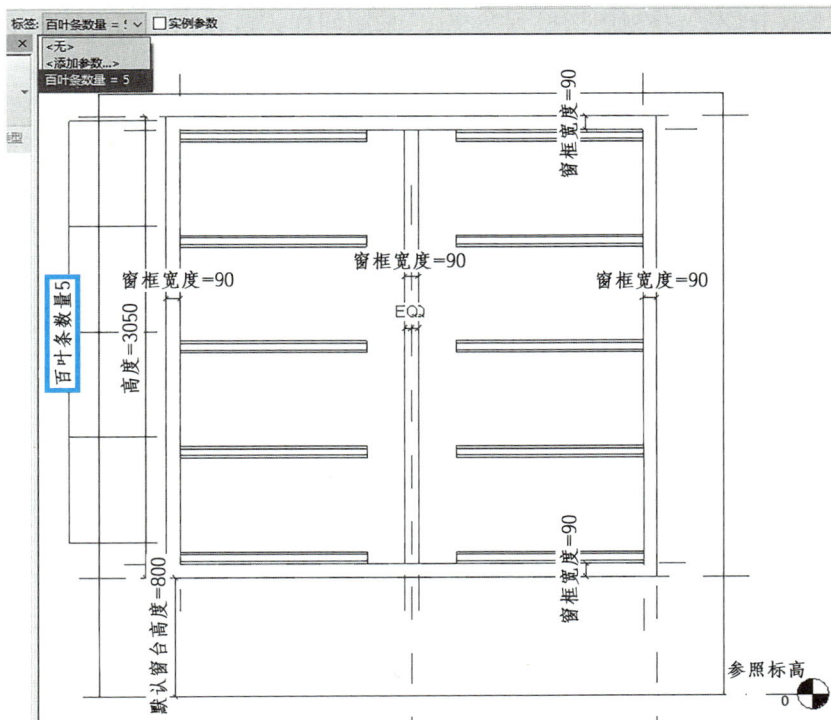

图 12.2.34

步骤 3：编辑百叶窗在项目中的显示。

①先设置各模型图元的可见性。

选择"视图"→"默认三维"工具，将界面切换到三维视图。选择模型内的窗框，在"属性"→"图形"→"可见性/图形替换"右边单击"编辑"，弹出"图元可见性设置"对话框，只在"前/后视图"前打"√"，表示选中图元只在前/后视图可见，其他视图（平面图、剖面图）不可见，如图12.2.35 所示。进入全部百叶条组内，采用同样的步骤对其做相同的设置。

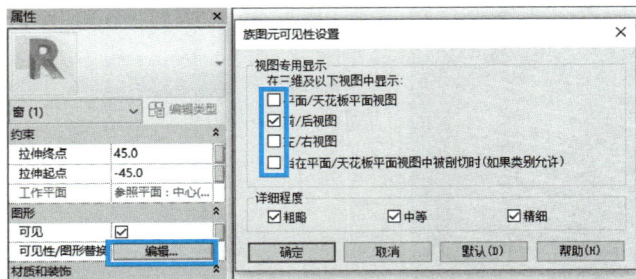

图 12.2.35

②添加窗在平面图和剖面图的双线显示符号绘制。

选择"项目浏览器"→"视图"，双击"参照标高"，将视图切换到平面图。在工具栏选择"注释"→"符号线"，用"线绘制"工具在平面图上绘制双线，表示窗的平面显示符号，线两端均锁定参照平面，并用"注释"→"对齐"尺寸标注并等分，如图12.2.36 所示。在项目浏览器中的"视图"下双击"左",将视图切换到左视图,采用同样方法在剖面图上绘制双线,表示窗的剖面显示符号,如图 12.2.37 所示。

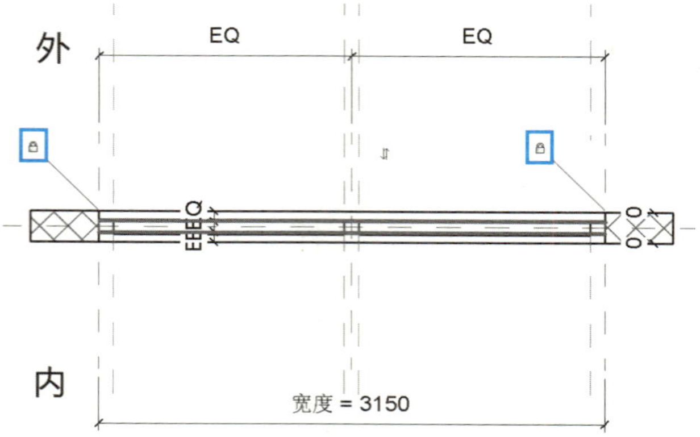

图 12.2.36

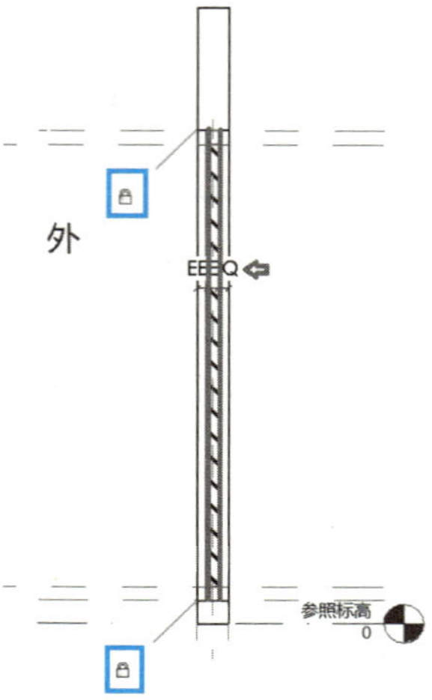

图 12.2.37

步骤 4:百叶窗测试。

将该"百叶窗族"载入项目中进行测试。

新建一个项目,通过"绘制墙"命令绘制一段墙体,导入刚绘制的"百叶窗族",并通过"绘制窗"将刚导入的百叶窗插入墙体。选择"视图"→"默认三维"工具,将界面切换到三维视图。在"修改"工具栏选择"族类型",弹出"族类型"对话框,修改"尺寸标注"和"材质和装饰"下的各参数,单击"应用"按钮,如果图形随之正确改变并且没有报错,表示该百叶窗模型创建成功,如图 12.2.38 所示。

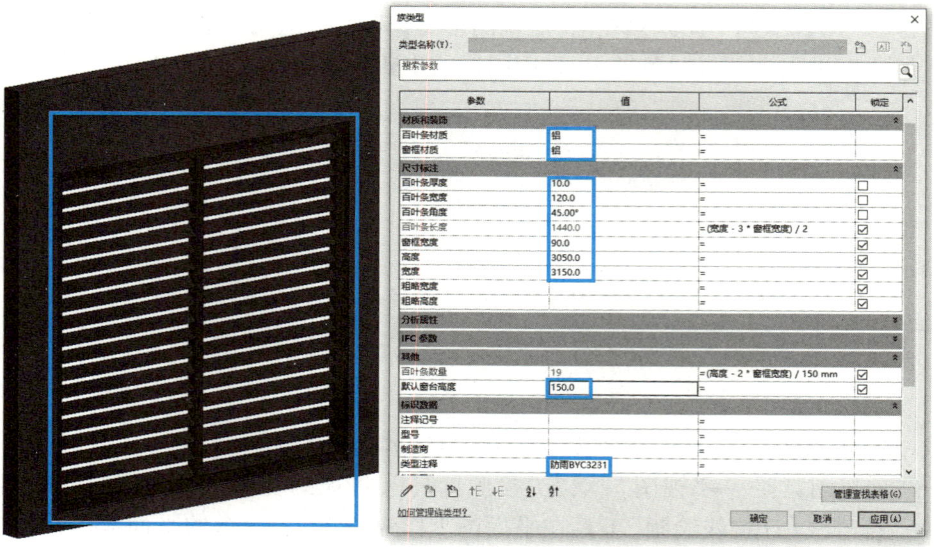

百叶窗测试

图 12.2.38

最后再次保存文件"百叶窗族.rfa",在项目中就可以使用该族来创建"防雨 BY3231"百叶窗了。至此,通过嵌套族创建百叶窗的步骤讲解完毕。

练一练

1.精读工作图纸,明确要求;

2.分析要求,个人或按组草拟方案,完善方案并实施(可参考附录2)。

任务评价

教师详细记录各组学生学习表现(纪律情况、讨论情况、展示情况、工作成果),指导学生进行组间评价。教师给出各组平均分,下课后学生组内互评给出每个成员本次任务的成绩。肯定优点的同时,指出问题并给出改进建议等(相关表格参见附录1)。

任务巩固

1.多人共同讨论、回忆、总结百叶窗等嵌套族的绘制步骤和方法,完善 Revit 绘图的知识体系及技巧。

2.运用前面讲的方法,绘制案例图纸中的"防雨 BY3231"百叶窗。

3.什么是嵌套族?它有什么作用?

附录

附录1　任务评价表

附表1-1　教师评价表（组）

班级			教师			时间			
任务名称									
组别		1	2	3	4	5	6	7	8
引导问题	40								
纪律情况	20								
讨论情况	20								
展示情况	20								
综合得分	100								

附表1-2　学生评价表

班级		组别		时间			
任务名称							
组员（姓名）							
组内协同							
讨论情况							
解决问题							
课堂纪律							
综合得分							

附录 2　方案草拟表

附表 2-1　方案步骤、内容及描述

步骤	内容	描述
1		
2		
3		
4		
5		
6		

注意事项：

成果展示

参考文献

[1] 李建成. BIM 应用:导论[M]. 上海:同济大学出版社,2015.

[2] 黄亚斌,徐钦. Autodesk Revit Structure 实例详解[M]. 北京:中国水利水电出版社,2013.

[3] 丁烈云. BIM 应用:施工[M]. 上海:同济大学出版社,2015.

[4] 马骁. BIM 设计项目样板设置指南:基于 REVIT 软件[M]. 北京:中国建筑工业出版社,2015.

[5] 张建平. BIM 技术的研究与应用[J]. 施工技术:下半月,2011(1):I0015-I0018.

[6] 王轶群. BIM 技术应用基础[M]. 北京:中国建筑工业出版社,2015.

[7] 中华人民共和国住房和城乡建设部. 建筑信息模型应用统一标准:GB/T 51212—2016[S]. 北京:中国建筑工业出版社,2017.

[8] 中华人民共和国住房和城乡建设部. 建筑信息模型施工应用标准:GB/T 51235—2017[S]. 北京:中国建筑工业出版社,2018.